高等学校计算机类创新与应用型系列教材

计算机导论
（微课视频版）

刘 均 主编

清华大学出版社
北 京

内 容 简 介

本书将基础理论和实践相结合,系统介绍了计算机科学与技术各专业方向的基础知识。每章包括基础理论、基础应用、思考与探索、实践环节4部分。每章的基础理论部分讲解基础原理;基础应用部分介绍典型应用;思考与探索部分以问答形式提出扩展问题,引导读者思考,指明其知识点和后续课程的相关性;实践环节部分设计了多种实践项目。本书包含绪论、计算机硬件基础、系统软件基础、系统性能与安全、办公软件应用、多媒体应用、数据库系统应用、软件和程序设计、计算机网络基础、新一代信息技术等方面的内容。

本书是一种基础广泛、实用性较强的计算机专业入门教材,可作为高等院校计算机相关专业的课程教材,也可作为非计算机专业读者的参考用书。本书提供与教材配套的多媒体PPT课件、操作素材、微课视频等资源,方便读者学习。

图书在版编目(CIP)数据

计算机导论:微课视频版/刘均主编. —北京:清华大学出版社,2024.5
高等学校计算机类创新与应用型系列教材
ISBN 978-7-302-66319-5

Ⅰ.①计… Ⅱ.①刘… Ⅲ.①电子计算机-高等学校-教材 Ⅳ.①TP3

中国国家版本馆 CIP 数据核字(2024)第 104865 号

责任编辑:张 玥
封面设计:常雪影
责任校对:韩天竹
责任印制:沈 露

出版发行:清华大学出版社
  网   址:https://www.tup.com.cn,https://www.wqxuetang.com
  地   址:北京清华大学学研大厦 A 座   邮   编:100084
  社 总 机:010-83470000   邮   购:010-62786544
  投稿与读者服务:010-62776969,c-service@tup.tsinghua.edu.cn
  质量反馈:010-62772015,zhiliang@tup.tsinghua.edu.cn
  课件下载:https://www.tup.com.cn,010-83470236
印 装 者:三河市龙大印装有限公司
经   销:全国新华书店
开   本:185mm×260mm   印   张:21.75   字   数:503 千字
版   次:2024 年 5 月第 1 版   印   次:2024 年 5 月第 1 次印刷
定   价:69.80 元

产品编号:103176-01

编审委员会

序 言

电子信息技术和计算机软件等技术的快速发展,深刻地影响着人们的生产、生活、学习和思想观念。当前,以工业 4.0、两化深度融合、智能制造和"互联网+"为代表的新一代产业和技术革命,把信息时代的发展推进到一个对于国家经济和社会发展影响更为深远的新阶段。

在新的产业和技术革命的背景下,社会对于高校人才的培养模式、教学改革以及高校的转型发展都提出了新的要求。2015 年,浙江省启动应用型高校示范学校建设。通过面向应用型高校的转型建设增强学生的就业创业和实践能力,提高学校服务区域经济社会发展和创新驱动发展的能力。通过坚持"面向需求、产教融合、开放办学、共同发展"的高校发展理念,围绕一流的应用型大学建设和一流的应用型人才培养目标,我们做了一系列的探索和实践,取得了明显实效。

作为应用型高校转型建设的重要举措之一和应用型人才培养的主要载体,本套规划教材着眼于应用型、工程型人才的培养和实践能力的提高,是在应用型高校建设中一系列人才培养工作的探索和实践的总结和提炼。在学校和学院领导的直接指导和关怀下,编委会依据社会对于电子信息和计算机学科人才素质和能力的需求,充分汲取国内外相关教材的优势和特点,组织具有丰富教学与实践经验的双师型高校教师,编写了这套教材。

本套系列教材具有以下几个特点:

(1) 教材具有创新性。本系列教材内容体现了基本技术和近年来新技术的结合,注重技术方法、仿真例子和实际应用案例的结合。

(2) 教材注重应用性。避免复杂的理论推导,通俗易懂,便于学习、参考和应用。注重理论和实践的结合,加强应用型知识的讲解。

（3）教材具有示范性。教材中体现的应用型教学理念、知识体系和实施方案，在电子信息类和计算机类人才的培养以及应用型高校相关专业人才的培养中具有广泛的辐射性和示范性。

（4）教材具有多样性。本系列教材既包括基本理论和技术方法的课程，也包括相应的实验和技能课程，以及大型综合实践性学科竞赛方面的课程。注重课程之间的交叉和衔接，从不同角度培养学生的应用和实践能力。

（5）本套教材的编著者具有丰富的教学和实践经验。他们大多是从事一线教学和指导的、具有丰富经验的双师型高校教师。他们多年的教学心得为本教材的高质量出版提供了有力保障。

本套系列教材的出版得到了浙江省教育厅相关部门、浙江工业大学教务处和之江学院领导以及清华大学出版社的大力支持和广大骨干教师的积极参与，得到了学校教学改革和重点教材建设项目的资助，在此一并表示衷心的感谢。

希望本套教材的出版能够在转变教学思想，推动教学改革，更新知识体系，增强学生实践能力，培养应用型人才等方面发挥重要作用，并且为应用型高校的转型建设提供课程支撑。由于电子信息技术和计算机技术的发展日新月异，以及各方面条件的限制，本套教材难免存在不足之处，敬请专家和广大师生批评指正。

高等学校计算机类创新与应用型规划教材编审委员会

2016 年 10 月

作为计算机科学与技术相关专业本科学生第一门专业课程和其他专业课程的先修课程,计算机导论课程担负着系统、全面介绍计算机科学与技术的学科体系、课程结构的任务,引导学生了解和热爱计算机学科,为后续专业课程的学习奠定坚实基础。

目前很多计算机导论课程以讲授理论为主,对于计算机及相关专业的学生,入门学习时接触到的都是专业概念和原理,比较抽象,教学效果并不理想。也有部分学校不讲解理论,只是进行计算机基础操作的训练,并且大都偏向办公软件的操作,这并不能让学生系统了解计算机各个专业方向,没有起到引导学生进行专业方向思考的作用。

本书将基础理论和实践相结合,系统介绍计算机科学与技术各专业方向的基础知识。每章包括基础理论、基础应用、思考与探索、实践环节4部分。每章的基础理论部分讲解基础原理;基础应用部分介绍典型应用;思考与探索部分以问答形式提出扩展问题,引导读者思考,指明其知识点和后续课程的相关性;实践环节部分设计了多种实践项目。本书包含绪论、计算机硬件基础、系统软件基础、系统性能与安全、办公软件应用、多媒体应用、数据库系统应用、软件和程序设计、计算机网络基础、新一代信息技术等内容。

本书依照计算机系统层次结构,从购买计算机硬件、安装系统软件、学习应用软件,到程序设计和计算机联网的实践过程,循序渐进地介绍计算机科学与技术学科各个专业方向涉及的基础理论和典型应用,并且以问答形式,对实践中的知识点提出扩展问题,引导学生思考研究。这不仅可以培养学生的计算机操作能力,还能激发学生对专业深入学习的兴趣。这种方式使学生在"知其然"之后,又具有"知其所以然"的探究精神,从而更好地学习后续专业课程。

前言

本书是一种基础广泛、实用性较强的计算机专业入门教材,可作为高等院校计算机及相关专业的课程教材,也可以作为非计算机专业读者的参考用书。本书提供教材配套的多媒体 PPT 课件、操作素材等资源,读者可到清华大学出版社官网(https://www.tup.com.cn)的本书页面下载使用。扫描封底刮刮卡注册后即可扫描书中二维码观看微课视频。

本书是作者多年实践和教学经验的结晶。在编写过程中,得到了鲁跃飞、张子昂同学以及计算机、软件教研室各位同事的大力支持。另外,书中参考和引用了大量文献和网络资料,由于篇幅有限,只列举了主要参考文献,在此对这些文献和资料的作者一并表示由衷的感谢。

计算机技术发展迅速,由于作者水平有限,书中难免有疏漏之处,恳请读者批评指正。

作　者

2024 年 1 月

目　录

目 录

目 录

目录

目录

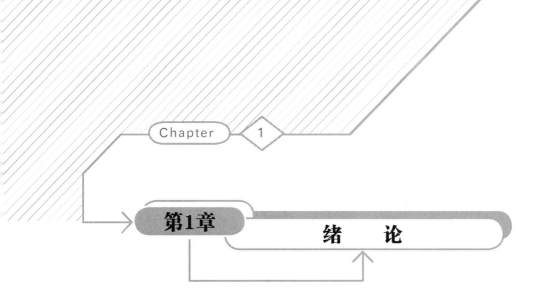

Chapter 1

第1章　绪　论

本章学习目标

- 掌握计算机系统的软硬件组成
- 了解计算机学科知识体系

本章介绍计算机系统的基本组成以及计算机学科的知识体系。

1.1　计算机系统概述

一个完整的计算机系统由硬件系统和软件系统两大部分组成。计算机硬件系统是指由物理元器件构成的数字电路系统。计算机软件系统是指实现算法的程序及其相关文档。计算机依靠硬件和软件的协同工作来执行给定的任务。

1.1.1　计算机硬件

1. 冯·诺依曼计算机

计算机硬件系统是构成计算机系统的物理实体,是计算机工作的物质基础,是看得见、摸得着的具体设备。1943 年,美国宾夕法尼亚大学的莫奇利(Mauchley)和他的学生埃克特(Eckert)为进行新武器的弹道计算,开始研制第一台由程序控制的电子数字计算机 ENIAC。冯·诺依曼教授提出了存储程序的设计思想和全新的计算机设计方案,对 ENIAC 的研制工作起到了促进作用。尽管计算机硬件技术已经经过了几代变革,计算机的体系结构有了很大发展,但绝大部分计算机硬件的基本组成仍然采用冯·诺依曼结构。

冯·诺依曼计算机的基本结构如图 1.1 所示。

冯·诺依曼计算机由 5 个基本部分组成,分别是运算器、控制器、存储器、输入设备和输出设备。运算器是进行算术运算和逻辑运算的部件。存储器以二进制形式存放数据和程

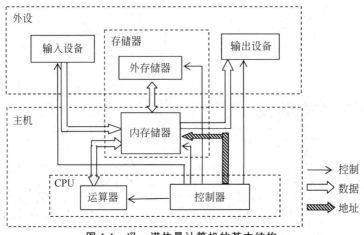

图 1.1　冯·诺依曼计算机的基本结构

序。输入设备将外部信息转换为计算机能够识别和接收的电信号。输出设备将计算机内的信息转换成人或其他设备能接收和识别的形式（如图形、文字和声音等）。控制器发出各种控制信号，以统一控制计算机内的各部分协调工作。计算机中各功能部件通过总线连接起来。程序和数据由输入设备输入计算机，由存储器保存，运算器执行程序设计的各种运算，控制器在程序运行中控制所有部件和过程，由输出设备输出结果。

2. 现代计算机产品

　　冯·诺依曼结构奠定了现代计算机的结构。但是，在现代计算机产品中，这 5 部分并不是独立存在的。一般采用大规模集成电路技术，将运算器和控制器集成在一片半导体芯片上，叫做中央处理器（Central Processing Unit，CPU），在微型计算机中称为微处理器。存储器产品包括内存储器（如内存条）和外存储器（如硬盘、光盘等）。内存储器又称为主存储器，外存储器又称为辅助存储器。中央处理器加上内存储器称为主机。常用的输入设备有键盘、鼠标、扫描仪等。常用的输出设备有显示器、打印机等。输入输出设备、外存储器称为外设。外设与中央处理器的连接通道称为接口，如显卡、声卡等。计算机产品中的主板（或称母板）是一块集成电路板，用于固定各部件产品以及分布各部件之间的连接总线、接口等。

　　图 1.2 是常见的计算机硬件产品。

1.1.2　计算机软件

　　计算机软件是为了用户使用计算机硬件产生效能所必备的各种程序和文档的集合，也称为计算机系统的软资源。计算机软件一般可分为系统软件和应用软件两类。

　　系统软件用于管理、监控和维护计算机资源，向用户提供一个基本的操作界面，是应用软件的运行环境，是人和硬件系统之间的桥梁。系统软件包括操作系统（如 Windows 和 Linux）、监控程序（如 PC 中的 BIOS 程序）、计算机语言处理程序（如汇编程序、编译程序）。

　　应用软件是为解决数据处理、事务管理、工程设计等实际需要开发的各种应用程序，直

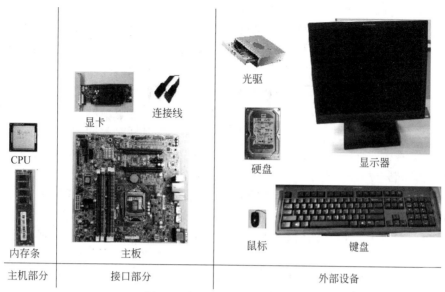

图 1.2 常见的计算机硬件产品

接面向用户需要。

不论系统软件程序还是应用软件程序,都是采用程序设计语言编写的。程序设计语言是编写各种计算机软件的手段或规范,又称为编程环境。用程序设计语言编写的程序称为源程序,在计算机上运行的程序称为可执行程序。

1.2 计算机学科知识体系

1.2.1 学科概述

教育部《普通高等学校本科专业目录(2023 版)》规定,计算机类(学科代码 0809)一级学科下分计算机科学与技术(专业代码 080901)、软件工程(专业代码 080902)、网络工程(专业代码 080903)、信息安全(专业代码 080904K)、物联网工程(专业代码 080905)、数字媒体技术(专业代码 080906)、智能科学与技术(专业代码 080907T)、空间信息与数字技术(080908T)、电子与计算机工程(080909T)、数据科学与大数据技术(080910T)、网络空间安全(080911TK)、新媒体技术(080912T)、电影制作(080913T)、保密技术(080914TK)、服务科学与工程(080915T)、虚拟现实技术(080916T)、区块链工程(080917T)、密码科学与技术(080918TK)等专业方向。

计算机科学与技术学科是研究计算机的设计、制造和利用计算机进行信息获取、表示、存储、处理、控制等的理论、方法和技术的学科。计算机科学与技术学科包括计算机系统结构、计算机软件与理论、计算机应用技术、计算机网络与信息安全 4 个研究方向。

计算机系统结构主要研究计算机系统中软件与硬件的功能匹配,确定软件与硬件的界限;研究计算机系统各组成部分功能、结构以及相互协作的方式;研究计算机系统的物理实现方法;研究计算机系统软硬件协同优化技术。主要目标是合理地把各种部件和设备组成计算机系统,与计算机软件配合,满足应用对计算机系统性能、功耗、可靠性、价格等方面的要求。

计算机软件与理论是研究计算系统的基本理论、计算系统的程序理论与方法和计算系统的基础软件的学科。计算系统基本理论主要研究求解问题的可计算性和计算复杂性,研究可求解问题的建模和表示以及到物理计算系统的映射,目标是为问题求解提供基本方法和理论。计算系统的程序理论与方法主要研究如何构造程序形成计算系统,以完成计算任务,目标是为问题求解提供程序实现。计算系统基础软件主要研究计算系统资源(硬件、软件和数据)的高效管理方法和机制;研究方便用户使用计算系统资源的模式和机制,目标是为用户高效便捷地使用计算系统资源提供基础软件支持。

计算机应用技术是研究计算机在各领域信息系统应用中涉及的基本原理、共性技术和方法的学科。主要研究计算机对数值、文字、声音、图形、图像、视频等信息在测量、获取、表示、转换、加工、表现、管理等环节中所采用的原理和方法;研究将信息转化为知识的一般方法和共性技术;研究计算机在各领域中的应用方法。主要目标是在应用领域充分发挥计算机处理和管理信息的能力,提高效率和品质,促进社会进步与发展。

计算机网络与信息安全是研究计算机网络设计与实现和保障网络环境下信息系统安全的学科。主要研究计算机网络体系结构,研究计算机网络传输、交换和路由技术,研究计算机网络管理与优化技术,研究以计算机网络为平台的计算技术,研究计算机网络环境下信息的保密性、完整性、可用性和可追溯性。主要目标是合理地将网络设备、安全设备、计算机系统、应用系统组成计算机网络,配以安全管理系统,满足应用对网络性能、可靠性和安全性的要求。

1.2.2　课程体系

计算机科学与技术学科的学生将系统地学习计算机的软件、硬件及其应用的基本理论、基本技能与方法,初步具有运用专业基础理论及工程技术方法进行系统开发、应用、管理和维护的能力。

根据课程之间的前后依赖关系,目前,我国大多数高校计算机科学与技术学科的基本课程体系如图1.3所示。

计算机由各种基本的数字电路模块组成。数字逻辑电路课程是计算机科学硬件体系最基础的课程之一。课程内容为数字逻辑电路设计的基本原理和方法。本书第2章"计算机硬件基础"包括数字逻辑电路课程的部分基础知识点。

计算机组成原理与体系结构课程讲述计算机系统硬件组成、功能部件的实现原理、体系结构的功能特征,是了解计算机硬件产品的基础,也是程序员根据计算机特征编写高效程序的基础。本书第2章"计算机硬件基础"包括计算机组成原理与体系结构课程的部分基础知识点。

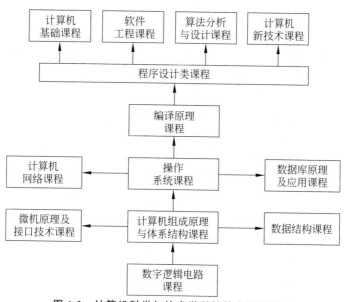

图1.3 计算机科学与技术学科的基本课程体系

微机原理及接口技术课程是计算机硬件应用类课程。课程以计算机硬件为基础,针对各应用领域研究硬件与软件相结合实现微机应用系统设计的技术。本书第2章"计算机硬件基础"涉及微机原理及接口技术课程的部分基础知识点。

数据结构课程介绍常用的数据逻辑结构、存储结构和处理技术。内容包括数组、链接表、栈和队列、图、查找、排序等。数据结构课程不仅涉及计算机硬件,而且与软件的研究有着更密切的联系。本书第8章"软件和程序设计"涉及数据结构课程的部分基础知识点。

操作系统是整个计算机系统的基础和核心。它对下操纵硬件的动作,控制各种资源的分配与使用,扩充硬件的功能;对上为用户程序和其他软件、工具提供环境和服务,方便用户使用。操作系统课程介绍操作系统各功能部分实现的方法,包括处理器管理、调度算法、存储管理、设备管理和文件系统等。本书第3章"系统软件基础"和第4章"系统性能与安全"涉及操作系统课程的部分基础知识点。

计算机网络课程研究计算机网络的体系结构、数据通信协议、网络安全、网络管理、无线移动等技术。通过学习可以掌握计算机网络的基础知识和基本技能。本书第9章"计算机网络基础"涉及计算机网络课程的部分基础知识点。

数据库原理及应用课程介绍数据库系统的基本概念、原理、方法及应用。主要包括数据库技术(数据模型、数据库体系结构等),数据库管理系统实现技术(事务、并发控制等),数据库存储结构(文件组织、散列技术等)。本书第7章"数据库系统应用"涉及数据库原理及应用课程的部分基础知识点。

编译原理课程介绍编译原理的理论和实践,包括编译程序设计、词法分析、语法分析、存储管理、代码生成及优化技术。在理论、技术、方法上提供系统而有效的训练,有利于提高软件人员的素质和能力。本书第 8 章"软件和程序设计"涉及编译原理课程的部分基础知识点。

程序设计类课程介绍利用某一具体程序设计语言（如 C/C++）编写程序解决问题，包括程序设计结构、算法、数据结构等的应用。编程语言的更新发展很快，但是程序设计类课程中对问题的抽象处理思维、处理问题的原理和方法是可以融会贯通的。本书第 8 章"软件和程序设计"涉及程序设计类课程的部分基础知识点。

计算机基础课程可以帮助计算机用户建立对计算机技术的相关概念，使其掌握计算机系统和软件的基本操作技能。本书第 2 章"计算机硬件基础"、第 3 章"系统软件基础"、第 4 章"系统性能与安全"、第 5 章"办公软件应用"、第 6 章"多媒体应用"涉及计算机基础课程的部分基础知识点。

软件工程课程介绍软件工程的概念、技术和方法，包括软件的开发模型、软件项目管理、软件质量度量、可行性分析、需求分析、设计、编码、测试、维护等。课程培养运用软件工程基本原理解决实际问题，并从事复杂软件项目开发和维护的实践应用能力与创新能力。本书第 8 章"软件和程序设计"涉及软件工程课程的部分基础知识点。

算法分析与设计课程研究程序设计中各种算法的基本原理、方法和技术，介绍计算机应用中的经典问题解决算法，例如排序、选择、查找、串匹配、矩阵运算、大整数相乘、快速傅里叶变换、数据加密、网络路由、生物信息处理、数据库操作等重要的实际问题的解法。本书第 8 章"软件和程序设计"涉及算法分析与设计课程的部分基础知识点。

在新一代数字技术浪潮中，计算机领域出现许多创新和变革。计算机新技术课程介绍最新的计算机技术和发展方向，旨在让学生了解和掌握最新的计算机技术知识，提高综合素质，为未来的职业发展和行业创新打下坚实的基础。

1.3 本章小结

本章介绍了计算机系统的基本组成。一个完整的计算机系统由硬件系统和软件系统两大部分组成。计算机硬件是指由物理元器件构成的数字电路系统。计算机软件是指实现算法的程序及其相关文档。计算机依靠硬件和软件的协同工作来执行给定的任务。

本章介绍了计算机学科知识体系。计算机科学与技术学科是研究计算机的设计、制造和利用计算机进行信息获取、表示、存储、处理、控制等的理论、方法和技术的学科。计算机科学与技术学科包括计算机系统结构、计算机软件与理论、计算机应用技术、计算机网络与信息安全 4 个研究方向。

1.4 思考与探索

1. 计算机科学与技术学科的相关学科有哪些？

计算机科学与技术学科的相关学科有数学、系统科学、电子科学与技术、信息与通信工程、控制科学与工程、软件工程等。

2. 计算机科学与技术学科的培养目标是什么?

计算机科学与技术学科旨在培养应用型专业技术人才,他们具有计算机科学与技术基础理论、专门知识和基础技能,具有初步的计算机软件、硬件及网络系统的设计能力和实践经验,具有严谨求实的科学态度和作风,具有从事计算机软件、硬件及网络系统的分析、设计、开发、测试、部署和维护,以及本学科专门技术工作的初步能力。

3. 计算机科学与技术学科毕业生的职业发展路线是怎样的?

计算机科学与技术类专业毕业生的职业发展路线主要分为科学型和应用型。科学型是定位于计算机理论和计算机技术研究,一般这类人才都会继续攻读硕士、博士学位。应用型主要从事计算机及相关的工程、应用项目开发。由于计算机知识更新非常迅速,所以不论哪条路线,脑力劳动强度都非常大,需要有不断学习的精神。

4. 计算机科学与技术学科毕业生应具有的专业能力有哪些?

(1) 具有较强的思维能力、算法设计与分析能力;

(2) 系统掌握计算机科学与技术专业基本理论、基本知识和操作技能;

(3) 了解学科的知识结构、典型技术、核心概念和基本工作流程;

(4) 有较强的计算机系统的认知、分析、设计、编程和应用能力;

(5) 掌握文献检索、资料查询的基本方法;

(6) 具有较强的学习能力和创新能力。

1.5　实践环节

(1) 你之前接触过计算机硬件吗? 列举你用过的计算机硬件产品名称及功能,分析它们在冯·诺依曼计算机结构划分中属于哪一个功能部分。

(2) 你之前接触过计算机软件吗? 列举你用过的计算机软件产品名称及功能,分析它们在软件划分中属于系统软件还是应用软件。

(3) 作为计算机科学与技术专业或相关专业的学生,你对计算机科学与技术学科的了解是怎样的? 撰写一份报告阐述一下。

(4) 你对计算机学科哪个领域感兴趣呢? 你未来的职业规划是计算机行业的哪一领域或哪种职业呢? 你对该职业了解情况如何? 撰写一份报告阐述一下。

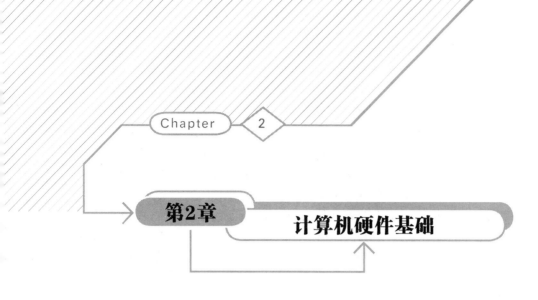

Chapter 2

第2章　计算机硬件基础

本章学习目标
- 熟练掌握计算机硬件设备的基本功能和选购要点
- 熟练掌握计算机硬件设备的组装过程
- 掌握计算机硬件设备的日常维护

本章先介绍计算机硬件设备的基本功能和选购要点,再介绍计算机硬件设备的组装过程,最后介绍计算机硬件的日常维护知识。

2.1　计算机硬件设备

2.1.1　CPU

中央处理器(Central Processing Unit,CPU),是计算机系统中最重要的一个部件,完成运算和控制功能。CPU品牌厂家主要有Intel和AMD两家。CPU如图2.1所示。

1. CPU结构

CPU结构包括印制电路板(Printed Circuit Board,PCB)基板、CPU内核、CPU封装和CPU接口部分。

(1) PCB基板是承载CPU内核用的电路板。

(2) CPU内核是位于基板中间的方形芯片,是CPU中最重要的组成部分。CPU内部采用大规模集成电路技术,把上亿个晶体管集成到一块小小的硅片上,包括数据处理的逻辑电路、高速缓存等电路。CPU内核在制造工艺、核心电压、核心面积等方面各

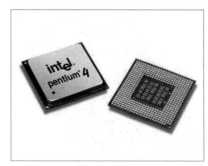

图2.1　CPU

不相同。多核处理器是将多个物理处理器核心整合入一个内核中。

(3) CPU 封装是指采用特定材料将 CPU 芯片模块固化,防止损坏,增强散热,沟通芯片内部和外部电路。CPU 封装形式从双列直插式封装(Dual Inline-pin Package,DIP)发展到反转芯片针脚栅格阵列(Flip Chip-Pin Grid Array,FC-PGA),散热性能越来越好,引脚数增多,引脚间距少,重量减少,可靠性有很大提高。

(4) CPU 接口是与 CPU 内部信号线连接的外部电路元件,是 CPU 与主板交换数据的通道,也起到把 CPU 固定在插座上的作用。CPU 的接口与主板上的 CPU 插槽形式对应,种类比较多。CPU 接口方式有引脚式、卡式、触点式、针脚式等。目前基本都是针脚式接口。

2. CPU 选购要点

选购 CPU 时,需要关注内核数、主频、外频、倍频系数、高速缓存等多项指标,综合考虑。

(1) CPU 内核数越多,理论上速度越快。目前 CPU 内核数可以高达 64 核。一般家用计算机的 CPU 内核数目为 12 核、16 核。

(2) 主频是 CPU 工作的时钟频率,单位是 GHz。通常主频越高,CPU 处理数据的速度就越快。

(3) 外频是 CPU 与外部主板的同步基准时钟频率,单位是 MHz。CPU 的外频决定着整块主板的运行速度。

(4) 倍频系数是指 CPU 主频与外频之间的相对比例关系。在相同的外频下,倍频系数越高 CPU 的频率也越高。

(5) 高速缓存是 CPU 内部的小容量高速存储器,用于临时存储 CPU 运行需要的数据和程序。高速缓存的容量越大,速度越快,可以大幅度提升 CPU 内部读取数据的命中率。现在 CPU 内部有一级缓存(L1 cache)、二级缓存(L2 cache)、三级缓存(L3 cache)多个级别。

2.1.2 散热器

CPU、显卡等重要计算机部件工作时,如果温度居高不下,计算机会死机甚至导致部件损坏。为了保证系统运行稳定,延长硬件的使用寿命,需要使用散热器。散热器的主要形式有散热片和散热风扇。散热器的知名品牌有九州风神、华硕、AVC 等。散热风扇如图 2.2 所示。

1. 散热器结构

散热风扇主要包括扇叶和轴承。风速的高低与扇叶的形状、面积、高度以及转速有着非常大的关系。轴承主要有滚珠轴承和含油轴承。滚珠轴承发热量小,使用寿命长,缺点是工艺复杂,成本稍高,也有一定的工作噪音。含油轴承是市场上最常见的一种轴承技术,成本低廉,制造简单,噪音低,价格便宜。

图 2.2 散热风扇

散热片多由铝合金、黄铜或青铜做成板状、片状、多片状等。元器件发出的热量传导到散热片上,再经散热片散发到周围空气中去。

2. 散热器选购要点

选择散热风扇时,要根据 CPU 型号、风量、风压、风扇转速、噪声等指标综合考虑。

(1)风量是指散热风扇每分钟排出或纳入的空气总体积。风量是衡量散热风扇散热能力最重要的指标。风量越大的散热风扇,散热能力也越高。

(2)风压是风的压力,风压越大,越能吹透元器件。风压和风量是相对关系,风压增大,风量会减小。要综合考虑两个指标,以达到最好的散热效果。

(3)风扇转速是指风扇扇叶每分钟旋转的次数。

(4)风扇噪声是风扇工作时产生杂音的大小。

选择散热片,主要考虑散热片本身的吸热能力和热传导能力。目前常用的散热片材质是铜和铝合金,二者各有优缺点。铜的导热性好,但价格较贵,加工难度较高,重量过大,热容量较小,而且容易氧化。铝合金的优点是价格低廉,重量轻,但导热性比铜差很多。有些散热器就各取所长,在铝合金散热器底座上嵌入一片铜板。

2.1.3 内存条

内存实质上是一组或多组具备数据输入、输出和存储功能的集成电路。早期的内存以存储芯片的形式集成在主板上,容量很小。当 CPU 提出大容量内存要求后,内存就以插卡的形式出现,称为内存条,通过内存插槽与 CPU、北桥芯片连接。内存条的主要品牌有金士顿、威刚、三星等。内存条如图 2.3 所示。

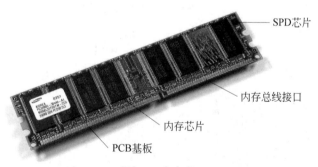

图 2.3 内存条

1. 内存条结构

内存条上包括 PCB 基板、内存芯片和内存总线接口,有的内存条上还有串行模组检测(Serial Presence Detect,SPD)芯片。

(1)PCB 基板是内存条的印制电路板,固定内存芯片和连接外部电路。

(2)内存芯片是内存条的核心,是数据存取的基本电路,又称为"内存颗粒"。内存芯片的性能决定了内存条的性能。内存芯片的生产厂家有三星、现代、金士顿等。

（3）内存总线接口是内存条与主板连接的接口，又称为"金手指"。现在主要的内存总线接口形式是双列直插内存模块(Dual Inline Memory Module，DIMM)。

（4）SPD 芯片是一种可擦除可编程只读寄存器(Erasable Programmable Read Only Memory，EPROM)芯片，记录了厂家提供的内存基本信息。

2. 内存条选购要点

选择内存条时，需要考虑内存速度、内存容量、内存芯片类型等。

（1）内存速度是存取一次数据的时间，单位是 ns。时间越短，速度就越快。

（2）内存容量是内存存放的二进制数据位数，单位是字节(Byte，B)、千字节(KB)、兆字节(MB)、吉字节(GB)。

（3）内存芯片类型是指内存条上的芯片制作工艺。不同类型的内存在传输率、工作频率、工作方式、工作电压等方面都有不同。现在主流的内存芯片类型是双倍速率同步动态随机存储器(Double Data Rate，DDR)。DDR 类型内存芯片的主流标准是 DDR4、DDR5。

2.1.4　主板

主板是整个计算机系统平台的载体，引导着系统中各种信息的交流，起着让计算机稳定发挥系统性能的作用，是主机中最大、最重要的一块电路板。主板性能会影响计算机的运行速度和稳定性。主板的主要厂家有华硕、技嘉、微星等。主板如图 2.4 所示。

图 2.4　主板

1. 主板结构

主板上布满电子元件、插座(槽)、接口、芯片、互补金属氧化物半导体(Complementary

Metal Oxide Semiconductor,CMOS)电池等。

（1）电子元件：包括电容、电阻、电感线圈等基本元件。

（2）插座（槽）：包括CPU插座、内存条插槽、扩展插槽、电源插座。CPU插座用于插接CPU。内存条插槽用于插接内存条。电源插座用于连接电源插头。扩展插槽用于插接各种扩展卡。扩展卡是为了实现特殊的功能和更好的性能而设计的插接式电路卡，如显卡、声卡、网卡等。这些插卡插接在主板的扩展插槽上，实现外设和CPU之间的数据传输通信。有些扩展卡功能以板载芯片的形式集成在主板上，称为集成显卡、集成网卡等。

（3）接口：包括与硬盘连接的接口、与各种外设连接的接口。

（4）芯片：包括主板芯片组、基本输入输出系统（Basic Input Output System,BIOS）芯片及各种板载芯片。主板芯片组是主板的核心部分，用于控制主板上的元件和数据传输，是衡量主板性能的重要指标之一。BIOS芯片存放基本输入输出系统程序，为计算机提供最底层的、最直接的硬件设置和控制。外设扩展卡功能也可以以板载芯片的形式集成在主板上。

（5）CMOS电池：BIOS的硬件配置和用户对某些参数的设定保存在CMOS芯片中，需要电池来维持CMOS芯片数据。

2. 主板选购要点

选择主板时，需要关注主板芯片组支持的CPU类型、内存插槽类型和数目、扩展插槽类型和数目、扩展卡是否集成、PCB板的材质和制作工艺。

（1）主板芯片组决定了主板所能支持的CPU类型、频率及内存类型。主板芯片组的厂家主要有Intel、VIA、SiS、nVIDIA、ATI等。

（2）内存插槽类型和数目决定了安装的内存条类型和容量。

（3）扩展插槽类型和数目决定了安装的扩展卡类型和数目。

（4）扩展卡用于实现CPU和外设的数据通信功能，可以以独立插卡的形式插接在扩展插槽上，也可以以板载芯片的形式集成在主板上。选择集成式扩展卡成本较低，但是性能比独立插卡式有所降低。

（5）主板上的大基板即PCB板，是由4～8层树脂材料黏合在一起的，包括电源层、接地层和信号层，内部为铜箔的信号走线（称为迹线）。PCB板的材质和制作工艺是主板性能稳定的基础。

2.1.5　显卡

显卡是主机与显示器之间的桥梁，它将CPU送来的影像数据处理成显示器能识别和显示的格式。主流显卡品牌有双敏、七彩虹、艾尔莎、华硕、昂达等。显卡如图2.5所示。

1. 显卡结构

显卡由显示芯片（图形处理芯片）、显存、显卡BIOS芯片、显卡接口、显卡总线接口、散热器等组成。

（1）显示芯片是显卡的核心。主要功能是处理系统输入的视频信息，并将其进行构建、材质渲染等处理，直接决定了显卡性能的高低。

图 2.5　显卡

（2）显存用来存储显卡芯片处理过或即将处理的图形数据。显存容量的大小和类型决定着显存临时存储数据的能力,在一定程度上也会影响显卡的性能。

（3）显卡 BIOS 芯片存储了显卡的硬件控制程序和相关参数数据。

（4）显卡接口是指显卡与显示器的连接接口。显卡接口主要有视频图形阵列（Video Graphics Array,VGA)接口、数字视频接口（Digital Visual Interface,DVI)。VGA 接口给显示器传输模拟信号。DVI 接口又分为 DVI-I 和 DVI-D 类型。DVI-I 接口只能传输数字信号。DVI-D 接口兼容数字和模拟信号传输。

（5）显卡总线接口是显卡与主板的连接接口。显卡总线接口有外围器件互联（Peripheral Component Interconnection,PCI)接口、加速图形接口（Accelerate Graphical Port,AGP)、快速 PCI(PCI-Express,PCIe)类型。

（6）在显卡工作过程中,芯片和电路会产生大量热量,温度过高会对显卡性能和寿命产生影响,所以需要散热器进行散热。

2. 显卡选购要点

选择显卡时,主要确定是独立显卡还是集成显卡、显示芯片型号、显存容量、显存类型、显卡接口类型、显卡总线接口类型及散热性能。

（1）独立显卡具备单独的显存,不占用系统内存,能够提供更好的显示效果和运行性能,但是成本稍高。集成显卡不带有显存,使用系统的一部分内存作为显存,对整个系统的性能有明显影响,但是价格方面较有优势,可以满足一般的家庭娱乐和商业应用。

（2）显示芯片的主要厂家有 nVIDIA、ATi 等。

（3）显存容量常见大小有 1GB、2GB、4GB、8GB、12GB 等。

（4）显存类型是显存芯片的制作工艺类型。当前主流的显存类型是图形双倍数据速率（Graphics Double Data Rate,GDDR),主流版本是 GDDR5 和 GDDR6。

（5）在显卡接口中,DVI 接口传送数字信号,显示质量较好,是当前的主流接口类型。

（6）显卡总线接口以 PCIe 类型为主流。当前主流的 PCIe 规范是 4.0。PCIe 有×1、×4、×8 以及×16 的数据位宽,其中×1、×16 是主流规格。

（7）带有散热器的显卡散热性能好，显卡工作稳定。

2.1.6　声卡

声卡的功能是实现声波/数字信号转换。声卡的主要品牌有创新、华硕、启亨等。声卡如图 2.6 所示。

声卡接口

音效芯片

声卡总线接口

图 2.6　声卡

1. 声卡结构

声卡主要包括音效芯片、声卡接口和声卡总线接口。

（1）声卡音效芯片是实现声音模拟信号和数字信号转换的芯片。高档的声卡还具有数字信号处理器、波形合成表等元器件，用于声音数据的处理，产生声音特效。

（2）声卡接口是声卡与麦克风、音箱、游戏杆等设备连接的接口。

（3）声卡总线接口是声卡与主板的连接接口。声卡总线接口类型主要是 PCI 类型，也有少量用 PCIe 的。

2. 声卡选购要点

选购声卡时，主要根据用户对音质的要求选择适合的产品。

（1）独立声卡拥有更多的滤波电容以及功放管，使得输出音频的信号精度提升，所以音质输出效果较好，但是成本稍高。集成声卡容易与主板的电子元件相互干扰，也不可能集成更多的多级信号放大元件以及降噪电路，所以输出音频的音质相对较差，但是价格稍低。

（2）声道数是指支持能不同发声的音响的个数，它是衡量音响设备的重要指标之一。声卡的声道数有单声道、立体声、2.1 声道、4 声道、4.1 声道、5.1 声道、7.1 声道多种。

（3）声卡上的音效芯片性能指标有采样位数和采样频率。采样位数越大，采样频率越高，则精度越高，所录制的声音质量也越好。

2.1.7　网卡

网卡是计算机与网络连接的媒介。网卡接收网络设备传来的数据包，转换成计算机可识别的数据，或者将计算机中的数据封包，传送到网络设备。网卡有有线网卡和无线网卡两种。知名网卡品牌有 D-Link、腾达等。网卡如图 2.7 所示。

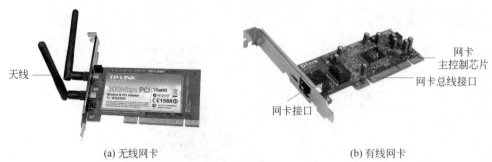

(a) 无线网卡   (b) 有线网卡

图 2.7   网卡

1. 网卡结构

网卡包括网卡主控制芯片、网卡接口和网卡总线接口。无线网卡是采用无线信号进行数据传输的终端,所以还具有发射信号的芯片和天线。

(1) 网卡主控制芯片是在网络设备和计算机之间进行数据包转换、处理的芯片,是网卡的核心部件。

(2) 网卡接口是指有线网卡与网线的连接接口,有基本网络卡(Bayonet Nut Connector, BNC)接口和注册的插座(Registered Jack,RJ-45)接口。BNC 接口用于同轴细缆接头。目前计算机网卡主要使用 8 芯线的 RJ-45 接口。

(3) 网卡总线接口是网卡与主板连接的接口,主要有 PCI 接口、个人电脑存储卡国际协会(Personal Computer Memory Card International Assoiation,PCMCIA)标准接口和通用串行总线(Universal Serial Bus,USB)接口等,常见的是 PCI 总线接口。

2. 网卡选购要点

选购网卡时,主要考虑网卡类型、网卡传输速率、网卡接口类型、网卡总线接口类型等。

(1) 网卡类型分有线网卡和无线网卡。使用无线网卡还需要配置无线接入点(Access Point,AP)/路由器。

(2) 有线网卡传输速率有 10Mbps、100Mbps、10/100Mbps、1000Mbps 几种。无线网卡的传输速率有 11Mbps、22Mbps、54Mbps、108Mbps、125Mbps、300Mbps 几种。

(3) 网卡接口类型主流的是 RJ-45 接口。

(4) 网卡总线接口类型主流的是 PCI 总线接口。

2.1.8   硬盘

硬盘是计算机内数据存放的仓库。硬盘的主流品牌有迈拓、希捷、西部数据、三星等。硬盘有固态硬盘和机械硬盘。机械硬盘如图 2.8 所示。

1. 硬盘结构

硬盘主要包括存储介质、主控芯片、缓存芯片、硬盘接口。

(a) 硬盘外观

存储介质

马达

磁头

磁头臂

硬盘接口

(b) 机械硬盘内部结构

图2.8 机械硬盘

（1）存储介质。

机械硬盘内部是密封的数张金属圆盘，涂满磁性材料，采用电磁原理实现数据存储。还有磁头、磁头臂、马达、永磁铁组成的机械装置。

固态硬盘用固态电子存储芯片阵列制成，包括控制单元和存储单元。存储单元由FLASH（闪存）芯片、动态随机存取存储器（Dynamic Random Access Memory，DRAM）芯片组成。

将机械硬盘和固态硬盘组合构成混合型硬盘。

（2）硬盘内部控制电路板上的主控芯片用于控制对数据的读写过程。

（3）缓存芯片是硬盘控制器上的一块存储芯片，具有极快的存取速度，它是硬盘内部存储和外界接口之间的缓冲器。缓存的大小与速度是直接关系到硬盘传输速度的重要因素，能够大幅度地提高硬盘整体性能。

（4）硬盘与主板的接口主要有电子集成驱动器（Integrated Drive Electronics，IDE）、串行高级技术附件（Serial Advanced Technology Attachment，SATA）、小型计算机系统接口（Small Computer System Interface，SCSI）、串行连接SCSI（Serial Attached SCSI，SAS）几种。目前主流硬盘以及固态硬盘均为SATA2、SATA3接口。SCSI硬盘主要应用于中、高端服务器和高档工作站中。

2. 硬盘选购要点

选购硬盘时，主要考虑硬盘类型、容量、转速、接口类型等。

（1）硬盘类型是指选择机械硬盘还是固态硬盘。机械硬盘读写速度慢，价格较低；固态硬盘读写速度快，价格较贵。

（2）容量是硬盘最主要的参数。硬盘的容量以兆字节（MB）、吉字节（GB）、太字节（TB）为单位。

（3）转速是机械硬盘内电机主轴的旋转速度，也就是硬盘盘片在1分钟内所能完成的最大转数。转速是决定硬盘内部传输率的关键因素之一。一般的转速有5400rpm、

7200rpm。

（4）硬盘接口类型主流的为 SATA2、SATA3 接口。SATA2 传输速率可达 3Gbps，SATA3 传输速率可达 6Gbps。

2.1.9　光驱

光驱是对光盘进行数据读写的驱动器，分为普通光驱；高密度数字视频光盘（Digital Video Disc，DVD）光驱；刻录光驱。DVD 光驱品牌主要有索尼、三星、明基、华硕、微星等。刻录机品牌有明基、索尼、NEC、LG、建兴等。光驱如图 2.9 所示。

图 2.9　光驱

1. 光驱结构

光驱主要包括机芯电路板、激光头组件、缓存芯片、主轴马达、光盘托架、启动机构。

（1）机芯电路板包括伺服系统和控制系统等主要的电路组成部分。

（2）激光头组件包括光电管、聚焦透镜等组成部分，在通电状态下对光盘进行读写操作。

（3）缓存芯片是光驱读写电路和外界接口之间的缓冲器。缓存的大小与速度直接关系到光驱数据传输的速度。

（4）主轴马达驱动光盘高速旋转，进行快速的数据定位。

（5）光盘托架是光盘的承载支架。

（6）启动机构是控制光盘托架进出和主轴马达启动的机构。

2. 光驱选购要点

选购光驱时，要考虑光驱的读盘类型、读取速度、接口类型、缓存大小、刻录机的刻录速度等。

（1）光驱的读盘类型有只读光盘存储器（Compact Disc Read-Only Memory，CD-ROM）、光盘刻录片（CD Recordable，CD-R）、可重复写光盘（CD Rewritable，CD-RW）、DVD-ROM 压缩光盘。CD 光驱只能读取 CD 光盘，DVD 光驱可以读取 CD 光盘和 DVD 光盘。COMBO 光驱是结合了 CD-ROM、CD-R、CD-RW、DVD-ROM 等多种功能的新型光驱。

（2）CD-ROM 的单倍速读写速度是 150Kbps，目前光驱的最高倍速为 52×，读取速度为 150Kbps×52＝7800Kbps。

（3）内置光驱与主板连接的接口类型有 AT 嵌入式接口/AT 附加分组接口（AT Attachment/AT Attachment Packet Interface，ATA/ATAPI）。外置光驱的接口类型主要是 USB 接口。

（4）CD-ROM 一般有 128KB、256KB、512KB 缓存；DVD 一般有 128KB、256KB、512KB 缓存。刻录机产品一般有 2MB、4MB、8MB 缓存。COMBO 产品一般有 2MB、4MB、8MB 的缓存。

（5）刻录速度是衡量刻录机性能指标的一个重要标准，速度越快，刻录机性能越高。但是在实际使用中，并不鼓励高速刻录，CD 刻录以 16× 为佳，DVD 为 2～4× 为宜。

2.1.10　显示器

显示器用于显示计算机内的图片、文字、影像等信息。按所采用的显示器件分类，可分为阴极射线管（Cathode Ray Tube，CRT）显示器和液晶显示器（Liquid Crystal Display，LCD）两类。显示器的主要厂家有三星、飞利浦、V 优派、冠捷、美格等。显示器如图 2.10 所示。

图 2.10　显示器

1. 显示器结构

1）CRT 显示器结构

CRT 显示器包括阴极射线管、信号处理电路、扫描偏转电路和荧光屏。

（1）阴极射线管又称为显像管，加电时发射电子束。

（2）扫描偏转电路产生电磁场，控制电子束射向荧光屏的指定位置。

（3）信号处理电路是将显卡送来的视频信号转换为控制扫描偏转电路的控制信号。

（4）荧光屏上有红、绿、蓝三色荧光点，在电子束的轰击下产生各种色彩。

2）LCD 显示器结构

LCD 显示器包括背光光源、液晶面板和控制电路。

（1）背光光源由发光二极管（LED）的光源、扩散片等组成，产生光线。

（2）液晶面板内部是一个个液晶分子。液晶分子受电场、磁场、温度（热）、应力等外部条件作用时，就会重新排列，产生不同的透光性。

（3）控制电路根据要显示的视频信息产生不同电流，控制液晶分子的排列方向，产生透光度的差别，构成图像。

2. 显示器选购要点

选购显示器时，要考虑屏幕尺寸、分辨率、可视角度、亮度/对比度、响应时间、接口类型、刷新率、色彩数等。

（1）屏幕尺寸是指显示器屏幕对角线的长度，单位为英寸（1 英寸＝2.54 厘米）。

（2）分辨率是屏幕像素点的数目，一般表示为水平分辨率（一行中像素的数目）和垂直分辨率(一列中像素的数目)的乘积形式,如 1024×768。

(3) 可视角度分为水平和垂直可视角度。水平可视角度是以液晶屏的垂直中轴线为中心,向左和向右移动,可以清楚看到影像的角度范围。垂直可视角度是以显示屏的平行中轴线为中心,向上和向下移动,可以清楚看到影像的角度范围。最好能达到水平角度 170°,垂直角度 160°以上。

(4) 液晶显示器的亮度以 lm(流明)为单位,普遍为 250~500lm。对比度体现液晶显示器能够显示的色阶参数。对比度越高,还原的画面层次越好。

(5) 响应时间是指显示器对于输入信号的反应速度。从接收到显示信号到图像显示完成的时间,通常是以 ms(毫秒)为单位,一般为 5ms 以下。

(6) 显示器的接口类型与显卡接口类型一致,有 VGA、DVI-I 和 DVI-D 类型。

(7) 刷新频率是指 CRT 显示器中电子束扫描屏幕进行图像刷新的速度。刷新频率越低,图像的闪烁和抖动就越厉害。75Hz 的刷新频率是 CRT 显示器稳定工作的最低要求。

(8) 显示器可支持的色彩数越大,画面色彩越丰富,质量越好。

2.1.11　机箱

机箱可以保护主板、CPU、显卡等内部配件,保证配件在机箱内固定。机箱内包括放各种部件的钢板架子,侧面有金属挡板,还有机箱面板上按钮的导线。机箱的知名品牌有爱国者、世纪之星等。选择机箱的考虑因素有制作工艺、散热设计、电磁波屏蔽等。机箱如图 2.11 所示。

2.1.12　电源

电源是整个主机的电力提供设备。由于配件的功率要求越来越大,电源的优劣直接关系到系统的稳定和硬件的使用寿命。选择电源时,功率最好是 350W 及以上,以免电源长期处于满负荷状态。一般选择 ATX2.0 电源。电源推荐品牌有鑫谷、航嘉、Tt、全汉、长城、金河田等。电源如图 2.12 所示。

图 2.11　机箱

图 2.12　电源

2.1.13　其他外部设备

常用输入设备有键盘、鼠标、扫描仪、手写板等。常用输出设备有音箱、耳机、打印机等。常用移动存储设备有移动硬盘、U盘等。常用数码设备有数码相机、数码摄像机等。常用网络设备有路由器、交换机、调制解调器(Modulator Demodulator,MODEM)等。

2.2　笔记本计算机组成

笔记本计算机又称手提计算机或膝上型计算机,是一种小型、便于携带的个人计算机。当前的发展趋势是体积越来越小,重量越来越轻,功能越来越强大。笔记本计算机的硬件组成基本和台式计算机是相同的,都是由显示器、主板、中央处理器、内存、硬盘、显卡、声卡等部分组成。但是由于笔记本计算机机体轻薄,还要考虑便携性和电池寿命,所以许多部件虽然和台式机部件的功能相同,但是微型化了,另外还采用了专用的接口。笔记本计算机如图2.13所示。

图2.13　笔记本计算机

1. 外壳

笔记本计算机的外壳,除了美观,更有保护内部器件的作用。一般采用的外壳材料有工程塑料、镁铝合金、碳纤维复合材料。碳纤维复合材料的外壳兼有工程塑料的低密度、高延展性及镁铝合金的刚度与屏蔽性,是较为优秀的外壳材料。一般硬件供应商所标示的外壳材料是指笔记本计算机的上表面材料,托手部分及底部一般习惯使用工程塑料。

2. 液晶屏

笔记本计算机从诞生之初就开始使用液晶屏作为其标准输出设备,屏幕尺寸比台式机小。

3. 定位设备

笔记本计算机一般会在机身上搭载一套定位设备(相当于台式计算机的鼠标,也有搭载两套定位设备的型号),早期一般使用轨迹球(trackball)作为定位设备,现在较为流行的是触控板(touchpad)。

4. 移动CPU

笔记本计算机CPU是专用的移动(mobile)CPU。移动CPU和普通的台式机CPU在封装形式、节电技术和功耗上都有很大的不同。笔记本计算机的处理器除了速度等性能指标外,还要兼顾功耗。对于大多数笔记本计算机来说,CPU是直接焊接在主板上的,这样可以通过降低CPU插槽高度,在一定程度上降低机身的厚度。所以就一般情况而言,它的升级可能也基本为零。

5. 主板

笔记本计算机的主板和台式机主板有很大的不同,虽然二者的硬件结构基本一致,但是笔记本计算机的主板绝大多数都是专用的。

在输出接口方面,现在大多数笔记本计算机不再有串并口和第 2 代 PC 系统(Personal System/2,PS/2)接口,而是配置多个 USB 口、外置显示器输出接口,如高清晰度多媒体接口(High Definition Multimedia Interface,HDMI)、DVI 接口、VGA 接口、S 端子,还有网络连接用的 RJ45 和 RJ11 接口。另外,还有台式机上没有的个人计算机存储(Personal Computer Memory Card International Association,PCMCIA)卡、读卡器、音频输入输出接口、数字音频接口协议(Sony/Philips Digital Interconnect Format,S/PDIF)接口。笔记本计算机的主板芯片组和台式机的基本相同。

6. 内存

笔记本计算机内存的芯片和普通台式机的内存通常是相同的,只是为了缩小体积,采用了微型化的接口。笔记本计算机内存一般都是可以升级更换的。

7. 显卡

笔记本计算机显卡有集成显卡和独立显卡两种。集成显卡的性能较差,适合不玩复杂游戏,不做复杂图形处理的用户,而且发热量较低,价格较低。目前 85% 的笔记本计算机都是采用集成显卡。而独立显卡的性能较好,适合那些运行复杂游戏、处理复杂图形,对性能要求较高的用户,但是发热量大,价格高。

8. 硬盘

笔记本计算机的硬盘尺寸和容量都比台式机的小。对于笔记本计算机的硬盘来说,不但要求其容量大,还要求其体积小。采用机械硬盘的笔记本计算机,硬盘普遍采用了磁阻磁头(Magneto-Resistive Head,MR)技术或扩展磁阻磁头(Magneto-Resistive extended Head,MRX)技术,以极高的密度记录数据,从而增加了磁盘容量,提高数据吞吐率,同时还能减少磁头数目和磁盘空间,提高磁盘的可靠性和抗干扰、震动性能。现在采用固态硬盘和混合硬盘的笔记本计算机比较多。

9. 光驱

笔记本计算机中的光驱一般是 COMBO 光驱。由于 U 盘的普及,目前笔记本计算机逐渐淘汰了光驱。

10. 电池

可充电电池是笔记本计算机相对台式机的优势之一,它可以极大地方便笔记本计算机的移动使用。电池可分为镍镉电池、镍氢电池、锂电池。镍镉电池有严重的记忆效应,镍氢电池、锂电池则没有记忆效应。目前市面上常见的笔记本计算机多采用智能型镍氢电池或锂离子电池,可正确显示电池剩余容量,连续使用时间也比较持久。一般笔记本计算机电池的使用时间约为 2～4 小时。

2.3 计算机组装

2.3.1 计算机硬件组装准备

组装计算机硬件之前,要准备好各种必要的工具,如螺丝刀、钳子、硅脂等。最好准备好一个器皿,存放组装过程中的小器件,以免丢失。

组装时的注意事项如下。

- 防止静电。接触计算机的器件之前,最好用手触摸一下导电体,或者洗手来释放静电。要避免在有毛地毯的房间内安装。如果有条件,可以佩戴防静电手腕带。
- 装机环境附近不要摆放液体,如水、饮料等。夏天要防汗水,注意不要让手心的汗水弄湿板卡。
- 用力要适当,不要使用蛮力。注意不要使器件引脚折断或变形,不要使板卡变形,以免使设备断裂或接触不良。各个部件要轻拿轻放,尤其是硬盘。
- 不要将装机的工具和零件随意摆放。暂时不用的配件,不要从包装盒中拿出。
- 认真看说明书。不同配件的安装方法也不尽相同。

2.3.2 计算机组装过程

计算机部件的组装过程没有固定顺序,一般为了操作方便,先在机箱外安装主机,再在机箱内安装各硬件设备,最后连接机箱外的其他外部设备。

1. 安装 CPU 和风扇

(1) 在主板上找到 CPU 插座。一般 CPU 插座边有一个拉杆,将拉杆向外推压,脱离固定卡扣。CPU 插座如图 2.14 所示。

图 2.14　CPU 插座

(2) 将 CPU 上印有三角标志的一端与 CPU 插座上印有三角标志的一端对齐,放入插座中。CPU 放入 CPU 插座,如图 2.15 所示。

CPU上的三角标志

CPU插座的三角标志

图 2.15   CPU 放入 CPU 插座

（3）将 CPU 插座边的拉杆轻轻压下，将 CPU 固定在插座内。固定 CPU 如图 2.16 所示。

图 2.16   固定 CPU

（4）在 CPU 表面涂抹上一层导热硅脂。涂抹导热硅脂如图 2.17 所示。

图 2.17   涂抹导热硅脂

（5）将 CPU 散热风扇对准 CPU，轻轻放在 CPU 插座上方，再将散热风扇四周的卡扣固定好。固定 CPU 风扇如图 2.18 所示。

图 2.18 固定 CPU 风扇

（6）连接 CPU 散热风扇电源。安装 CPU 散热风扇电源如图 2.19 所示。

图 2.19 安装 CPU 散热风扇电源

2. 安装内存条

（1）在主板上找到内存插槽，将内存插槽两端的白色卡扣向两边扳动，将其打开。打开内存插槽卡扣，如图 2.20 所示。

图 2.20 打开内存插槽卡扣

(2) 将内存条的缺口对准内存插槽上的凸起,垂直放入插槽内,稍微用力下压,直到内存插槽两端的卡扣自动卡住内存条。固定内存条如图2.21所示。

图2.21 固定内存条

3. 安装主板

(1) 机箱底部的铁板用来固定主板,称为底板。底板上有很多固定孔,用于安装铜柱或塑料钉,以固定主板。将机箱背部的I/O挡板拆下,换上与主板匹配的I/O挡板。根据主板扩展卡安装位置,将机箱上对应扩展卡挡板拆下。拆下挡板的机箱如图2.22所示。

图2.22 拆下挡板的机箱

(2) 将主板I/O接口一边与机箱I/O挡板对准,将主板斜放入机箱,再放下另一边,使主板平放在底板上。放入主板,如图2.23所示。

(3) 主板上一般有5~7个螺丝孔,与底板上的固定孔对齐。主板螺丝孔如图2.24所示。

(4) 将金属螺丝柱套上绝缘垫圈,用螺丝刀旋入螺丝孔中,将主板固定在机箱中。固定主板螺丝柱如图2.25所示。

4. 安装电源

(1) 电源线朝向机箱内侧,有标签的一面朝向用户,将电源放入机箱的电源预留位。放置电源,如图2.26所示。

图 2.23 放入主板

主板螺丝孔 ——  —— 主板螺丝孔

—— 主板螺丝孔

主板螺丝孔 —— —— 主板螺丝孔

主板螺丝孔 —— —— 主板螺丝孔

图 2.24 主板螺丝孔

图 2.25 固定主板螺丝柱

图 2.26　放置电源

（2）在机箱后侧，用螺丝钉将电源固定在机箱中。固定电源螺丝，如图 2.27 所示。

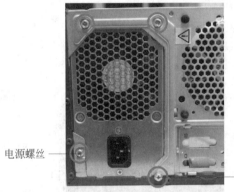

电源螺丝 ——

—— 电源螺丝

图 2.27　固定电源螺丝

5. 安装扩展卡

（1）找到主板上的扩展插槽，根据扩展卡总线接口类型选择对应类型的扩展插槽。打开扩展插槽一端的卡扣。打开扩展插槽卡扣，如图 2.28 所示。

图 2.28　打开扩展插槽卡扣

（2）将扩展卡接口朝向机箱挡板方向，总线接口对准插槽，将其压入插槽内，顶端的卡扣会自动扣紧。图 2.29 所示为插入 PCIe 显卡。其他扩展卡的安装方法类似。

图 2.29　插入 PCIe 显卡

（3）用螺丝钉将显卡与挡板固定，如图 2.30 所示。

6. 安装硬盘

（1）将硬盘接口朝向机箱内侧，放入机箱硬盘托架上。硬盘放入托架，如图 2.31 所示。

图 2.30　固定扩展卡

图 2.31　硬盘放入托架

（2）使用螺丝，将硬盘固定在机箱上。固定硬盘螺丝，如图 2.32 所示。

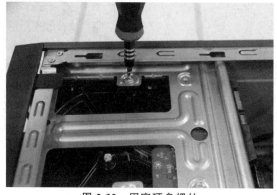

图 2.32　固定硬盘螺丝

7. 安装光驱

（1）将机箱前面板的光驱挡板拆下，从前面向机箱内推入光驱。光驱推入机箱，如图2.33所示。

图 2.33　光驱推入机箱

（2）用螺丝将光驱固定在机箱支架上。固定光驱螺丝，如图2.34所示。

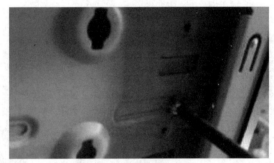

图 2.34　固定光驱螺丝

8. 连接数据线

用数据线将硬盘和光驱与主板的数据接口相接。图2.35是连接SATA硬盘的数据线接口。图2.36是连接主板SATA数据线接口。

图 2.35　连接 SATA 硬盘的数据线接口

图 2.36　连接主板 SATA 数据线接口

9. 连接电源线

将 24Pin 机箱电源线插头与主板电源插座相接。如果使用的是 Intel P4 电源,还要将小的 4Pin 电源插头与主板的 4Pin 插座连接。24Pin 机箱电源线插头如图 2.37 所示。

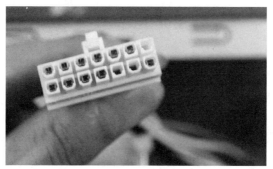

图 2.37　24Pin 机箱电源线插头

24Pin 插头连接在主板电源插座上,如图 2.38 所示。

Intel P4 电源的 4Pin 电源插头如图 2.39 所示。

图 2.38　24Pin 插头连接主板电源插座

图 2.39　4Pin 电源插头

4Pin 电源插头与主板的 4Pin 插座连接如图 2.40 所示。

图 2.40　4Pin 电源插头与主板的 4Pin 插座连接

10. 连接机箱控制信号线

机箱内的控制信号线包括机箱电源按键 POWER SW 信号线、RESET SW 复位按键信号线、SPEAKER 喇叭信号线、POWER LED 电源指示灯信号线、HDD LED 硬盘指示灯信号线。另外还有前面板 USB 信号线、音频插孔信号线等。常见的控制信号线如图 2.41 所示。

图 2.41　机箱控制信号线

机箱控制信号线与主板信号线插座的连接如图 2.42 所示。

(a) 机箱音频线连接　　　　　(b) USB信号线连接　　　　　(c) 控制开关线连接

图 2.42　机箱控制信号线与主板信号线插座的连接

11. 连接外部设备

(1) 将显示器的数据线一头连接显示器,一头接机箱后侧的显卡接口。图 2.43(a)是显示器数据线显示器端的连接图。图 2.43(b)是显示器数据线显卡接口端的连接图。显示器的电源线一头连接显示器,一头连接到电源插座中。图 2.44 是显示器电源线显示器端的连接。

(a) 显示器数据线显示器端的连接　　　　　(b) 显示器数据线显卡接口端的连接

图 2.43　显示器数据线连接

（2）连接键盘线、网线和鼠标线，如图 2.45 所示。如果是 USB 鼠标，则可以连接到任一个 USB 接口。

图 2.44 显示器电源线显示器端的连接

图 2.45 连接键盘线、网线和鼠标线

其他外部设备，如打印机、音箱、摄像头等，则根据设备接口形式进行对应连接。现在大多外部设备都采用 USB 接口，只要连接到机箱的 USB 接口即可。

2.3.3 开机检测与排错

组装好计算机后，不要马上进行通电开机，应该先整理一下机箱内的各种信号线，仔细检查一遍各部件连接是否正确、安装是否牢固。

检查无误后，即可将主机电源线一头接机箱电源接口，一头连接电源插座。机箱电源连接如图 2.46 所示。

接上电源后，按下机箱电源按键，显示器出现自检画面。如果没有错误提示信息或主板错误报警音，则说明硬件基本没有问题，组装成功；如果有，则要根据提示信息或报警音的长短检查相应的硬件。

图 2.46 机箱电源连接

计算机组装完成后，最好进行 72 小时以上的烤机，或者使用测试软件进行测试，可以检查出一部分硬件问题，如虚焊、元器件不稳定等。

2.4 计算机硬件日常维护

日常使用过程中，要注意硬件设备的维护，保障硬件设备处于良好的状态，从而使硬件运行稳定，延长使用寿命。

2.4.1 计算机的工作环境

1. 电网环境

计算机的工作电压是 220V。波动范围为 $-20\% \sim 10\%$，即约 $180 \sim 240$V，这时计算机系统还是可以正常工作的。在供电不稳定的环境中使用计算机,可以借助不间断电源(Uninterruptible Power Supply,UPS)提供不间断电源保护,避免电压波动给计算机系统造成的硬件损坏。良好的接地系统,可以减少电网及计算机本身产生的杂波和干扰,在闪电和瞬间高压时能够保护计算机。

2. 环境清洁度

计算机所处环境要清洁干净。灰尘落在电路板上会影响电路板的散热,甚至造成电路接触不良或短路的问题。灰尘落在光驱读写机构或者光盘上,会影响其读写功能。

3. 环境温度

计算机在 15～30℃ 工作较为适宜。高温会使电子元器件工作不稳定,甚至损坏器件,尤其是 CPU、显示器、显卡等散热大户。如果温度过低,则电子元器件不能正常工作,出错率会增加。

4. 环境湿度

计算机在空气湿度为 30%～70% 的环境中工作较为适宜。湿度低于 30% 的环境特别容易产生静电,静电会破坏元器件。湿度高于 70% 的环境会造成元器件受潮、生锈、氧化、短路等问题。

5. 环境电磁干扰

计算机要远离电磁场。磁场对显示器和磁盘、内存影响很大,会造成存储设备数据混乱或丢失、显示器磁化变色等问题。

6. 环境光线

一般的光线对计算机没有影响,但是要避免强光照射。强光会加速设备老化,尤其是显示器屏幕以及外壳。

2.4.2 计算机的正确使用习惯

1. 正确开、关机

开机时应该先开外设电源,再开主机电源。关机时应该先关主机电源,再关外设电源。因为开、关外设电源的时候,会产生较大的电流冲击。正确的开、关机顺序,可以避免冲击电流对主机的损害。

计算机正在对硬盘进行读写操作时,即硬盘指示灯亮的情况下,更不能切断电源,否则会对硬盘造成损害。

要用操作系统的"关机"操作进行软件关机,正常结束系统运行后,再切断电源开关。若关机后再开机,最好间隔时间不少于 60s。

2. 不要在计算机附近吃喝

在计算机附近吃喝,如果饮料等液体类物品不小心倾倒进入计算机,会损坏计算机内部电路及元器件;食物残渣之类的物质落入键盘里,会卡在按键缝隙中,导致键盘按键失灵。

3. 注意避震

计算机应固定位置使用,避免因震动造成硬盘磁头与盘片撞击而损坏硬盘、CPU 风扇

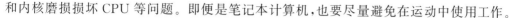

和内核磨损损坏 CPU 等问题。即便是笔记本计算机,也要尽量避免在运动中使用工作。

4. 严禁带电插拔部件

如果不是 USB 接口的设备,禁止在带电情况下插拔。设备插拔时会引起电流冲击,会对主板及其接口造成损坏。用手接触计算机部件时,也要防止静电对元器件造成损坏。

5. 禁止手摸显示屏

无论 CRT 显示器还是 LCD 显示器,都严禁用手直接触摸。在计算机使用过程中,显示屏的表面积聚了大量的静电电荷,用手触摸会发生剧烈的静电放电现象,可能造成显示器损坏。

2.4.3 计算机硬件的日常保养

计算机使用一段时间后,要对其拆箱、拆卸,进行保养维护,以免影响使用性能。注意,原装和品牌计算机、笔记本计算机,在保修期内禁止用户自己开箱,否则会丧失保修权利。

1. 拆装部件

拆卸各部件时,要轻拿轻放,不要使用蛮力。一些特殊的连接线,要注意连接方法和位置,以便正确还原。拆卸下来的螺丝和零部件,要用容器收好,以免丢失。

2. 除尘

计算机内很容易依附灰尘,需要及时清理和维护。除尘可以使用吹风机、软毛刷、吹气球等工具。进行除尘操作时,注意不要把灰尘擦到插槽或接口缝隙中。对显示器屏幕除尘,要用专门的清洁剂和软布轻轻擦拭。

3. 清理板卡总线接口

对于内存条、显卡、声卡之类的扩展卡,其总线接口部分的"金手指",使用一段时间后会因为氧化产生氧化膜或者沾染污物。可以使用橡皮擦轻轻擦拭"金手指"部分来清理氧化膜或污染物。

4. 清理插槽

主板的插槽内部容易聚集灰尘或产生氧化膜,可以采用光滑的硬纸插入插槽内,上下摩擦进行清理。

5. 笔记本计算机保养要点

使用笔记本计算机切忌重压,要放置在专用的计算机包中。不要和尖锐的金属物品放置在一起,以免磨损表面烤漆。笔记本计算机的电池也要定期进行维护,一个月左右要进行一次完全的充放电,以激活电池的活化性能。如果长期不使用电池,最好将电池取出。

2.5 本章小结

本章介绍了计算机中各个硬件产品的功能、结构、选购要点。要根据使用用途、购置成本,综合考虑各种性能指标,进行计算机的选购。

本章介绍了将各部件组装连接成完整的计算机硬件系统的操作方法。计算机部件的组装过程没有固定顺序。组装时要参考产品说明书,不同产品的安装方法也不尽相同。

本章介绍了计算机硬件的日常维护规范。在良好的环境中使用计算机,养成正确的使用习惯,定期对硬件进行保养,可以使计算机硬件的寿命延长,也可以提高计算机的工作效率。

2.6 思考与探索

1. 制造计算机硬件的基本元器件是什么?

现代计算机都是电子数字计算机,基本元器件都是电子元件。第一代计算机的核心元件是电子管,存储器件为声延迟线或磁鼓。第二代计算机的核心元件是晶体管,内存由磁芯构成,磁鼓与磁带成为外存储器。第三代计算机的逻辑元件与存储器均由集成电路实现。第四代计算机的核心元件和内存均采用大规模集成电路和超大规模集成电路。图 2.47 为电子管、晶体管、集成电路元件图。关于计算机硬件元器件、电路的原理,数字逻辑电路、计算机组成原理等课程中将深入讲解。

图 2.47 电子管、晶体管、集成电路

2. 为什么计算机中表示数据采用二进制?

计算机中的电子元器件有两种稳定状态:电压的高低或者电流的有无。使用这两种稳定状态表示信息 0 和 1,数据的存储、传递和运算可靠性更高,不易受到电路中物理参数变化的影响,结果更加精确。用元器件上 0、1 的排列组合表示数据的计数方法称为二进制。

十进制数的表示有以下规则:表示数值时,除了正负符号,采用 0~9 这 10 个数字符号。一个十进制数表示为多个数字符号的排列,数字符号的位置称为位序号 n,小数点往左边算,位序号是 0、1⋯⋯以此类推;小数点往右算,位序号是 −1、−2⋯⋯处于不同位置的数字符号代表的数值不一样,是该数字符号乘以该位权数的结果,权数就是 10 的 n 次幂。各位数字符号的数值累加总和就是这个十进制数的实际值。

例如,十进制数 123,由 1、2、3 三个数字符号组成,3 位数字符号的权分别是 10^2、10^1 和 10^0。123 的数值可表示为:$1 \times 10^2 + 2 \times 10^1 + 3 \times 10^0$。

二进制采用 0 和 1 两个符号表示数值。二进制的基数是 2。权数就是 2 的 n 次幂。

例如,二进制数 101,由 1、0、1 三个数字符号组成。3 个数字符号的权分别是 2^2、2^1 和 2^0。二进制数 101 的数值可表示为：$1×2^2+0×2^1+1×2^0=5$,也就是二进制 101 表示十进制的 5。

计算机中使用二进制数来计数。但是在应用计算机的时候,二进制数书写、记忆不方便,所以还使用八进制数、十六进制数来表示数据。八进制数、十六进制数最终还是要转换为二进制数才能存在于计算机中。关于数据的进制表示及运算,计算机组成原理课程中将深入讲解。

3. 计算机是如何存储数据的?

计算机中存储数据的物理器件有寄存器、内存储器和外存储器。

CPU 中采用寄存器电路存放多位二进制数据。寄存器中的数据是多位同时进行存取的。CPU 中一次能够存取的数据位数,称为字长。寄存器的位数决定了 CPU 的字长。

用寄存器存储数据,速度快,但是成本高,无法实现大容量存储。内存条采用半导体元件组成,可以降低成本,增大容量。例如,动态 MOS 存储位单元利用电容来保存信息。设定电容充有电荷表示存储 1,电容放电表示存储 0。由存储单元矩阵加上辅助电路,可以组成存储芯片。多块存储芯片可以构成大容量的内存储器(内存条)。

外存储器包括硬盘、光盘、U 盘等。

硬盘分硬磁盘和固态硬盘两种。硬磁盘采用磁存储原理记录数据。磁记录信息的基本原理是利用硬磁性材料的剩磁状态来存储二进制信息。根据电磁感应原理,变化磁场穿过闭合线圈时可以产生感应电势或电流。固态硬盘采用固态电子存储芯片阵列制成,由控制单元和存储单元组成。存储单元包括闪存 FLASH 芯片和动态随机存取存储器(Dynamic Random Access Memory,DRAM)芯片。FLASH 芯片和 DRAM 芯片由半导体元件组成,所以速度比磁存储快,但是成本比磁存储高。

光存储技术是利用激光在某种介质上写入信息,再利用激光读出信息的技术。采用半导体激光器作为光源,经由光学系统会聚、平行校正,通过跟踪反射镜被导向聚焦透镜。聚焦透镜把调制过的记录光束聚焦成直径约 $1\mu m$ 的光点,正好落在数据存储介质的平面上。如果是金属薄膜介质,金属薄膜上会有被熔化了的或烧蚀掉的微米大小的孔,有孔即代表存储了二进制代码 1,无孔则代表 0。

计算机中存储系统的原理,计算机组成原理课程中将深入讲解。

4. 计算机中的各种信息是怎么表示的?

自然界中的各种信息,比如数据 3、数据−3、数据−0.3、数据 1.3、一幅画、一首歌、一串字符文字、一段视频等,必须采用某种编码规则,转换成元器件的 0、1 状态,才能存放在计算机硬件元器件中。

信息在计算机中的表示形式称为机器数。一个机器数所代表的实际信息称为真值。

数据的编码方法如下。

(1) 无符号整数用二进制编码表示。

(2) 带符号整数用原码、补码、反码表示。

（3）带小数点的数据用定点、浮点编码表示。

（4）逻辑数据用 1 位二进制数表示，一个事件成立用 1 表示，不成立用 0 表示。

（5）西文字符的编码方案有多种，目前国际上普遍采用的是美国国家信息交换标准代码(American Standard Code for Information Interchange，ASCII)。ASCII 码编码标准中规定 8 位二进制数中的最高位为 0，余下 7 位可以有 128 个编码，表示 128 个字符。

（6）为了使汉字信息交换有一个通用的标准，1981 年，我国制定推行了《信息交换用汉字编码字符集(基本集)》(GB2312—80)。该标准选出 3755 个常用汉字，3008 个次常用汉字，一共 6763 个汉字。根据汉字在 GB2312-80 集中的位置，用区位码表示该汉字。

（7）图的表示有图像表示法和图形表示法两种。图像表示法把原始图像离散成 $m \times n$ 个像素点所组成的一个矩阵。每个像素的颜色或灰度用二进制数表示。颜色深度越多，描述一个像素的二进制位数越大。图形表示法是将画面中的内容用几何元素(如点、线、面、体)和物体表面材料与性质和环境的光照位置等信息来描述。

（8）计算机要表示和处理声音，必须将声波波形转换为二进制表示形式，这个转换过程称为声音的"数字化编码"。以固定的时间间隔对声音波形进行数据采集，使连续的声音波形变成一个个离散的样本值。用一个二进制数字量来表示采样的每个样本值。对产生的二进制数据进行编码，按照规定的格式表示。

（9）通过视频获取设备(如视频卡)将视频信号转换为计算机内部的二进制数字信息，这个过程称为视频信号的"数字化"。对一幅彩色画面的亮度、色差进行采样和量化，得到一幅数字图像。视频信息的数字化过程是以一幅幅彩色画面为单位进行的，所以数字视频信息的数据量非常大。

（10）由指令组成的程序以二进制形式存放在计算机的存储器中。一条指令中包含的信息，如作什么操作、对什么数据作操作，数据在机器的什么位置等，都要转换为物理器件上的二进制编码。

关于信息的编码，计算机组成原理、数据编码学、多媒体技术等课程中将深入讲解。

5. 计算机是如何实现运算的？

计算机中完成算术运算和逻辑运算的电路称为运算器。逻辑运算采用基本逻辑运算电路实现，由与门、非门、或门等基本逻辑门电路构成。运算器的核心是加法器，能够完成二进制数据的加法运算。其他加、减、乘、除算术运算都是以加法运算为基础，通过运算方法实现的。运算器的实现原理，计算机组成原理课程中将深入讲解。

6. 计算机是如何实现程序自动运行的？

程序的自动运行是由控制器控制完成的。

CPU 内部有一个控制器电路，能够从内存中取得程序的一条指令编码，分析指令编码后，产生对应的一系列控制信号，控制其他单元部件工作，完成指令的功能。控制器重复取指令、分析指令、执行指令，直到完成程序的所有指令，程序便运行结束。根据控制信号产生的方式不同，控制器可分为组合逻辑控制器、阵列逻辑控制器和微程序控制器。控制器的实现原理，计算机组成原理课程中将深入讲解。

7. CPU 为什么不直接和显示器相连,为什么要采用显卡?

在计算机系统中,程序、数据和各种外部信息要通过外部设备输入计算机内部,计算机内的各种信息和处理结果要通过外部设备输出,计算机内的微处理器与外部设备之间常需要进行频繁的信息交换。由于外部设备多种多样,微处理器和外部设备在速度、信号形式等方面存在很大差异,因此,为了保证微处理器与外部设备可靠地进行信息传输,需要在二者之间增加一种部件,以使得微处理器与外部设备进行最佳耦合与匹配,这种部件就是微型计算机接口。

计算机中的显卡、网卡、声卡等,都是计算机接口部件。显卡完成 CPU 和显示器间的数据传输及处理;声卡完成 CPU 和麦克风、音箱间的数据传输及处理;网卡完成 CPU 和网络设备间的数据传输及处理。另外,键盘、鼠标等外部设备都是通过接口部件和 CPU 进行数据传输及处理的,只不过键盘、鼠标的接口部件已经集成在主板的芯片组中了。

计算机中和 CPU 直接进行数据传输的只有内存条,其他设备都需要经过接口部件与 CPU 进行数据传输及处理。计算机接口部件的原理,微机接口技术课程中将深入讲解。

2.7 实践环节

(1)以表 2.1 所示的选购单为模板,完成一份计算机台式机的选购方案。要求至少对比 3 种配置方案,尽量获得足够多的参数,对几种方案进行评述,给出最适合用户的方案。

表 2.1 台式机选购单模板

用户需求描述			
选购指标	产品一	产品二	产品三
名称			
型号			
总价格			
品牌厂家			
CPU			
CPU 型号			
内核数			
主频			
缓存			
主板			
主板品牌			
主板芯片组			

续表

主板		
支持内存类型、大小		
扩展插槽类型、数目		
内存		
内存类型		
内存容量		
内存芯片品牌		
外存储器		
硬盘品牌		
硬盘类型		
硬盘容量		
硬盘转速		
光驱品牌		
光驱倍速		
视频/音频		
显示器品牌		
显示器类型		
显卡类型		
显卡品牌		
显卡芯片		
显存类型及大小		
显卡接口类型		
显卡总线接口		
声卡类型		
声卡品牌		
声卡接口		
声卡总线接口		
网络设备		
网卡品牌		
网卡芯片型号		

续表

网络设备			
网卡速率			
网卡接口			
网卡总线接口			
输入/输出设备			
键盘品牌			
鼠标品牌			
外形			
机箱品牌			
电源			
其他配件			
比较及评价			

（2）以表 2.2 所示的笔记本计算机选购单为模板，完成一台笔记本计算机的选购方案。要求至少对比 3 种配置方案，尽量获得足够多的参数，对几种方案进行评述，给出最适合用户的方案。

表 2.2　笔记本计算机选购单模板

用户需求描述			
选购指标	产品一	产品二	产品三
名称			
型号			
价格			
品牌厂家			
CPU			
CPU 型号			
内核数			
主频			
缓存			
主板/内存			
内存类型			
内存容量			

续表

主板/内存		
内存芯片品牌		
外存储器		
硬盘品牌		
硬盘类型		
硬盘容量		
硬盘转速		
光驱品牌		
光驱倍速		
视频/音频		
显示屏尺寸		
显卡类型		
显卡品牌		
显卡芯片		
显存类型及大小		
声卡类型		
声卡芯片		
其他特征		
网卡描述		
调制解调器		
标准接口		
蓝牙模块		
电能规格		
电池类型		
供电时间		
电源管理		
笔记本重量		
外形尺寸		
外形设计		
比较及评价		

（3）完成并记录一台计算机的组装过程，了解计算机组装的各种技巧。

（4）选择一个计算机产品模块，比如内存条，查找资料，撰写 2000 字左右的报告，陈述该模块制造工艺的发展和最新的技术。

（5）熟悉机箱面板的按钮及其功能，完成开机、关机、查看电源指示灯、查看硬盘指示灯、将光盘放入光驱、弹出光驱等操作。

（6）熟悉键盘功能，在键盘上找到下列按键位置。

① ESC：取消当前任务键，可以取消当前所做操作。

② Fn 功能区：在不同的软件中，功能键作用不同。在 Windows 中，各功能键作用如下。F1：帮助信息。F2：选定了一个文件或文件夹，按下 F2 会对其重命名。F3：桌面上按下 F3，则会出现"搜索文件"的窗口。F4：打开 IE 中的地址栏列表。F5：刷新 IE 或资源管理器中当前所在窗口的内容。F6：快速在资源管理器及 IE 中定位到地址栏。F7：在 Windows 中没有任何作用。不过在 DOS 窗口中，它是有作用的。F8：启动计算机时，用它来显示启动菜单。F9：在 Windows 中同样没有任何作用。在 Windows Media Player 中可以用来快速降低音量。F10：用来激活 Windows 或程序中的菜单。在 Windows Media Player 中可提高音量。F11：可以使当前的资源管理器或 IE 变为全屏显示。F12：在 Windows 中没有作用。

③ 数字区：输入 0～9 数字、一、＝、\ 等符号。

④ 字母区：输入 26 个英文字符。

⑤ Shift 上挡键，与按键同时按，输入按键上部的符号，如～、一、＋、| 等。

⑥ Tab 跳格键：实现光标位置定位，或者表格中跳格，或者程序窗口中的切换功能。

⑦ Caps Lock 键：大小写切换键。

⑧ Win 键：打开开始菜单。

⑨ Ctrl 键、Alt 键、Shift 键：组合键，与其他按键同时按下，可以实现各种快捷操作。

⑩ Backspace：删除键，删除左侧的一个字符，或者回退操作。

⑪ Enter：回车键，实现换行、确认等操作。

⑫ PrtSc 键：屏幕截图到剪贴板中，可以粘贴到相应的程序中。

⑬ Scroll Lock 键：Windows 里没用，在 Excel 中可以是滚动键。

⑭ Pause Break 键：暂停/中断程序。

⑮ Insert 键：在文本输入中实现插入和改写间的切换。

⑯ Home 键：将光标移动到编辑窗口或非编辑窗口的第 1 行的第 1 个字上。

⑰ End 键：将光标移动到编辑窗口或非编辑窗口的第 1 行的最后 1 个字上。

⑱ PgUp 键和 PgDn 键：实现上下翻页。

⑲ Delete 键：删除键。

⑳ 方向键：实现上、下、左、右移动。

㉑ Num Lock：小键盘中上下挡的切换键。

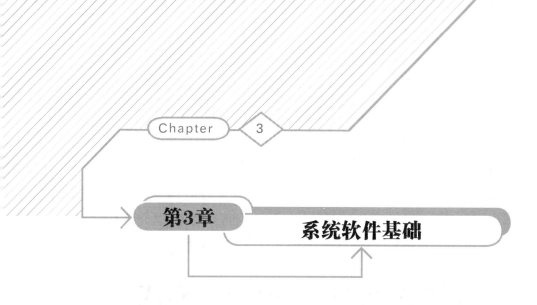

Chapter 3

第3章　系统软件基础

本章学习目标
- 熟练掌握计算机中 BIOS 软件的功能及其基本操作
- 熟练掌握计算机中操作系统的功能及其基本操作
- 熟练掌握计算机中驱动程序的功能及其基本操作

本章先介绍 BIOS 软件功能及其基本操作,再介绍操作系统功能及其基本操作,最后介绍驱动程序的功能及其基本操作。

3.1　BIOS 软件基础

3.1.1　BIOS 软件功能

基本输入输出系统(Basic Input/Output System,BIOS)实际上是一段程序代码,存放在主板的 FLASH ROM 芯片中。BIOS 是计算机中最基础、最重要的程序,为计算机提供最低级但却最直接的硬件控制,并保存基本信息。计算机加电开机后,首先运行的是 BIOS 程序,完成对硬件的初始化,保证系统能够正常运行。

BIOS 的基本内容主要有:完成基本输入/输出的程序、系统信息设置程序、开机上电自检程序、系统启动自举程序、控制基本输入/输出设备的中断服务子程序。

计算机启动过程中,BIOS 的作用如下。

(1) 开机自检:电源接通时,BIOS 程序对硬件设备进行检测,也称 POST 过程。BIOS 自检过程中,会将检测到的硬件类型、名称等信息显示出来。如果 CPU、内存等核心部件异常,则在屏幕上显示故障提示信息,或用扬声器针对不同的故障情况给出相应的报警铃声。可以根据提示信息和报警铃声查找手册,找出对应的硬件故障。POST 过程很快,结束之后就会调用其他代码来进行更完整的硬件检测。

（2）硬件初始化：自动检测 CPU 频率，对外围设备进行检测和参数设置。

（3）引导操作系统：查找可引导设备中的引导扇区，如果找到操作系统的引导记录，则将系统控制权转交引导记录，并由引导记录将操作系统装入内存。如果没有找到引导记录，则给出出错信息。

BIOS 程序存储在 BIOS 芯片中，由 CMOS 电池供电，使得用户设置的参数不会丢失。

常见 BIOS 芯片有双排直插式封装和四方形 PLCC 封装。在 BIOS 芯片的表面标签上，有芯片的厂商、容量、写入电压等信息。BIOS 芯片的主要品牌有 Award BIOS、AMI BIOS 两种。BIOS 芯片和 CMOS 电池如图 3.1 所示。

(a) BIOS芯片   (b) CMOS电池

图 3.1　BIOS 芯片和 CMOS 电池

3.1.2　BIOS 软件基本操作

BIOS 软件可以进行基础而重要的系统初始化操作。一般情况下，BIOS 程序中的参数是自动获得的，不需要修改。但是在新装计算机、添加新硬件、清空或丢失 CMOS 数据、修改启动顺序、超频或更改硬件参数时，需要进入 BIOS 软件，进行 BIOS 设置。

1. 进入 BIOS

目前市场上主板的 BIOS 程序主要有 AMI BIOS、Award BIOS 和 Phoenix BIOS。不同的 BIOS 程序版本，操作界面和采用的快捷键也不同，但设置的参数基本相似。

开机时，按下特定的快捷键，便可以进入 BIOS 程序的设置参数界面。一般开机硬件检测正常后，显示器上显示 BIOS 的版本和快捷键提示信息。常见的进入 BIOS 的快捷键有 Delete、F2、F12、Ctrl＋Alt＋Esc 等。图 3.2 为某计算机开机启动后 AMI BIOS 的提示画面。

有的计算机不显示提示信息，则要查阅计算机的产品说明书，了解 BIOS 版本及进入 BIOS 的快捷键。

2. BIOS 中常用设置

BIOS 中包括菜单栏、菜单选项区、提示区、注解区。菜单栏是主菜单，包含 BIOS 的功能分类。菜单选项区又包含多个菜单选项，是进行 BIOS 设置的主要区域。提示区列出 BIOS 操作的快捷键和功能提示。注解区是对当前选定的菜单选项的解释。

BIOS 操作中只能使用键盘。主要的按键功能如下：

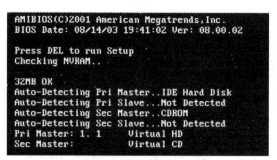

图 3.2 开机 BIOS 提示

- 上下方向键：选择选项。
- 左右方向键：选择菜单。
- ＋、一键：修改选项值。
- Enter 键：选择确认。
- ESC 键：取消/退出。

Phoenix BIOS 中主要包括 Main(主菜单)、Advanced(高级选项菜单)、Security(安全设置菜单)、Boot(引导菜单)、Exit(退出菜单)。

1) Main 菜单

在 Main 菜单中可以设置系统时间,查看硬件系统中硬盘、键盘、内存的参数。Main 菜单如图 3.3 所示。

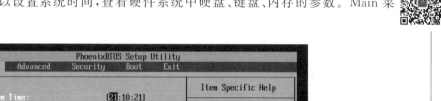

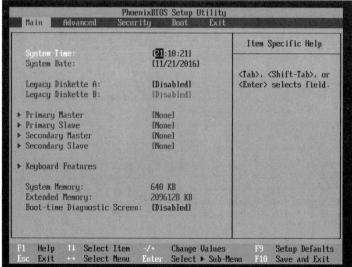

图 3.3 Main 菜单

2) Advanced 菜单

Advanced 菜单包括支持的多处理器规范设置、硬件支持情况、cache 参数、I/O 设置、大硬盘访问模式、IDE 适配器支持、高级芯片组控制等。Advanced 菜单如图 3.4 所示。

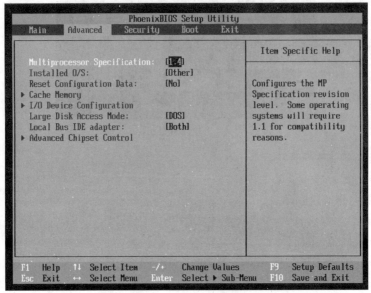

图 3.4　Advanced 菜单

3）Security 菜单

在 Security 菜单中可以设置用户密码和超级用户密码，以保护 BIOS 中的设置数据。Security 菜单如图 3.5 所示。

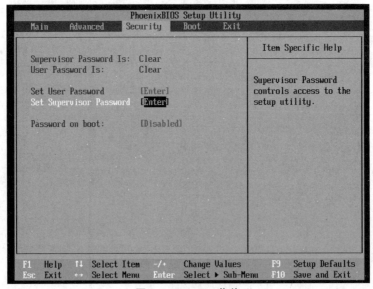

图 3.5　Security 菜单

4）Boot 菜单

Boot 菜单设置启动设备的引导顺序。Boot 菜单如图 3.6 所示。

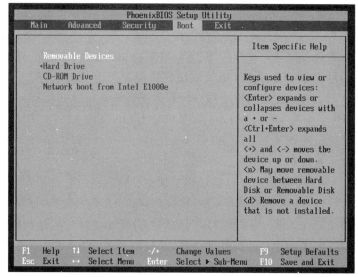

图 3.6 Boot 菜单

5）Exit 菜单

Exit 菜单包括保存参数设置后退出 BIOS、不保存参数设置修改退出 BIOS、装入默认参数设置、放弃修改、保存修改功能。Exit 菜单如图 3.7 所示。

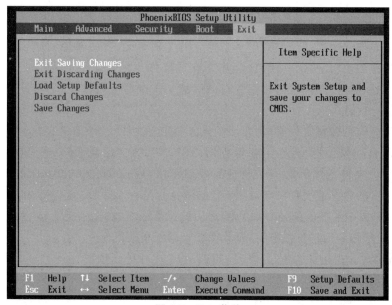

图 3.7 Exit 菜单

3.2 操作系统基础

3.2.1 操作系统的功能

操作系统是管理计算机软硬件资源的程序,它为应用程序提供基础,是用户和计算机交互的界面。用户通过操作系统对计算机的软硬件资源进行有效的管理,大大提高了计算机的易用性和使用效率。其他应用软件必须在操作系统的支持下才能运行。

常见的 PC 操作系统有 DOS、Windows、UNIX、Linux、OS/2、Mac OS 等。目前广泛使用的嵌入式操作系统有嵌入式 Linux、Windows Embedded、VxWorks 等。应用在智能手机和平板计算机的操作系统有 Android、iOS 等。

无论哪种操作系统,主要功能都包括存储器管理、处理器管理、设备管理、文件管理。

存储器管理的主要任务是管理内存资源,实现内存的分配与回收、存储保护和逻辑扩充。

处理器管理的功能是按照一定的策略,将处理器分配给系统中要运行的多道程序。

设备管理是根据请求为用户分配外部设备,并控制外部设备,完成用户要求的任务。

文件管理是对计算机上的系统文件和用户文件进行管理,包括创建文件、删除文件、打开文件、关闭文件等功能。

3.2.2 操作系统的安装

1. 硬盘分区格式化

操作系统需要安装在计算机硬盘上,而新硬盘是不能存储数据的,必须分区和格式化后才能使用。

硬盘分区是指在物理硬盘上创建多个独立的逻辑单元,方便管理和使用。这些区域的类别包括主分区和逻辑分区。主分区是用来存放操作系统启动所必需的文件和数据的区域。逻辑分区是存放用户自己的数据资料的区域。每个分区用盘符(又称分区符、卷名)区分,如 C:表示 C 区,D:表示 D 区。

要让分区能够管理存储数据,就必须在分区上建立文件系统,即格式化。不同操作系统采用的文件系统各不相同。现在主流的是 FAT32、NTFS 文件系统。

(1) FAT32 文件系统是 32 位文件分配表系统,是 Windows 98 之后的操作系统支持的格式。每个分区的容量最大可以支持 32GB 的磁盘容量。

(2) NTFS 文件系统是 Windows NT 之后的操作系统支持的格式,支持每个分区 2TB 容量,并提供了严格的用户权限限制,充分保护了系统和数据的安全。

现有的分区、格式化软件种类很多,功能上各有特色。按使用平台,可以分为 DOS、Windows 下的分区、格式化工具两大类。DOS 平台有 FDISK、DOS 版 PQMagic、DiskGen 等。Windows 安装程序自带分区和格式化功能。在 Windows 下分区调整与格式化操作,可以使用 PQMagic 和 Windows 系统中的磁盘管理工具。

格式化操作会清除分区的所有数据，要谨慎操作。

2. 安装 Windows 11

（1）在计算机光驱中放入具有 Windows 11 操作系统的光盘，开启计算机，光盘引导首先出现【Windows 安装程序】窗口的语言、时间和货币格式、键盘和输入方法选择对话框，如图 3.8 所示。

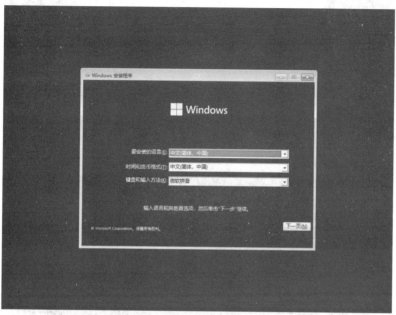

图 3.8　安装语言选择窗口

（2）单击【下一页】按钮，弹出【现在安装】按钮和【修复计算机】选项，如图 3.9 所示。

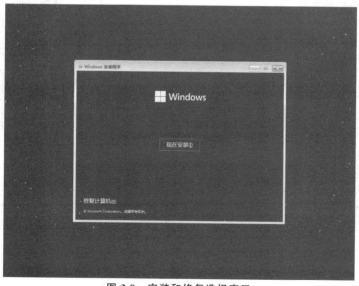

图 3.9　安装和修复选择窗口

（3）单击【现在安装】按钮，弹出【输入产品密钥以激活 Windows】对话框，如图 3.10 所示。

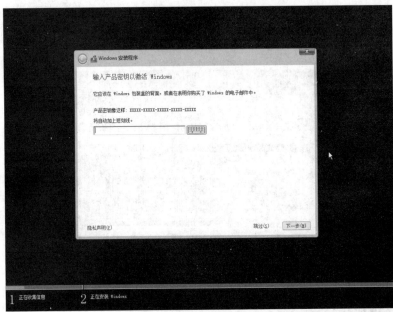

图 3.10 【输入产品密钥以激活 Windows】对话框

（4）输入产品密钥后，单击【下一步】按钮，弹出【许可条款】对话框，如图 3.11 所示。

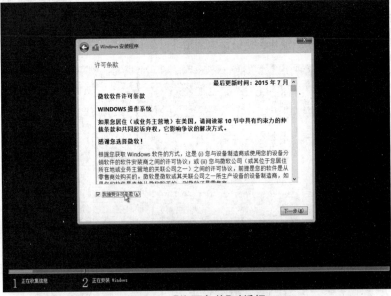

图 3.11 【许可条款】对话框

（5）勾选【我接受许可条款】选项，单击【下一步】按钮，弹出【你想执行哪种类型的安装？】对话框，如图 3.12 所示。

图 3.12 【你想执行哪种类型的安装？】对话框

（6）选择【自定义、仅安装 Windows(高级)】选项，弹出【你想将 Windows 安装在哪里？】对话框，如图 3.13 所示。

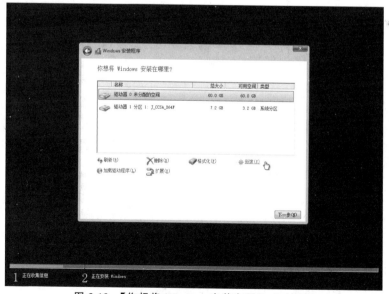

图 3.13 【你想将 Windows 安装在哪里？】对话框

（7）选择想要安装操作系统的磁盘驱动器，单击【新建】按钮，输入想要创建的分区大小，单击【应用】按钮，在选定的磁盘上创建分区。可以多次操作，创建多个分区。分区操作窗口如图3.14所示。

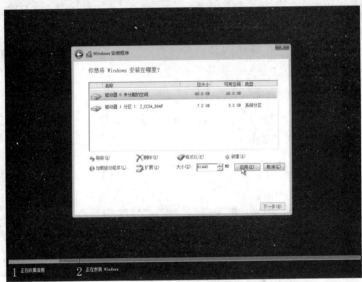

图3.14　分区操作窗口

（8）单击【下一步】按钮，窗口显示磁盘分区情况。选择要安装操作系统的主分区，单击【格式化】按钮，对所选分区进行格式化。格式化操作窗口如图3.15所示。

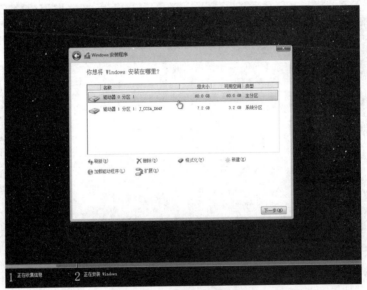

图3.15　格式化操作窗口

（9）格式化以后，进入安装准备状态阶段，如图3.16所示。

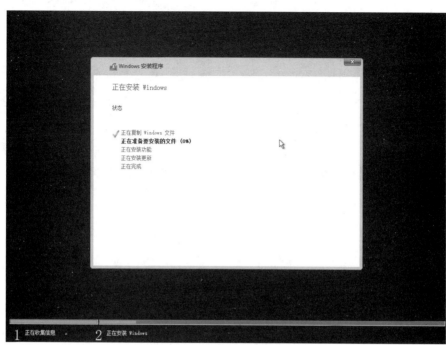

图 3.16　安装准备状态窗口

（10）接着出现正在准备设备窗口，如图 3.17 所示。

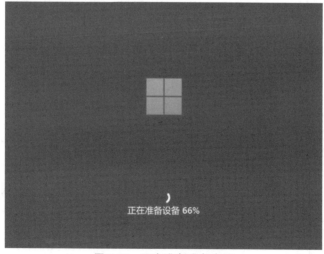

图 3.17　正在准备设备窗口

（11）接着进行 Windows 11 的基础设置。国家地区设置对话框如图 3.18(a)所示。键盘布局或输入法设置对话框如图 3.18(b)所示。命名设备对话框如图 3.18(c)所示。

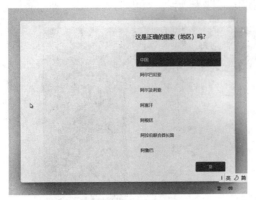

(a) 国家地区设置对话框

(b) 键盘布局或输入法设置对话框

(c) 命名设备对话框

图 3.18　Windows 11 的基础设置

（12）完成基础设置后，弹出【你想要如何设置此设备？】对话框，如图 3.19 所示。

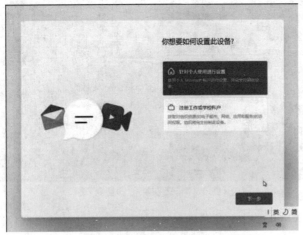

图 3.19　【你想要如何设置此设备？】对话框

（13）选择系统账户类型，单击【下一步】按钮，弹出添加 Microsoft 账户对话框，可以选择已有账户登录，或者创建一个新账户，如图 3.20 所示。

图 3.20　添加账户对话框

（14）采用 Microsoft 账户登录系统时，需要联网访问 Microsoft 服务器。可以设置 PIN 账户，实现无网环境下登录系统。【设置 PIN】对话框如图 3.21 所示。

图 3.21　【设置 PIN】对话框

（15）单击【确定】按钮，最后出现 Windows 11 桌面，安装成功，结束 Windows 11 的安装，如图 3.22 所示。

3.2.3　操作系统的基本操作

1. 桌面

桌面是 Windows 操作系统的主要操作界面，是操作系统作为人机界面的功能体现。

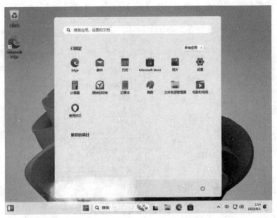

图 3.22　Windows 11 桌面

Windows 11 的初始桌面包括回收站、Microsoft Edge 浏览器、小组件、开始菜单、搜索栏、任务视图、文件资源管理器、Microsoft Store、任务托盘、桌面壁纸、已固定项目等，如图 3.23 所示。

图 3.23　Windows 11 桌面

（1）回收站暂时存放删除的文件和文件夹。

（2）Microsoft Edge 浏览器是 Windows 内置的浏览器。

（3）小组件中提供实时的动态信息，如天气、推荐新闻等。

（4）开始菜单中初始显示已固定和推荐的应用项目。可以单击【所有应用】，显示系统中的所有应用程序列表。

(5) 搜索栏提供对计算机中的程序、文件等的搜索。搜索时可以使用"＊"替代任意多个字符，"?"替代任意一个字符。

(6) 单击任务视图，可以看到所有活动窗口，包括最小化的程序。

(7) 文件资源管理器对计算机中的文件和文件夹进行管理。

(8) Microsoft Store 是 Microsoft 的在线商城，可以提供各种应用的购买。

(9) 任务托盘放置部分程序图标、通知信息和显示桌面按钮。初始程序图标包括输入法、网络连接、声音、日期时间。

(10) 桌面壁纸是桌面的背景图案。

桌面图标是应用程序的图形表示符号，双击可以运行对应的应用程序。桌面图标有系统图标，如【回收站】；用户可以根据需要创建应用程序图标和快捷图标。快捷图标的左下角带有一个箭头符号。

在桌面上右击，弹出桌面快捷菜单，如图 3.24 所示。

【查看】命令设置桌面显示内容的显示形式、排列方式等设置。【排序方式】命令完成桌面显示内容按名称、大小、项目类型、修改日期等的排序操作。【刷新】命令可以刷新桌面。【新建】命令可以在桌面新建各种文件、文件夹或快捷方式。【显示设置】命令设置显示器显示的亮度、颜色、方向、分辨率、缩放等。【个性化】命令可以更改桌面背景、颜色、主题、字体、开始菜单的显示样式、任务栏、锁屏界面等。

图 3.24 桌面快捷菜单

2. 文件资源管理器

选择任务栏的【文件资源管理器】图标，可以打开【此电脑】窗口。在【此电脑】窗口中可以管理计算机系统中的磁盘、文件和文件夹。这里体现了操作系统的文件管理功能。【此电脑】窗口如图 3.25 所示。

(1) 标题栏显示当前正在访问的文件夹名称。

(2) 工具栏提供新建、剪切、复制、粘贴、重命名、共享、删除、排序、查看命令按钮。单击工具栏上的"..."按钮，可以显示更多隐藏的命令按钮。

(3) 地址栏可以输入文件或文件夹的地址路径，直接定位显示该文件或文件夹。

(4) 搜索栏可以输入文件或文件夹名称的全部或部分进行搜索；也可以选择根据日期或大小进行搜索。搜索时可以使用"＊"和"?"通配符。

(5) 导航栏列出了本机所有的硬盘逻辑分区。选择某个逻辑分区，可以在右侧窗口显示该分区上的所有文件和文件夹。导航栏中还列出了本机的文件分类，包括视频、图片、文档、音乐、下载等。单击某个分类，可以在右侧窗口显示该类的所有文件。选择导航栏中的【桌面】选项，可以显示 Windows 的桌面内容。选择导航栏中的【网络】选项，可以查看本机的网络连接及网络设备。

图 3.25 【此电脑】窗口

3. 控制面板

在 Windows 11 桌面的搜索栏中输入"控制面板"命令，打开【控制面板】窗口，如图 3.26 所示。控制面板提供了各种工具，可以对计算机软件、硬件进行控制和管理。

图 3.26 【控制面板】窗口

【控制面板】窗口包括【系统和安全】【用户账户】【网络和 Internet】【外观和个性化】【硬件和声音】【时钟和区域】【程序】【轻松访问】选项。

（1）【系统和安全】选项可以检查计算机状态，更改用户账户控制设置，防火墙设置，查看系统 RAM 和处理器，更改电源选项，查看应用文件历史记录，备份和还原，管理存储空间，管理工作文件夹，应用磁盘工具等。

（2）【用户账户】选项可以更改账户类型、删除用户账户、添加用户账户等。

（3）【网络和 Internet】选项可以查看网络状态和任务、连接到网络、查看网络计算机和设备、更改适配器设置、进行高级共享设置、设置媒体流式处理选项、设置 Internet 选项、删除浏览历史记录等。

（4）【外观和个性化】选项设置任务栏和导航、轻松使用、文件资源管理器选项、字体等。

（5）【硬件和声音】选项管理设备和打印机、调整常用移动设置、设置自动播放、设置声音、设置电源选项、设置 Windows 移动中心等。

（6）【时钟和区域】选项设置日期、时间、时区的值和格式等。

（7）【程序】选项可以卸载程序、启用或关闭 Windows 功能、查看程序更新、设置默认程序等。

（8）【轻松使用】选项设置使用 Windows 建议的设置、优化视觉显示、更改鼠标键盘工作方式、设置语音识别等。

4. 设备管理器

在 Windows 11 桌面的搜索栏中输入"设备管理器"命令，打开【设备管理器】窗口，如图 3.27 所示。【设备管理器】窗口列表显示了计算机中的所有硬件设备，可以查看这些设备的属性、驱动程序、资源等。【设备管理器】体现了操作系统的设备管理功能。【查看】菜单中可以选择按不同排序方式显示硬件资源。

5. 任务管理器

在任务栏上右击，在弹出的快捷菜单中选择"任务管理器"命令，可以打开【任务管理器】窗口。也可以按下 Ctrl＋Alt＋Del 键打开【任务管理器】窗口。【任务管理器】体现了操作系统的处理器管理、存储管理等功能。【任务管理器】窗口如图 3.28 所示。

【任务管理器】窗口左侧是导航栏，有不同的管理选项卡。

【进程】选项卡中列举了当前系统正在运行的进程及其占用的资源情况。可以选择某个进程结束任务。也可以新建一个任务运行。

【性能】选项卡中显示了 CPU、内存、磁盘、网络使用状况的具体参数。

【应用历史记录】选项卡中显示当前账户使用过的各应用程序的资源使用情况列表。

【启动应用】选项卡显示系统启动时加载的应用程序列表，可以启用或禁用某个应用。

【用户】选项卡显示系统中各用户使用资源的情况。

【详细信息】选项卡显示当前系统运行的所有应用的运行状态、使用的用户名、占用的 CPU 和内存资源情况、应用程序描述等详细信息。

【服务】选项卡中列举了当前处理器正在运行的服务及其状态，可以对服务进行启动或

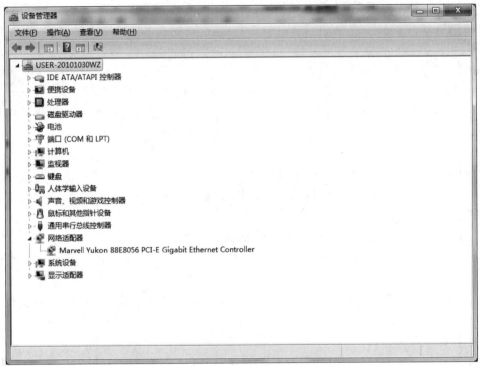

图 3.27 【设备管理器】窗口

图 3.28 【任务管理器】窗口

停止操作。

6. 计算机管理

在 Windows 11 桌面的搜索栏中输入"计算机管理"命令,打开【计算机管理】窗口,如图 3.29所示。【计算机管理】窗口中包括系统工具、存储磁盘管理、服务和应用程序选项。选择左侧导航栏的【磁盘管理】选项,在窗口右侧可以查看磁盘的分区和文件系统,对磁盘进行格式化、更改驱动器号和路径、压缩卷、删除卷等操作。

图 3.29　【计算机管理】窗口

7. 注册表

注册表是将应用程序和计算机系统的全部配置信息统一在一个树状层次结构的数据库系统中,对计算机的软件进行管理。

在 Windows 11 桌面的搜索栏中输入"注册表编辑器"命令,可以启动运行注册表编辑器。【注册表编辑器】窗口如图 3.30 所示。

注册表由键(也叫主键或称"项")、子键(子项)和值项构成。一个键就是分支中的一个文件夹,而子键就是这个文件夹当中的子文件夹。一个值项则是一个键的当前定义,由名称、数据类型以及分配的值组成。一个键可以有一个或多个值,每个值的名称各不相同,如果一个值的名称为空,则该值为该键的默认值。

在注册表编辑器中可以导出注册表、导入注册表,进行在注册表中添加、删除、修改键值等操作。

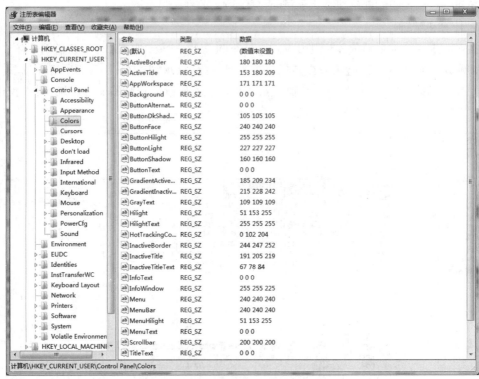

图 3.30 【注册表编辑器】窗口

对注册表的修改操作不当，可能造成操作系统故障，所以要养成对注册表进行导出备份的习惯，尤其是在修改注册表之前。

8. 程序和功能

单击 Windows 11 控制面板的程序选项，可以打开【程序和功能】窗口，对计算机中的程序文件进行卸载、更改、修复的操作。其中的【打开或关闭 Windows 功能】命令可以对 Windows 系统中的程序进行安装或关闭。【程序和功能】窗口如图 3.31 所示。

3.2.4 Windows 自带的应用程序

除了管理工具程序外，Windows 还提供了一些应用程序，可以满足用户的基本应用要求。

（1）便签、记事本、写字板程序可以完成简单的纯文本文件的编辑、修改、保存操作。

（2）画图程序提供了多种绘图工具和颜色，可以完成简单的图像绘制和编辑。

（3）截图工具程序可以对屏幕显示内容进行截图操作，保存为图片。

（4）计算器程序可以对多种进制数据、日期、单位进行计算。计算器有标准型、科学型、程序员、绘图、日期计算几种类型。

（5）Windows Media Player 播放器提供音频、视频播放功能。

图 3.31　【程序和功能】窗口

（6）录音机程序提供录制音频设备输入的声音,保存为文件的功能。

（7）命令提示符程序提供 DOS 命令操作界面。

（8）Microsoft Edge 浏览器提供浏览网页的功能。

3.3　驱动程序基础

3.3.1　驱动程序的功能

驱动程序是一种特殊的软件,功能是对操作系统解释 BIOS 中不能支持的硬件设备,并保证这些硬件能正常运行。因为驱动程序是有针对性地控制硬件,所以可以充分发挥硬件的性能。

由于现在操作系统功能很强大,已经包含了很多设备的驱动程序,所以这些设备可以不用安装单独的驱动程序。但是对某些设备,如果操作系统没有包含其驱动程序,或者包含的驱动程序不能很好地发挥硬件设备的最优性能,则在安装好操作系统后,必须安装其对应的驱动程序。

一般来说,驱动程序有公版驱动和专用版驱动,专用版驱动是厂商根据产品的实际情况开发的,可以充分表现产品的性能。

驱动程序的功能主要有如下几方面：

（1）初始化硬件设备：实现对硬件设备的初始化,包括端口识别和读写操作。

（2）完善硬件功能：通过软件方法弥补硬件的缺陷,实现更多的功能。

（3）扩展辅助功能：有些驱动程序并不仅仅是针对硬件进行驱动,还增加了许多辅助系统的功能。

3.3.2 驱动程序的基本操作

1. 安装驱动程序

硬件设备的产品中一般包含了存储驱动程序的光盘。有的驱动程序可以采用自动安装方式安装，将驱动程序光盘放入计算机，便可自动开始安装过程。有的驱动程序可以采用手动安装方式安装，通过 Windows【控制面板】中的【添加设备】命令来安装。图 3.32 是【安装打印机驱动程序】的窗口。在该窗口中选择要安装的打印机厂家和型号，再选择磁盘中对应的驱动程序进行安装。

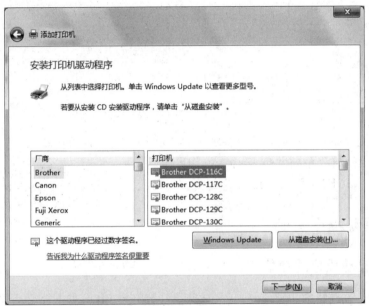

图 3.32 【安装打印机驱动程序】窗口

计算机中硬件是否能被操作系统识别，驱动程序是否安装正确，可以通过操作系统的【设备管理器】窗口来查看。【设备管理器】窗口中会列出已经识别出的硬件。若不能正确识别，则设备名称前会有黄色的感叹号"!"或黄色的问号"?"，这说明必须为该设备重新安装驱动程序。从图 3.33 中可知网络控制器的驱动程序安装不正确。

2. 设备驱动程序属性项

对不能正确识别的硬件，或者有了硬件的新版本驱动程序，可以在【设备管理器】窗口里选择设备后右击，在弹出的快捷菜单中选择【属性】命令，如图 3.34 所示。

打开【属性】窗口，选择【驱动程序】选项卡，进行更新、禁用、卸载驱动程序的操作，如图 3.35 所示。

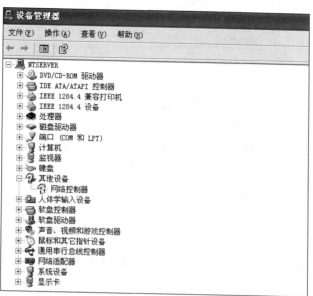

图 3.33　驱动程序安装不正确提示

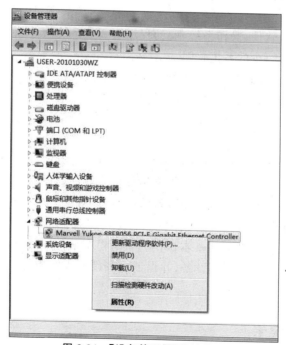

图 3.34　【设备管理器】快捷菜单

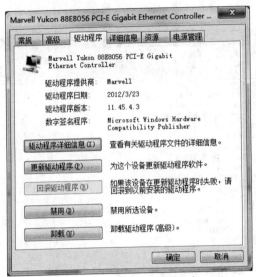

图 3.35 【驱动程序】选项卡

3.4 本章小结

本章介绍了 BIOS 软件、操作系统、驱动程序这 3 类系统软件，它们是计算机工作的底层、基础的软件，是必不可少的系统软件。

本章介绍了 BIOS 的功能和基本操作。BIOS 是计算机中最基础、最重要的程序，为计算机提供最低级但却最直接的硬件控制，并保存基本信息。计算机加电开机后，首先运行的是 BIOS 程序，完成对硬件的初始化，保证系统能够正常运行。要掌握 BIOS 中的基本设置，尤其是启动设备顺序的设置。

本章介绍了操作系统的功能、安装过程和基本操作。操作系统是管理计算机软硬件资源的程序，它为应用程序提供基础，是用户和计算机交互的界面。操作系统发展比较迅速，但是安装的步骤都大同小异。熟练掌握操作系统，可以对计算机的软硬件资源进行有效的管理，提高计算机使用效率。

本章介绍了驱动程序的功能和基本操作。驱动程序是一种特殊的软件，功能是对操作系统解释 BIOS 中不能支持的硬件设备，并保证这些硬件能正常运行。驱动程序的基本操作包括安装、卸载、禁用、更新等。

3.5 思考与探索

1. 为什么每次加电开机，都能找到 BIOS 程序开始运行？

当按下计算机电源开关时，电源开始向主板和其他部件供电。主板芯片组向 CPU 发送一个 RESET(重置)信号,CPU 恢复到初始状态。待电压稳定,主板芯片组撤掉 RESET 信号,CPU 转去执行内存 0FFFF0H 处的指令。这是一条跳转指令,跳转到 BIOS 系统程序的启动代码处。CPU 启动工作的原理,计算机组成原理、微机接口技术课程中将深入讲解。

2. BIOS 是直接控制硬件并存储硬件参数的程序,修改参数会破坏硬件吗?

不会破坏硬件,但是参数设置不正确,会让硬件不能正常工作。比如主板上有集成声卡,但是用户又购置了独立声卡。在这种情况下,需要在 BIOS 中通过设置参数屏蔽掉主板上的集成声卡,使其不再工作,但是集成声卡的硬件电路并没有损坏。硬件电路的工作原理,计算机组成原理课程中将深入讲解。

3. BIOS 程序是否可以更新呢?

BIOS 可以更新和升级。以前的 BIOS 芯片是 EPROM 芯片,程序不能进行改写,要更新程序,必须更换具有新程序的 BIOS 芯片。现在的主板 BIOS 芯片基本都是闪存 ROM 芯片,可以通过重写实现 BIOS 程序的更新。ROM 存储器的原理,计算机组成原理课程中将深入讲解。

4. 如果忘记了 BIOS 密码怎么办?

可以先将主板上的 CMOS 电池取出,然后把 BIOS 芯片附近的跳线开关上的跳线帽取下,将 2、3 针脚短接,再重新连接 1、2 针脚。这种短接方法会清除 BIOS 中的参数。BIOS 跳线开关示意图如图 3.36 所示。更详细的 BIOS 设置及操作,计算机组装和维护课程中将深入讲解。

跳线帽　　　3针跳线

图 3.36　BIOS 跳线开关示意图

5. 为什么 BIOS 中只能用键盘进行操作?

按下电源开关启动主机后,BIOS 就开始自检工作。通常完整的 POST 自检包括对 CPU、基本内存、1MB 以上的扩展内存、ROM、主板、CMOS 存储器、串并口、显示卡、软硬盘子系统及键盘进行测试,然后 BIOS 就按照系统 CMOS 设置中保存的启动顺序搜寻软驱、IDE 设备和它们的启动顺序,读入操作系统引导记录,最后将系统控制权交给引导记录,并最终完全过渡到操作系统的工作状态。一般的主板 BIOS 都没有将鼠标作为基本检测和加载的设备,所以 BIOS 工作时,鼠标不是基本设备,不能使用。目前也有一些 BIOS 开发了鼠标操作功能,使得 BIOS 的设置更为方便。更详细的 BIOS 设置及操作,计算机组装和维护课程中将深入讲解。

6. 如果程序运行需要的内存空间比实际内存容量大,程序还能执行吗?

操作系统允许在内存中同时运行多道程序,提供存储器管理。操作系统使用虚存机制和文件系统机制来有效、有条理地控制存储器分配。

操作系统将运行的一个程序记录为一个进程,包含程序运行的相关地址空间,在这个地址空间里存放程序、程序的数据以及程序的堆栈、资源集等。由于进程大小不同,很难都放入内存中。采用分页系统将进程划分为固定大小的页。一个进程的所有页放在磁盘中,当进程运行时,需要访问的一部分页装入内存。程序中使用的虚地址和内存中的实地址通过动态映射实现。如果执行的程序很大或很多,就会导致内存消耗殆尽。为了解决这个问题,

Windows 运用了虚拟内存技术，即拿出一部分硬盘空间来充当内存使用，这部分空间即称为虚拟内存。进程管理、存储器管理等原理和算法，操作系统课程中将深入讲解。

在 Windows 的【性能选项】对话框中可以进行虚拟内存的查看和管理。

在 Windows 桌面搜索栏中输入"系统"命令，打开控制面板中的【系统＞系统信息】窗口。在【系统＞系统信息】窗口中选择【高级系统设置】选项，打开【系统属性】对话框。在【系统属性】对话框中选择【高级】选项卡，单击该选项卡上【性能】框架中的【设置】按钮，打开【性能选项】对话框。在【性能选项】对话框中选择【高级】选项卡，【性能选项】对话框如图 3.37 所示。

图 3.37　【性能选项】对话框

7. 计算机中只有一个 CPU，为什么可以一边听音乐一边输入文档？

CPU 的处理速度很快，相对而言，声卡、键盘这些外设的速度就很慢了。当运行输入文档的程序时，CPU 需要等待键盘，这样就造成了 CPU 的浪费；CPU 可以切换去给声卡发送音乐数据；在声卡进行声音数据播放时，CPU 又可以切换到输入文档的程序。为了不让用户感觉到其中一个程序的暂停，CPU 控制每个程序以很短的时间为单位交替执行。这种便是分时系统。分时和多道程序设计是现代操作系统的主要方案，操作系统课程中将深入讲解。

8. 磁盘碎片是什么？

在磁盘上安装操作系统和程序，以及存放用户的文件时，一般是分配磁盘中单独的连续的空闲空间。在计算机的使用过程中，不断进行程序和文件的创建、删除操作，使得磁盘上可以连续分配的空间不足，文件只能散布在磁盘不连续的地方，形成磁盘碎片。

　　磁盘碎片会使系统性能降低,可以在 Windows 搜索栏中输入"碎片整理和优化驱动器"命令,打开【优化驱动器】窗口,选择驱动器后,单击【优化】按钮,可以移动磁盘上的碎片,释放出连续的空闲空间,使得文件可以连续存放。定期进行磁盘碎片整理,可以提高计算机系统的性能。磁盘空间管理的原理和策略,操作系统课程中将深入讲解。

　　【优化驱动器】窗口如图 3.38 所示。

图 3.38　【优化驱动器】窗口

　　9. 虚拟机是什么?为什么在虚拟机上不需要开机就可以使用几个操作系统?

　　虚拟机是指通过软件模拟的具有完整硬件系统功能的、运行在一个完全隔离环境中的完整计算机系统。使用虚拟机软件,可以在一台物理计算机上模拟出一台或多台虚拟的计算机,这些虚拟机完全就像真正的计算机那样工作,可以安装操作系统、安装应用程序、访问网络资源等。流行的虚拟机软件有 VMware(VMWare ACE)、Virtual Box 和 Virtual PC 等,它们都能在 Windows 系统上虚拟出多个计算机。虚拟机的原理,操作系统课程中将深入讲解。

　　10. 对两块不同的网卡,为什么驱动程序不同呢?

　　驱动程序是根据硬件的结构开发的,其中包含对硬件的控制操作代码,如果硬件不同,硬件的控制操作代码不同,驱动程序也就不同了。不同的设备有不同的驱动程序,所以安装驱动程序时,一定要选择对应的驱动程序,这样才能针对硬件进行有效控制。驱动程序的原理,将在微机接口技术课程中深入讲解。

11. 在设备管理器中,查看到设备的 I/O 范围和 IRQ 编号是什么意思?

CPU 和外部设备间的数据传输,是通过接口电路中的寄存器进行的。这些寄存器称为 I/O 端口。给 I/O 端口分配地址编号,以便 CPU 根据 I/O 端口地址进行数据传输。I/O 范围即是接口电路中 I/O 端口的地址范围。

CPU 和外部设备间采用中断方式通信时,需要给每个设备分配中断类型号,以便识别不同设备发来的中断请求。IRQ 编号即是中断类型号。图 3.39 是在【资源】选项卡中选择键盘的 I/O 端口地址范围和 IRQ 中断类型号。关于 I/O 端口和中断方式,微机接口技术课程中将深入讲解。

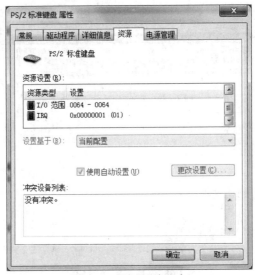

图 3.39 【资源】选项卡

12. 什么是安全模式? 安全模式有什么作用?

安全模式是操作系统的最小模式,在不加载第三方设备驱动程序的情况下启动计算机。在 Windows 开始系统运行之前按下 F8 键,会出现选择项,选择安全模式即可。

在安全模式下,所有非系统启动项都被禁止,这样便可以对非系统启动项的文件进行删除等操作,比如一些顽固的程序残留、病毒文件等。在安全模式下可以进行系统还原、修复系统故障、恢复系统设置等操作。

3.6 实践环节

(1) 完成并记录以下 BIOS 操作。

① 启动计算机,进入 BIOS。

② 修改系统日期和时间。

③ 修改启动设备顺序光驱为第一引导设备,硬盘为第二引导设备。

④ 屏蔽 USB 接口。

⑤ 设置 BIOS 用户密码。

⑥ 恢复 BIOS 的默认设置。

⑦ 不保存退出 BIOS。

（2）完成并记录磁盘分区、格式化、安装操作系统的过程。

（3）完成并记录在一台计算机上安装多个操作系统、设置默认的操作系统和设置默认的系统启动等待时间的过程。

（4）除了操作系统自带的分区功能外，学习使用另外一款分区软件，完成并记录该软件的使用过程。

（5）查找一台计算机的硬件驱动程序信息，记录在表 3.1 中。

表 3.1　计算机硬件驱动程序信息

硬件类别	硬件名称	设备类型	制造商	重要参数	驱动程序提供商	文件版本	版权所有	数字签名程序
主板								
声卡								
显卡								
网卡								
鼠标								
键盘								
监视器								
光驱								

（6）选择一款硬件设备，完成并记录对其驱动程序进行卸载、安装、禁用、更新的操作。

（7）除了使用产品厂家提供的驱动程序光盘进行安装外，还可以在厂家网站上获得驱动程序，或者使用其他的驱动程序安装软件，比如驱动精灵。选择一款硬件设备，卸载其驱动程序。在没有原产品驱动程序光盘情况下完成驱动程序的安装。

（8）完成并记录以下在 Windows 11【开始菜单】的基本操作。

① 打开【所有应用】，选择【计算器】程序启动。

② 在【已固定】中选择一个程序启动。

③ 打开【所有应用】，选择一个程序固定到开始屏幕。

④ 打开【所有应用】，选择一个程序固定到任务栏。

⑤ 在【已固定】中取消一个程序。

⑥ 在搜索栏搜索"计算器"程序，启动【计算器】程序。

⑦ 在任务视图中创建多个桌面，不同桌面放置不同的应用程序窗口。

⑧ 单击【电源】按钮，令计算机【睡眠】。

⑨ 操作键盘或鼠标唤醒计算机后，单击【电源】按钮，令计算机【关机】。

（9）完成并记录以下在 Windows 中的文件操作。

① 打开【文件资源管理器】。

② 选择一个磁盘分区，新建一个文件夹，重命名文件夹为 AAA。

③ 在 AAA 文件夹中新建一个文本文件 a.txt。

④ 复制 AAA 文件夹到另一个磁盘分区，重命名为 BBB 文件夹。

⑤ 删除 AAA 文件夹。

⑥ 在【回收站】中还原 AAA 文件夹。

⑦ 在 BBB 文件夹中创建 AAA 文件夹的快捷方式。

（10）完成并记录以下在 Windows 中的文件操作。

① 显示磁盘 C 区的所有文件及文件夹。

② 设置显示文件及文件夹为大图标方式。

③ 设置显示文件及文件夹为按时间日期逆序排序。

④ 设置显示文件扩展名方式。

⑤ 修改资源管理器窗口布局方式。

⑥ 搜索 C 区文件名含有 a 字母的文件或文件夹。

⑦ 结合 Shift 键，选择 C 区 5 个不相邻的文件，复制到 D 区。

（11）完成并记录以下 Windows 中的桌面操作。

① 更换桌面背景图片，设置为幻灯片模式。

② 设置锁屏界面图片，时间为 2 分钟。

③ 更改桌面显示的图标，显示【计算机】【回收站】【控制面板】图标。

④ 更改桌面【主题】，设置鼠标样式、开关机声音。

⑤ 在桌面创建【记事本】程序的快捷图标。

（12）完成并记录以下 Windows 中的【任务栏】操作。

① 选择一个任务栏的程序图标，从任务栏解锁程序。

② 设置任务栏托盘区显示声音图标，不显示网络图标。

③ 单击桌面按钮，迅速显示桌面。

④ 打开多个网页，最小化后，将任务栏上同样的程序合并为一组。

⑤ 将任务栏放置到桌面顶部。

（13）完成并记录下面 Windows 中的【语言栏】操作。

① 设置语言栏显示。

② 设置默认输入法。

③ 删除一个输入法。

④ 选择一个输入法，进行个性设置。

⑤ 更改系统时间和日期。

(14) 完成并记录以下在 Windows 中的【磁盘管理】操作。

① 修改原有的磁盘盘符。

② 选择一个分区,进行格式化。

③ 选择一个分区,右击,在弹出的快捷菜单中选择【属性】,在【工具】选项卡里选择【查错】,对磁盘分区进行错误检测。

④ 选择一个 FAT32 格式的分区,转换为 NTFS 格式。提示:可以使用工具软件,也可以使用 Windows 自带的 convert 命令。

⑤ 选择一个分区,进行磁盘碎片整理操作。

⑥ 选择一个分区,进行磁盘清理操作。

(15) 完成并记录以下对 Windows 中的【账户】操作。

① 创建一个新账户 x1,设置账户类型为标准用户。

② 创建一个新账户 x2,设置账户类型为管理员。

③ 为 x1、x2 账户分别设置登录密码。

④ 设置 x1 账户的图片。

(16) 完成并记录以下对 Windows 中的【任务管理器】操作。

① 启动任务管理器。

② 查看正在运行的应用程序,选择其中一个任务结束。

③ 查看正在运行的进程,选择其中一个结束进程。

④ 查看正在运行的服务,选择其中一个结束服务。

⑤ 查看系统性能信息,了解进程数和 CPU、内存的使用率。查看所有运行的应用程序详细信息。

⑥ 查看计算机联网信息,了解网络使用率、线路速度、连接状态。

⑦ 查看计算机中已登录用户的状态,并注销某个用户。

(17) 完成并记录以下对 Windows 中的【注册表】操作。

① 打开注册表。

② 导出注册表文件,保存为备份文件。

③ 在注册表中,将 Internet Explorer 的首页修改为一个自定义的网址。(提示:在注册表中 HKEY_CURRENT_USER\Software\Microsoft\Internet Explorer\Main 的右侧窗口找到 startpage,修改其值为自定义的网址)。

④ 导入之前备份的注册表文件。

(18) 熟悉【记事本】程序,使用该软件创建一个文本文件,保存为 a.txt,内容如图 3.40 所示。

(19) 熟悉【画图】程序,使用该软件绘制一幅彩色图片,保存为 a.jpg。

(20) 熟悉【截图工具】程序,使用该软件截取屏幕中一块区域图

图 3.40 实践 18 示例

像，粘贴到 a.jpg 图片文件中。

（21）熟悉【计算器】程序，使用该软件完成十进制数 123 转换为二进制数、十六进制数的运算。

（22）熟悉【Windows Media Player 播放器】程序，使用该软件播放一个视频或音频文件。

（23）熟悉【录音机】程序，录制两个声音文件，分别保存，再通过"插入"操作将两个文件保存为一个声音文件。

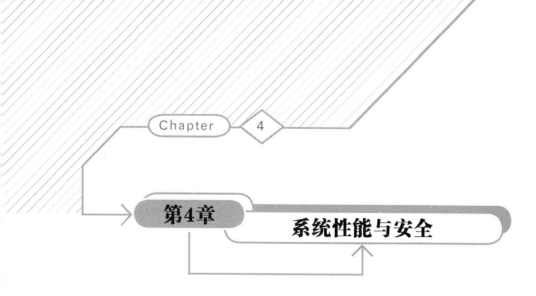

Chapter 4

第4章 系统性能与安全

本章学习目标
- 了解计算机硬件性能检测和优化的方法
- 掌握软件系统优化的操作
- 了解计算机安全的基础知识和方法

本章先介绍应用软件分类和安装应用软件的注意事项,再介绍和系统性能有关的操作方法和应用软件,包括计算机硬件性能检测和优化方法、软件系统中的优化操作,最后介绍计算机安全的基础知识、安全防范方法以及数据的备份、还原和恢复等基本操作。

4.1 应用软件概述

4.1.1 应用软件的分类

在系统软件的支持下,应用软件实现特定功能,满足用户的要求。应用软件大致分为以下几种。

(1)办公应用软件:主要包括文字处理、电子表格、演示文稿等,如 Microsoft Office 系列办公软件、WPS 系列办公软件。

(2)多媒体应用软件:主要完成图像、动画、音频和视频文件的处理等,如图像处理软件 Photoshop、动画制作软件 Animate、音频播放软件千千静听、视频播放软件暴风影音、录制和截图专家、视频编辑软件 Clipchamp、三维建模软件 3ds Max 和 Maya、游戏平台软件、网络电视软件等。

(3)工具应用软件:系统备份软件 Ghost、系统优化软件优化大师、系统检测软件 Everest、压缩软件 WinRAR、虚拟光驱软件 Daemon Tools 等。

(4)网络相关应用软件:网络浏览器 Microsoft Edge、360 安全浏览器、网络即时聊天工具 QQ、网络下载工具迅雷等。

（5）安全相关应用软件：文件加密超级大师、杀毒软件卡巴斯基、360 安全卫士等。

（6）编程开发软件：程序开发的集成环境 Visual Studio、Eclipse、数据库 SQL Server 等。

应用软件种类繁多，每一类软件又有很多种，每一款软件都有各自的特点和侧重，用户需要根据自己的要求选择合适的应用软件。

4.1.2 应用软件的操作

1. 应用软件的安装

应用软件的安装文件可以从软件销售商处购买，也可以在网上下载。如果从网上下载软件，要找软件的官网或者正规的网站，以免使用盗版软件或者带有病毒、木马的软件，给计算机系统造成损害。

有的软件不需要安装便可直接使用，称为绿色软件。大多数软件需要安装后才能使用，安装后会在注册表中写入与软件有关的信息和数据。安装正版软件的时候，一般需要注册码或者序列号才可以安装。免费软件安装不需要注册码或序列号。

安装程序名称一般为 Install 或 Setup，扩展名为 exe。双击该安装文件，按照提示逐步进行安装操作即可。

Windows 自带应用软件的安装和卸载，必须在"程序和功能"窗口中选择"启用或关闭 Windows 功能"，然后选择程序启用或关闭。

2. 应用软件的卸载

安装应用软件后会占用系统资源，如果长期不用，可以卸载该软件，以免系统负担过重。删除程序文件并不能完全清除程序在系统中的信息，要在"控制面板"的"程序"窗口中选择卸载，或者使用该软件自身的卸载功能进行卸载。

3. 应用软件的运行

安装应用软件后，一般会在开始菜单中创建快捷方式，单击该快捷方式即可启动该应用程序。用户也可以在桌面或文件夹中为某个应用程序创建快捷方式图标，双击该快捷方式便可启动该应用程序。在应用软件的安装目录下找到该程序的可执行文件，双击也可以运行该应用软件。

如果应用软件和操作系统不兼容，运行时会有不兼容的错误提示，如图 4.1 所示。

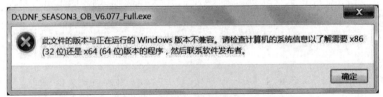

图 4.1 应用软件运行不兼容错误提示对话框

对于应用软件和操作系统不兼容的问题,可以采用手动为应用软件指定兼容的操作系统版本。选择应用软件程序,右击,在弹出的快捷菜单中选择【属性】,如图 4.2 所示。

图 4.2 【属性】命令

打开的【属性】窗口如图 4.3 所示。

在【属性】窗口中选择【兼容性】选项卡,勾选该选项卡上的【以兼容模式运行这个程序】选项,并在下拉列表中选择与该软件兼容的操作系统,如图 4.4 所示。

图 4.3 【属性】窗口

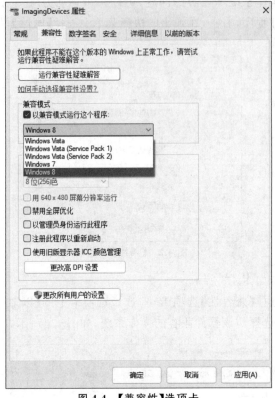

图 4.4 【兼容性】选项卡

4. 选择默认打开程序

计算机中的文件可以被功能相同或相似的程序打开。如果想为文件指定打开的程序，可以在【打开方式】中指定。选择文件，右击，在弹出的快捷菜单中选择【打开方式】命令，如图 4.5 所示。

图 4.5 【打开方式】命令

选择【选择其他应用】选项,弹出【打开方式】对话框,在其中选择指定打开的程序。如果单击【始终】,则之后同类型的文件都默认用指定的程序打开。如果选择【仅一次】,则本次采用指定的程序打开。【打开方式】对话框如图 4.6 所示。

图 4.6　【打开方式】对话框

4.2　硬件系统性能检测及优化

4.2.1　硬件系统性能检测

在计算机选购和组装环节,用户是根据厂家的产品说明及商家的介绍来了解硬件信息的,实际运行状态参数可能与宣传不符。多个部件搭配不当,也会成为影响整体系统性能的瓶颈。所以,了解和测试各个部件的真实性能,以及多个部件组装在一起的整体系统性能,也是至关重要的。

对计算机性能的检测,可以采用一些专业的测试软件。专业测试软件的种类很多。有的专门针对某子系统进行测试,比如 CPU-Z 测试 CPU、内存、主板和显卡的性能,HD Tune 测试硬盘性能和健康状态;有的对整机系统进行测试,比如 EVEREST 和鲁大师软件。

1. CPU 检测工具 CPU-Z

在 CPU-Z 中,可以查看 CPU、缓存、主板、内存、SPD、显卡等相关信息。图 4.7 是 CPU-Z 窗口。

2. 硬盘检测工具 HD Tune

HD Tune 可以测试硬盘传输速率、健康状态、错误扫描、文件夹占有率、CPU 占用率等。图 4.8 是 HD Tune 窗口。

图 4.7 CPU-Z 窗口主界面

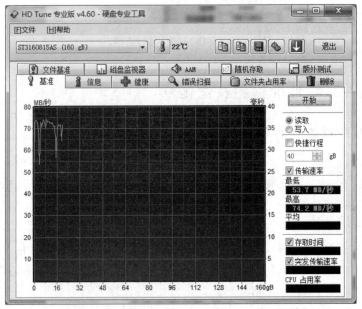

图 4.8 HD Tune 窗口

3. 显示器测试工具 DisplayX

DisplayX 可以检测显示屏的常规参数、单项参数,进行延迟时间测试和图片测试等。DisplayX 窗口如图 4.9 所示。

4. 整机检测软件 EVEREST

EVEREST 是一款测试整机软硬件系统性能的工具软件,可以详细地测试出计算机中的各个硬件、软件信息。图 4.10 是 EVEREST 窗口。

图 4.9　DisplayX 窗口

图 4.10　EVEREST 窗口

打开 EVEREST 的【工具】菜单，可以单独对显示器、系统稳定性进行测试。系统稳定性测试窗口如图 4.11 所示。

4.2.2　硬件系统优化

通过硬件检测，可以替换性能差的部件，以提高整机硬件性能。也可以通过软件对硬件参数进行设置，以获得较高的性能。软件设置的方法包括 BIOS 参数设置法、操作系统参数设置法以及专用软件设置法。

1. BIOS 参数设置法

在 BIOS 支持的情况下，可以设置硬件的参数，使其发挥最好的性能，比如对 CPU、内存、显卡超频，开启 CPU 高速缓存，开启 CPU 缓存校验等。BIOS 中 CPU 频率参数设置界面如图 4.12 所示。在 BIOS 支持的情况下，可以通过修改其倍频参数或者前端总线（Front

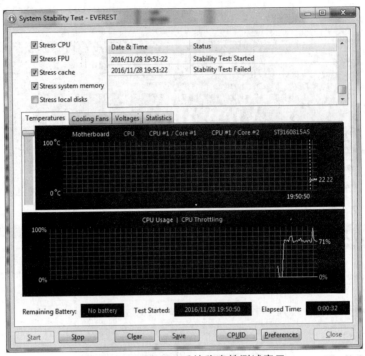

图 4.11　EVEREST 系统稳定性测试窗口

Side Bus,FSB)参数来提高 CPU 的工作频率。

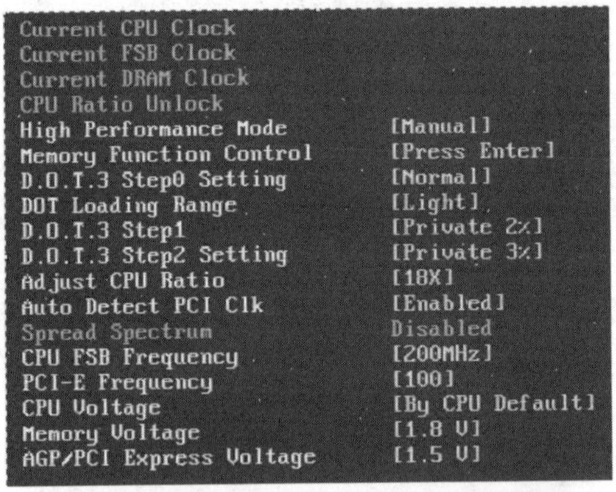

图 4.12　BIOS 中 CPU 频率参数设置界面

有些 BIOS 中的硬件参数不允许修改。因为 BIOS 参数设置有可能造成硬件工作不稳定,甚至造成硬件不能工作,必须谨慎操作。

2. 操作系统参数设置法

在操作系统中对硬件进行参数设置,可以在一定程度上提高系统性能,也比较安全。

1) 启用磁盘写入缓存

在操作系统中启用磁盘写入缓存,可提高硬盘性能,但在停电或设备故障时会造成数据丢失或损坏。在【设备管理器】窗口中选择【磁盘驱动器】选项,如图 4.13 所示。

图 4.13 【设备管理器】窗口

双击其中的硬盘图标,打开硬盘【属性】对话框,如图 4.14 所示。

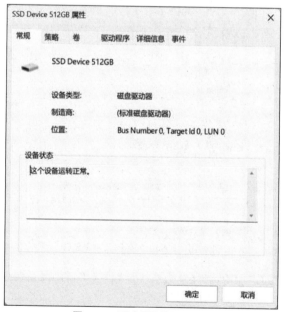

图 4.14 硬盘【属性】对话框

在硬盘【属性】对话框中选择【策略】选项卡，勾选【启用设备上的写入缓存】选项。【策略】选项卡如图4.15所示。

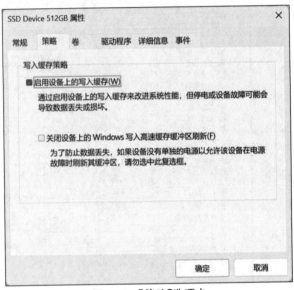

图 4.15 【策略】选项卡

2) 合理设置虚拟内存

在操作系统中合理设置虚拟内存，可以大大提高系统运行速度。在 Windows 桌面搜索栏中输入"系统"命令，打开控制面板中的【系统＞系统信息】窗口，如图4.16所示。

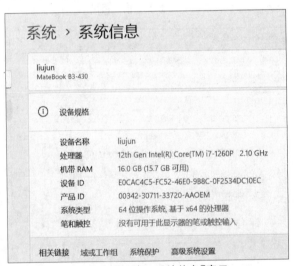

图 4.16 【系统＞系统信息】窗口

在【系统＞系统信息】窗口中选择【高级系统设置】选项，打开【系统属性】对话框，如图4.17所示。

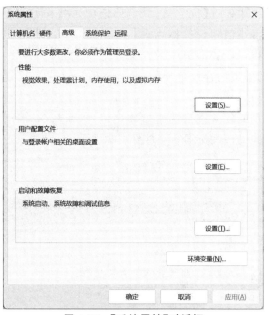

图 4.17 【系统属性】对话框

在【系统属性】对话框中选择【高级】选项卡，单击该选项卡【性能】框架中的【设置】按钮，打开【性能选项】对话框，如图 4.18 所示。

在【性能选项】对话框中选择【高级】选项卡，单击该选项卡【虚拟内存】框架中的【更改】按钮，打开【虚拟内存】对话框，如图 4.19 所示。

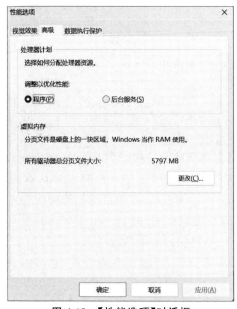

图 4.18 【性能选项】对话框

图 4.19 【虚拟内存】对话框

在【虚拟内存】对话框中勾选【自定义大小】单选项，在【初始大小】和【最大值】输入框中输入虚拟内存的数值。最小值建议选择物理内存的一倍，最大值可根据剩余空间的大小来定。重启计算机后虚拟内存设置即可生效。需要注意的是，如果要在非系统分区设置虚拟内存，要先把系统默认的虚拟内存设置成【无分页文件】选项。

3. 专用软件优化法

有些设备可以用专用的软件进行性能参数优化，比如在 NVIDIA 显卡的控制面板中可以对 3D 管理进行设置，会提升显示质量，如图 4.20 所示。

图 4.20　NVIDIA 显卡控制面板

4.3　软件系统性能优化

在一般情况下，Windows 系统都处于非常稳定且高性能的状态下。但是，随着安装的程序越来越多，软件对计算机系统的资源占用率越来越高，最后会导致系统性能下降，运行速度越来越慢。对软件系统进行优化，可以使系统整体性能更高，程序更流畅地运行。

软件系统优化的内容主要包括减少不必要的系统加载项和启动项、尽可能减少计算机执行的进程、优化文件的位置、均衡使用系统资源、始终保留空闲资源等方面。

软件系统优化的方法主要有直接修改操作系统设置、修改注册表设置、修改组策略设置、修改服务设置、使用工具软件等。

1. 优化外观设置

背景、壁纸以及窗口操作的特效,虽然美观好看,但是会占用系统内存,影响其他程序的运行速度。

(1) 在 Windows 桌面搜索栏中输入"系统"命令,打开控制面板中的【系统】窗口,如图 4.16 所示。

(2) 在【系统＞系统信息】窗口中选择【高级系统设置】选项,打开【系统属性】对话框,如图 4.17 所示。

(3) 在【系统属性】对话框中选择【高级】选项卡,单击该选项卡【性能】框架中的【设置】按钮,打开【性能选项】对话框,如图 4.18 所示。

(4) 在【性能选项】对话框中选择【视觉效果】选项卡,选择该选项卡上【调整为最佳性能】选项,就可以节省较多的内存空间。【视觉效果】选项卡如图 4.21 所示。

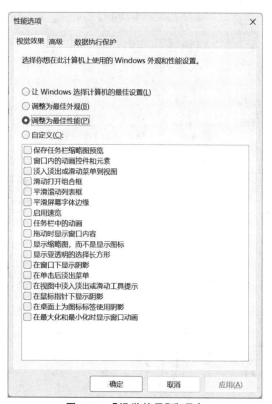

图 4.21　【视觉效果】选项卡

2. 关闭启动加载的程序

Windows 启动时会自动加载某些程序,这样会延长开机启动的时间,占用内存资源。关闭启动项中不必要的程序可以提高启动速度。

在 Windows 11 桌面搜索栏中输入"启动应用"命令,打开【应用＞启动】对话框,显示

Windows 11 启动时自动加载的程序，选择其中不需要的程序关闭即可，如图 4.22 所示。

图 4.22 【应用＞启动】对话框

也可以在任务管理器中修改启动加载程序。在 Windows 11 任务栏上右击，在弹出的快捷菜单中选择【任务管理器】，在其窗口左侧导航栏选择【启动应用】选项卡，显示 Windows 11 启动时自动加载的程序。选择其中不需要的程序，单击工具栏上的【禁用】按钮即可，如图 4.23 所示。

图 4.23 【启动应用】选项卡

3. 关闭不必要的服务

操作系统运行时,有很多服务在运行,有些服务是没有必要的,比如计算机没有连接打印机,就可以将与打印有关的 Printer Spooler 服务关闭掉;如果没有定期执行的任务,可以将 Task Scheduler 服务关闭掉;对于大多数人而言,远程注册表服务 Remote Registry 同样没有用,也可以关掉。在 Windows 11 桌面【搜索栏】中输入"服务"命令,启动【服务】窗口。或者按下 Ctrl＋Alt＋Del 组合键启动【任务管理器】窗口,再在【任务管理器】窗口中选择【服务】选项卡,启动【服务】窗口。【服务】窗口如图 4.24 所示。

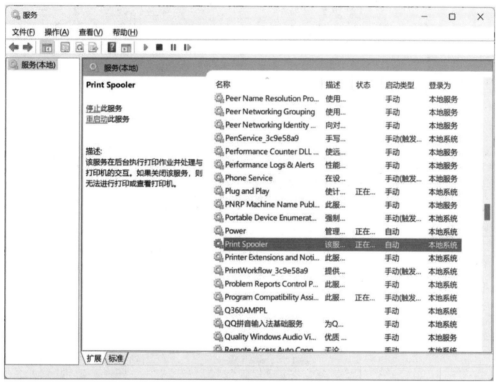

图 4.24　【服务】窗口

在【服务】窗口中选择某个服务后,选择【停止此服务】选项可以停止该服务,选择【重启动此服务】选项可以重启动该服务。

4. 优化存储管理

存储器的使用效率极大地影响着系统的运行效率。Windows 11 提供了存储感知手段,可以优化系统的存储管理。在 Windows 11 桌面【搜索栏】中输入"存储设置"命令,启动【系统＞存储】对话框,可以查看存储器的使用情况,设置存储感知开关,查看清理建议,进行高级存储设置,如图 4.25 所示。

5. 关闭隐私设置

Windows 11 附带隐私设置功能,可以在其中将不需要的服务关闭,避免隐私泄露和广

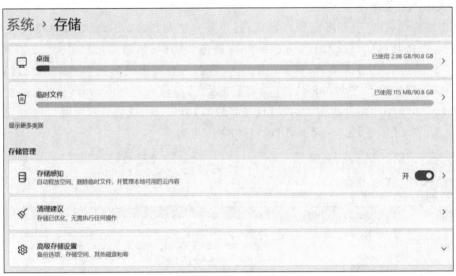

图 4.25 【系统＞存储】对话框

告推送，提高系统运行效率。在 Windows 11 桌面【搜索栏】中输入"隐私设置"命令，启动隐私设置对话框，可以选择关闭的服务，如图 4.26 所示。

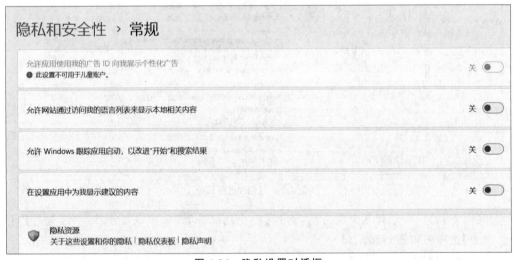

图 4.26 隐私设置对话框

6. 关闭系统通知

系统中的通知太多会影响使用系统的性能，在 Windows 11 中可以选择关闭不需要的通知。在 Windows 11 桌面【搜索栏】中输入"通知和操作"命令，启动【系统＞通知】对话框，可以设置通知开关，如图 4.27 所示。

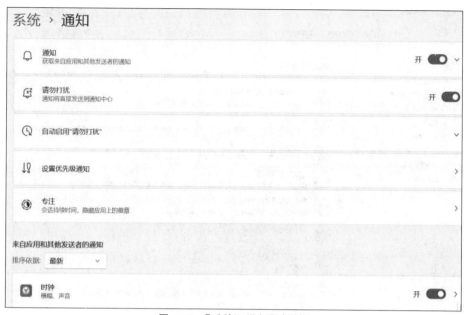

图 4.27　【系统＞通知】对话框

4.4　计算机安全

在使用过程中,计算机中的硬件、软件以及系统中的数据会因为偶然或恶意的原因遭到破坏,造成系统不能正常运行或者数据丢失等问题。尤其是计算机病毒、木马和网络攻击等,对系统的破坏性较大,所以要提高计算机的安全意识,采取安全防范措施,避免造成损失。另外,用户的个人数据和隐私文件也需要注意采取保护措施,避免个人信息泄露。

4.4.1　操作系统中的安全防范

操作系统中提供了防火墙、Windows 更新、远程连接设置等安全防范措施。

1. 防火墙设置

Windows 防火墙可以有效地阻止来自网络的攻击,维护操作系统的安全。在【控制面板】窗口中选择【系统和安全】选项,打开【系统和安全】对话框,如图 4.28 所示。

在【系统和安全】对话框中选择【Windows Defender 防火墙】选项,打开【Windows Defender 防火墙】对话框,如图 4.29 所示。该对话框的导航部分有【允许应用或功能通过 Windows Defender 防火墙】【更改通知设置】【启用或关闭 Windows Defender 防火墙】【还原默认设置】【高级设置】【对网络进行疑难解答】选项。

选择【高级设置】选项,打开【高级安全 Windows Defender 防火墙】对话框,其中可以自

图 4.28 【系统和安全】对话框

图 4.29 【Windows Defender 防火墙】对话框

定义应用程序的入站、出站规则,即监控应用程序连接网络的双向管理功能,保护不同网络环境下的计算机安全。【高级安全 Windows Defender 防火墙】对话框如图 4.30 所示。

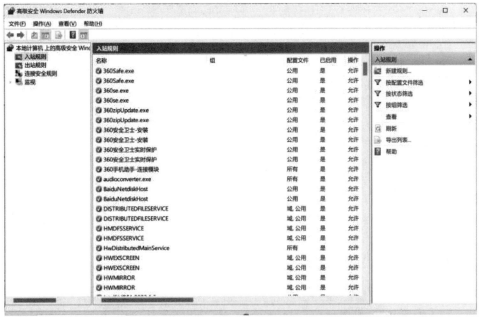

图 4.30　【高级安全 Windows Defender 防火墙】对话框

2. Windows 更新

设计操作系统时,会存在一些缺陷,称为系统漏洞或 bug。病毒和木马程序会通过系统漏洞危害计算机系统。Microsoft 公司通过提供系统自动更新功能对系统的漏洞进行及时修复,保护计算机系统免受攻击。所以及时进行系统更新很有必要。

在 Windows 11 桌面搜索栏中输入"Windows 更新设置"命令,打开【Windows 更新】对话框,如图 4.31 所示。

在【Windows 更新】对话框中可以查看可供下载的更新、下载并安装更新、设置最新更新可用后是否立即获取、暂停更新、查看更新历史、进行更新高级选项设置等操作。

3. 关闭远程连接

在操作系统中关闭远程连接,可以规避来自网络的远程攻击风险。

在 Windows 桌面搜索栏中输入"系统"命令,打开控制面板中的【系统＞系统信息】窗口,选择【高级系统设置】选项,打开【系统属性】对话框,选择【远程】选项卡,如图 4.32 所示。去掉勾选【允许远程协助连接这台计算机】选项,勾选【不允许连接到这台计算机】,便可关闭远程连接的操作。

4. 设置注册表访问权限

注册表中记录了系统软硬件相关的重要信息,如果注册表被病毒破坏或被错误修改,将导致系统崩溃。设置注册表访问权限,可以保护注册表中的信息。

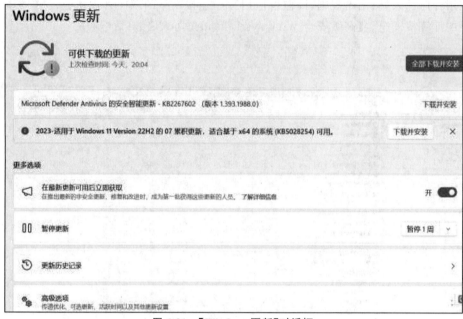

图 4.31 【Windows 更新】对话框

图 4.32 【远程】选项卡

在 Windows 桌面搜索栏中输入"注册表编辑器",启动运行注册表编辑器,在注册表编辑器的【编辑】菜单中选择【权限】命令,打开权限对话框,如图 4.33 所示。在权限对话框中可以添加或者删除访问注册表的用户,设置某个用户访问注册表的权限。

图 4.33　权限对话框

5. 关闭自动播放功能

自动播放功能,是指 U 盘、移动硬盘等可移动存储设备与计算机连接时,计算机会自动打开该设备,并显示其中的内容。这个功能给病毒以可乘之机,它们会借助可移动存储设备来感染计算机。

在【控制面板】窗口中选择【硬件和声音】选项,打开【硬件和声音】对话框,如图 4.34 所示。

选择【自动播放】选项,打开【自动播放】对话框,去掉勾选【为所有媒体和设备使用自动播放】复选框。【自动播放】对话框如图 4.35 所示。

4.4.2　专用安全防护软件

除了使用操作系统的安全防范措施外,还应该在计算机上安装专用的安全防护软件,包括杀毒软件、木马查杀软件、实时监控软件等。这些专用软件种类比较多,可以根据需要选择安装。

图 4.36 是 360 杀毒软件的功能大全界面。系统安全操作包括自定义扫描、宏病毒扫描、人工服务、安全沙箱、防黑加固、手机助手等功能。系统优化操作包括弹窗拦截、软件净化、

图 4.34 【硬件和声音】对话框

图 4.35 【自动播放】对话框

上网加速、文件堡垒、文件粉碎机、垃圾清理、进程追踪器、杀毒搬家功能。系统急救包括杀毒急救盘、系统急救箱、断网急救箱、备份助手、系统重装、修复杀毒等功能。

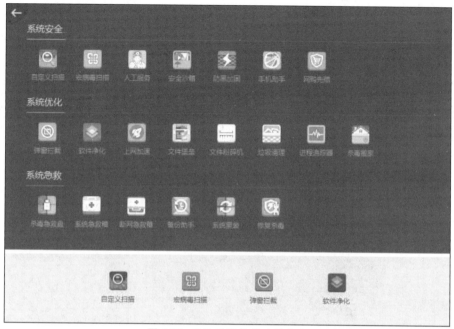

图 4.36　360 杀毒软件功能大全

4.4.3　备份和还原

计算机中的数据非常重要,应尽量做好数据的备份工作,以免计算机出现故障时数据丢失。有了数据备份,可以在计算机正常后及时恢复,减少损失。

1. Windows 备份和还原

Windows 系统中提供了备份与还原的功能。

在【控制面板】窗口中的【系统和安全】选项里选择【备份和还原】选项,打开【备份和还原】对话框。【备份和还原】对话框导航栏上提供了【创建系统映像】【创建系统修复光盘】选项;右侧窗口中有【设置备份】【选择其他用来还原文件的备份】选项。【备份和还原】对话框如图 4.37 所示。

2. Windows 系统还原

Windows 自带系统还原功能。系统出现问题时,可以将系统还原到过去的某个状态,同时还不会丢失个人的数据文件。

在 Windows 桌面搜索栏中输入"系统"命令,打开控制面板中的【系统＞系统信息】对话框,选择【高级系统设置】选项,打开【系统属性】对话框,选择【系统保护】选项卡,如图 4.38 所示。

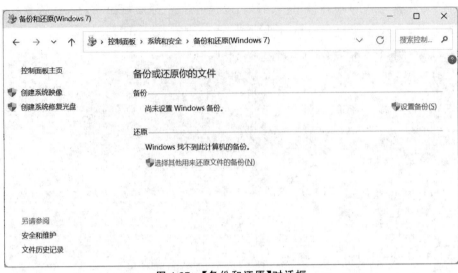

图 4.37　【备份和还原】对话框

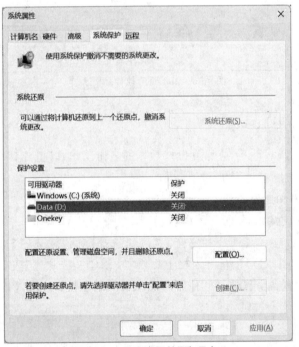

图 4.38　【系统保护】选项卡

　　在【系统保护】选项卡中选择某个驱动器，单击【配置】按钮，打开驱动器系统保护对话框，如图 4.39 所示。可以设置启用和禁用系统保护、用于系统保护的磁盘空间大小、删除此驱动器上的所有还原点。

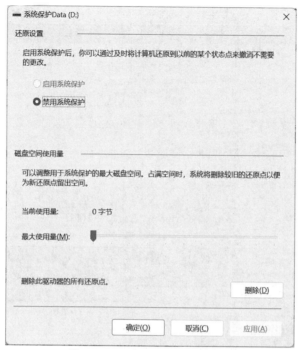

图 4.39　驱动器系统保护对话框

启用了系统保护后,可以在【系统保护】选项卡中单击【创建】按钮,便可开始创建还原点。有了还原点,当系统出现故障时,可以在【系统保护】选项卡中单击【系统还原】按钮,将系统还原到选择的还原点状态。

3. 专用备份和还原软件

很多软件都提供了数据导出和导入功能,可以将该软件产生的数据进行备份保存,需要时可以还原用户数据,比如浏览器的导入/导出收藏夹、QQ 的导入/导出聊天记录、驱动精灵备份和还原驱动等。

专用的备份和还原软件有 Ghost、OneKey 一键还原等软件。很多杀毒软件和安全软件也提供了备份和还原功能。图 4.40 是 360 杀毒软件提供的【Windows 备份助手】窗口。

4. 数据恢复

使用计算机过程中,由于种种原因造成的数据丢失、文件出错和硬盘数据损坏等问题,可以通过数据恢复进行找回,减少损失。

专用的数据恢复软件很多,有 EasyRecovery、360 数据恢复软件等。图 4.41 是 EasyRecovery 功能窗口。

4.4.4　用户信息保护

使用计算机的过程中,用户的个人数据和文件,尤其是涉及隐私和机密的内容,也要做

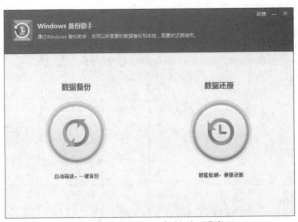

图 4.40 【Windows 备份助手】窗口

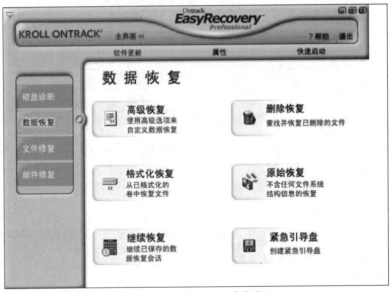

图 4.41 EasyRecovery 功能窗口

好保护，以免泄露个人信息。

1. 禁止保存搜索记录

用户在计算机上所做的搜索历史记录会自动保存在下拉列表中，可以设置禁止保存搜索记录，以提高系统速度，并且保护用户操作信息。

在 Windows 开始菜单的搜索栏中输入"搜索权限"命令，打开【搜索权限】对话框，如图 4.42 所示。在【搜索权限】对话框中可以关闭历史记录功能，可以清除设备搜索历史记录。

2. 关闭最近使用应用项目和文件夹

Windows 的开始菜单推荐项目中有最近使用的应用项目和文件记录。这些记录会占用磁盘空间，也会泄露用户信息。

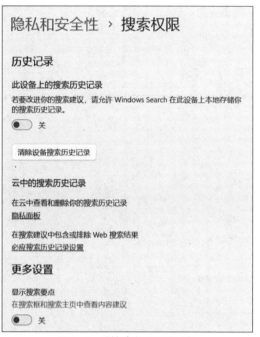

图 4.42　【搜索权限】对话框

　　在 Windows 桌面上右击,在弹出的快捷菜单中选择【个性化】命令,弹出【个性化】窗口,如图 4.43 所示。

图 4.43　【个性化】窗口

选择【开始】选项，打开【开始】对话框，如图 4.44 所示。

图 4.44　【开始】对话框

将【开始】对话框中的【显示最常用的应用】【在开始、"跳转列表"和"文件资源管理器"中显示最近打开的项目】选项关闭。

3. 设置文件隐藏

如果不想被别人查看到用户文件，可以在文件上右击，在弹出的快捷菜单中选择【属性】命令，如图 4.45 所示。

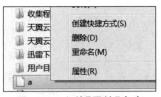

图 4.45　文件【属性】命令

打开文件【属性】窗口，在【常规】选项卡中勾选【隐藏】复选框，单击【应用】按钮，这样文件就设置为隐藏文件类型，如图 4.46 所示。

设置隐藏文件不显示。打开【文件资源管理器】，在工具栏的【查看】菜单中选择【显示】命令，去掉勾选【隐藏的项目】，则不会显示隐藏类型的文件，如图 4.47 所示。

图 4.46　文件【属性】窗口

图 4.47　【显示】【隐藏的项目】命令

4.5　本章小结

本章介绍了应用软件的分类、安装和卸载方法。

本章介绍了硬件系统性能检测和检测软件。通过硬件检测,可以替换性能差的部件,以提高整机硬件性能。也可以通过软件设置硬件参数,以获得较高的性能。软件设置的方法包括 BIOS 参数设置法、操作系统参数设置法以及专用软件设置参数法。

随着安装的程序越来越多,软件对计算机系统的资源占用率越来越高,最后会导致系统性能下降,运行速度越来越慢。软件系统优化的内容主要包括减少不必要的系统加载项和启动项、尽可能减少计算机执行的进程、优化文件的位置、程序使用系统资源要均衡、始终保留空闲资源等方面。软件系统优化的方法主要有直接修改操作系统设置、修改注册表设置、修改服务设置、使用专用优化工具软件等。

在计算机使用过程中，计算机中的硬件、软件以及系统中的数据会因为偶然或恶意的原因而遭到破坏，造成系统不能正常运行或者数据丢失等问题。尤其是计算机病毒、木马和网络攻击等，对系统的破坏性较大，所以计算机中要采取安全防范措施，做好备份工作，避免造成损失。操作系统中提供了防火墙、更新设置、远程协助设置等安全防范措施，还应该再安装专用的安全防护软件。备份和还原操作可以使用 Windows 系统中的工具，也可以使用专用备份还原软件。

4.6 思考与探索

1. 计算机性能的"木桶原理"是什么意思？

盛水的木桶是由许多块木板箍成的，盛水量也是由这些木板共同决定的。若其中一块木板很短，则此木桶的盛水量就被短板所限制。这块短板就成了这个木桶盛水量的"限制因素"（或称"短板效应"）。计算机的性能好坏，要看计算机的整体性能参数，有一个参数比较低的话，会使整体性能不理想。计算机性能的综合评定，计算机组装与维护、计算机体系结构课程中将深入讲解。

2. 什么是计算机病毒？计算机病毒的特性是什么？

计算机病毒是一种程序。病毒程序能够进行自我复制，并感染其他程序，影响计算机的使用功能，破坏数据。计算机病毒具有繁殖性、破坏性、潜伏性、隐蔽性和可触发性。关于病毒的知识，计算机安全课程中将深入讲解。

3. 计算机病毒如何分类？

根据计算机病毒传播的方式，可以分为引导型病毒、文件型病毒、混合型病毒。

引导型病毒是在开机的时候，通过引导程序引入内存，比操作系统先进入内存，所以具有较大的破坏性。而且该类病毒不以文件的形式存储，隐蔽性很强。

文件型病毒一般依附在文件中，当这些文件被执行时，病毒程序就会被激活，同时感染其他文件。文件型病毒数量大，传播广。一般通过感染可执行文件（如 com、exe、sys 类型）传播和破坏。

混合型病毒兼有前两种病毒的特点，既感染引导区，又感染文件，具有较强的传染性。

关于病毒的知识，计算机安全课程中将深入讲解。

4. 为什么在安全模式下杀毒会彻底些？

有些病毒会感染系统文件并隐藏在系统文件中，随着系统启动而运行，所以在 Windows 系统下无法清除。在安全模式下，Windows 系统只启动极少的系统文件，只加载必要的驱动程序，所以能更彻底地清除病毒。关于安全模式，操作系统课程中将深入讲解。

5. 为什么删除文件并清空回收站后,文件还是能恢复?

删除文件和普通快速格式化只是在 Windows 分区表中删除文件的注册信息,文件数据仍旧留在硬盘中。恢复软件通过扫描分区表可以找到删除的文件,进行恢复。如果数据文件所在磁盘区域被新数据覆盖,或者采用低级格式化,则数据文件就不能再恢复了。关于文件系统的管理,操作系统课程中将深入讲解。

6. 备份的原理是什么?

备份是对数据运用压缩算法,创建文件的压缩包,在还原的时候再用解压缩算法将数据还原。关于压缩、解压缩算法,数据编码课程中将会深入讲解。

7. 什么是木马程序?

木马程序是隐藏在正常程序中的一段具有特殊功能的恶意代码,可以破坏或窃取计算机中的数据信息,甚至远程操控计算机。木马程序不具有繁殖性和传染性。

木马程序一般分为客户端和服务器端。服务器端程序安装在服务器端计算机中,并设置访问后门,向安装了客户端程序的计算机发送窃取的数据。客户端程序也可以通过后门控制服务器端计算机,进行非法操作。关于木马程序的知识,计算机安全课程将深入讲解。

8. 什么是网络攻击?

网络攻击是指通过网络技术手段,对网络上的服务器系统进行非法访问、窃取数据、篡改数据、破坏服务器系统的行为。

网络攻击包括网络窃听、网际互联协议(Internet Protocol,IP)地址欺骗、口令入侵、拒绝服务(Denial of Service,DOS)攻击。

IP 地址欺骗也称为身份欺骗,是指攻击者伪造数据包的虚假 IP 地址,为网络攻击提供保护。

口令入侵是指非法获取合法账号和口令,使用合法用户的访问权限访问服务器系统。

DOS 攻击是向服务器系统发送大量带有虚假 IP 地址的请求,使得服务器系统资源耗尽,无法为合法连接提供正常服务。关于网络攻击的知识,计算机安全课程、计算机网络课程将深入讲解。

9. 什么是防火墙?

防火墙是一种实施网络之间访问控制的组件集合。防火墙分为硬件防火墙和软件防火墙。硬件防火墙是一种专用网络设备,直接检查过滤网络数据报文。软件防火墙是一种特殊程序,在网络接口上对数据进行判断处理。软件防火墙需要占用 CPU 资源,工作效率没有硬件防火墙高。关于防火墙的知识,计算机安全课程、计算机网络课程将深入讲解。

4.7　实践环节

(1) 在计算机中安装一款硬件检测软件,完成并记录使用检测软件进行计算机硬件系统性能检测的过程,以及各项检测结果报告。

（2）完成并记录在操作系统中的硬件优化操作。

① 启用磁盘写入缓存。

② 设置虚拟内存。

（3）完成并记录软件系统性能优化操作。

① 设置【视觉效果】为最佳性能。

② 全部禁用启动加载的程序。

③ 关掉 Printer Spooler 服务。

④ 关掉 Task Scheduler 服务。

⑤ 关掉 Remote Registry 服务。

⑥ 查看当前运行的软件,并关闭占用内存资源较多的软件。

（4）完成并记录操作系统中的安全设置操作。

① 开启 Windows 防火墙。

② 选择一个程序,设置其出站规则。

③ 禁用所有入站链接。

④ 设置 Windows 系统在最新更新可用后立即获取。

⑤ 关闭远程连接。

⑥ 将注册表访问的用户只保留 Administrators,其余用户删除。

⑦ 关闭自动播放功能。

（5）在计算机中安装一款杀毒软件,熟悉并应用该软件的各项功能,记录操作过程。

（6）完成并记录以下操作过程：使用 Windows 系统中的备份工具对一个磁盘分区的文件进行备份。备份后删除原始文件。再使用 Windows 系统中的还原工具还原该备份文件。

（7）安装一款备份和还原专用软件,熟悉并应用该软件的各项功能,记录操作过程。

（8）安装一款数据恢复软件,熟悉并应用该软件的各项功能,记录操作过程。

（9）安装一款虚拟光驱软件,熟悉并应用该软件的各项功能,记录操作过程。

（10）安装一款音频播放软件,熟悉并应用该软件的各项功能,记录操作过程。

（11）安装一款视频播放软件,熟悉并应用该软件的各项功能,记录操作过程。

（12）安装一款图像处理软件,熟悉并应用该软件的各项功能,记录操作过程。

（13）安装一款动画制作软件,熟悉并应用该软件的各项功能,记录操作过程。

（14）安装一款视频编辑软件,熟悉并应用该软件的各项功能,记录操作过程。

（15）安装一款下载软件,熟悉并应用该软件的各项功能,记录操作过程。

（16）安装一款加密软件,熟悉并应用该软件的各项功能,记录操作过程。

（17）完成并记录下面的操作过程。

① 为文件设置默认打开程序。

② 删除 Windows 自带的小游戏。

③ 选择一个程序卸载。

（18）完成并记录以下的操作过程。

① 安装 WinRAR 软件。

② 使用 WinRAR 软件,将多个文件压缩为一个文件 a.rar,并设置压缩密码。

③ 向压缩包文件 a.rar 中新增一个文件。

④ 将 a.rar 解压到当前文件夹。

（19）完成并记录以下的操作过程。

① 设置禁止保存搜索记录。

② 关闭开始菜单显示最近使用项目和文件夹。

③ 选择一个文件夹,设置为隐藏类型。

④ 显示磁盘 C 区的隐藏文件和文件夹。

（20）完成并记录以下的操作过程。

① 创建一个系统还原点。

② 选择一个系统还原点进行还原。

③ 备份注册表。

④ 还原注册表。

⑤ 备份浏览器收藏夹。

⑥ 备份驱动程序。

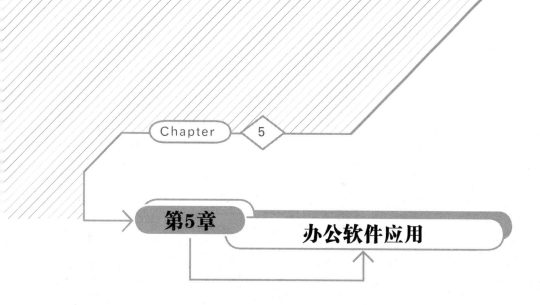

Chapter 5

第5章　办公软件应用

本章学习目标
- 熟练掌握 Word 2021 组件应用
- 熟练掌握 Excel 2021 组件应用
- 熟练掌握 PowerPoint 2021 组件应用

本章介绍 Office 2021 中最常用的 Word 2021、Excel 2021、PowerPoint 2021 组件的基本应用及实例。

5.1　Word 2021 的应用

5.1.1　Word 2021 基础

Word 是 Office 中最重要的组件之一,主要用于创建和编辑各类文档,包括文字编辑、图表制作和文档排版等,并具有审阅、批注等功能。Word 2021 的功能非常强大,作为入门教材,下面仅介绍常用命令和操作。

1. 开始屏幕

启动 Word 2021 后,出现开始屏幕,如图 5.1 所示。

在 Word 2021 开始屏幕上,左侧导航栏上部是常用的操作命令,如【新建】【打开】等,下部是【账户】【选项】命令。右侧窗口上部是【新建】命令可选的文档模板类型,下部是最近编辑过的文档名称列表。

【新建】命令用于创建文档,可以创建空白文档、根据模板创建新文档。Word 中提供了很多模板,如书法字帖、简历等类型的模板,还可以在线搜索下载模板。

【打开】命令可以选择或搜索已有文档打开进行编辑。

【账户】命令可以查看当前使用 Word 的账户信息,可以进行隐私、Office 背景、Office 主

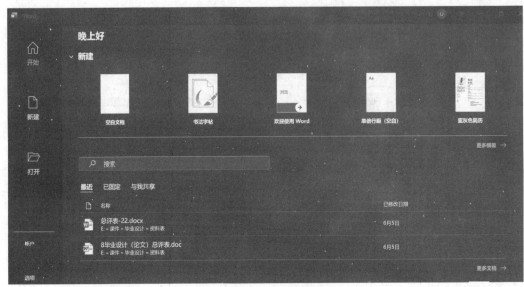

图 5.1　Word 2021 开始屏幕

题设置。Office 主题是一种颜色、字体和效果三者的结合,体现了整体的外观特征。

【选项】命令可以对 Word 的显示、校对、保存、版式、辅助功能、语言、自定义功能区、快速访问工具栏、加载项、信任中心进行个性化设置。

辅助功能是 Office 提供的便于所有人方便访问 Office 文档的辅助手段。例如,替换文字功能为图形图像设置替换文字,在不能查看图形图像时,阅读器可以朗读文字说明。视觉优化功能设置文字合适的对比度、取消表格的单元格合并嵌套效果等,便于阅读器访问。

单击【选项】命令,打开【Word 选项】窗口,如图 5.2 所示。

在【Word 选项】窗口【常规】选项卡中的【启动选项】框架里去掉勾选【此应用程序启动时显示开始屏幕】,则之后启动 Word 便不会显示开始屏幕,而是直接进入编辑窗口界面。

2. 编辑窗口

Word 2021 编辑窗口包括标题栏、功能区、工作区、状态栏等,如图 5.3 所示。

(1) 标题栏中有控制菜单、快速访问工具栏、文档名称及程序、搜索栏、账户、尝试新功能、最小化按钮、根据桌面布局按钮、关闭按钮。鼠标移动到【根据桌面布局按钮】上时,会显示桌面上 Word 窗口和其他应用程序窗口多种布局的缩略图,以供选择。

(2) 功能区是将各种功能操作放置在一块矩形区域中。功能区分为多个选项卡,每个选项卡用灰色分隔线区分多个工具组,工具组中是相关功能的按钮、下拉列表或输入框等命令。有些工具组的右下角有向右下方的箭头图标,这是扩展按钮,单击可以弹出带有更多命令的对话框或者任务窗格。单击功能区右侧【功能区设置】分组中的向下箭头,弹出【显示功

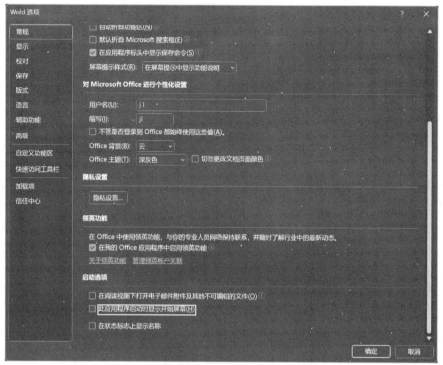

图 5.2 【Word 选项】窗口

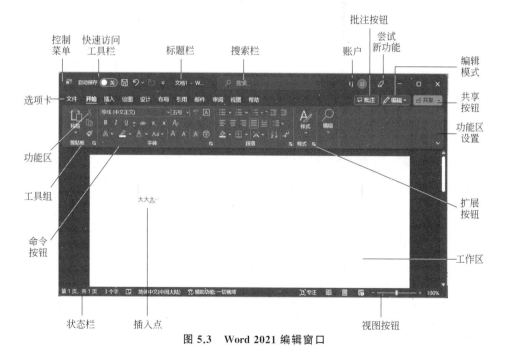

图 5.3 Word 2021 编辑窗口

能区】下拉菜单，如图 5.4 所示。可以设置功能区的显示模式，有全屏模式、仅显示选项卡、始终显示功能区、显示/隐藏快速访问工具栏等命令。

（3）单击选项卡右侧的【批注】按钮，打开批注任务窗格，可以在批注任务窗格中新建、编辑、删除、链接批注。批注是给文档所作的注释等附加信息，不显示在正文中，也不会打印出来。批注以对话框形式显示，可以进行回复交流。文档中有批注的行页边距外侧有对话气泡符号，单击该符号可以打开批注窗格，查看批注信息。

（4）单击选项卡右侧的【编辑】按钮，弹出【编辑模式】下拉菜单，可以选择【编辑】【审阅】【查看】模式。

（5）单击选项卡右侧的【共享】按钮，可以上传文档到 Microsoft OneDrive 个人云存储空间，复制文档的共享链接，以实现网络共享。

（6）工作区是进行文档编辑、排版操作的区域。插入点是在文档中操作的位置。操作滚动条可以查看工作区的不同区域。

（7）状态栏显示当前文档的状态，有所在页面、总页面、字数、中英文输入、辅助功能、专注模式、视图按钮、缩放比例等。辅助功能检查对文档编辑提供建议。专注模式会开启文档全屏模式，屏蔽其他应用显示。视图按钮可以设置阅读视图、页面视图、Web 版式视图模式。

（8）在 Word 窗口的不同位置右击，可以弹出快捷菜单。处理的对象不同，弹出菜单中的命令也不同。

3. 控制菜单

控制菜单是对 Word 窗口的操作菜单，包括窗口的【还原】【移动】【大小】【最小化】【最大化】【关闭】选项。控制菜单如图 5.5 所示。

图 5.4 【显示功能区】下拉菜单

图 5.5 控制菜单

4. 快速访问工具栏

快速访问工具栏有【自动保存】设置开关和常用的命令按钮。开启【自动保存】后，Microsoft OneDrive 个人云存储空间自动保存文件的修改。在默认情况下，快速访问工具栏只包含【保存】【撤销】和【重复】命令按钮。单击快速访问工具栏右侧的下拉按钮，弹出【自定义快速访问工具栏】菜单，如图 5.6 所示。在菜单中勾选或取消勾选某个命令，可以自定义快速访问工具栏上的命令。选择【其他命令】选项，会打开 Word 选项窗口，可以选择更多的命令添加或删除。

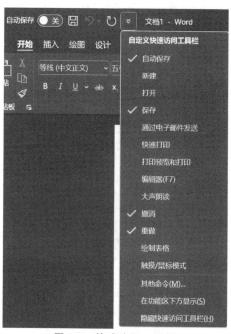

图 5.6 快速访问工具栏

5.【文件】选项卡

【文件】选项卡管理文件的相关操作,包括【新建】【打开】【信息】【保存】【另存为】【打印】【共享】【导出】【转换】【关闭】【更多】等选项。Word 2021 的【文件】选项卡如图 5.7 所示。

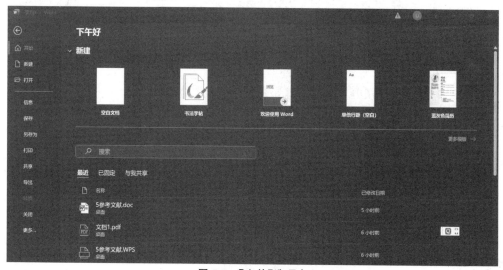

图 5.7 【文件】选项卡

【信息】显示当前文档的信息,如大小、页数、相关日期、作者等。另外,还可以对文档进行加密、限制编辑、添加数字签名等保护措施，检查文档中隐含的信息及兼容性问题，查看并还原历史版本，对未保存的文档进行处理。

【保存】可以按照原有文档的保存路径、名称及类型覆盖原文件保存已保存过的文件。如果是未保存过的文件，则执行【另存为】操作。

【另存为】可以为文件重新选择保存路径、名称及类型后进行保存，而原文件保持不变。可以将选择的保存路径固定，方便以后查找。默认的保存文件类型为 Word 文档(∗.docx)，可以在下拉列表中选择其他格式保存，如.dotx 为模板文件类型、.PDF 为 PDF 文件类型、.html 为网页文件类型等。

【打印】用于打印文档，有打印预览效果显示，可以选择打印机，设置打印的范围、份数、页数、单双面打印、打印方向、打印纸张类型、打印边距等。选择【页面设置】选项可以进行更详细的打印设置。

【导出】用于将文档保存为 PDF/XPS 文件，可以更改文件类型。

【转换】用于将早期版本的文档转换为新版本的文档。

【关闭】是结束当前文档的编辑，而不结束 Word 程序的运行。

【更多】可以调出【账户】和【选项】命令。

6. 【开始】选项卡

【开始】选项卡管理文档内容、样式的操作，包括【剪贴板】【字体】【段落】【样式】【编辑】工具组，如图 5.8 所示。

图 5.8 【开始】选项卡

1)【剪贴板】工具组

【剪贴板】工具组包括【剪切】【复制】【粘贴】【格式刷】等选项。

(1) 单击【剪贴板】工具组的扩展按钮，可以打开剪贴板，查看剪贴板上保存的内容。

(2) 当文档中有多处需要进行相同的格式设置时，可以先选择已有格式的对象，再单击格式刷，复制已有对象的格式，再用格式刷选择目标对象，便可将格式复制到目标对象上。

(3) 选择【粘贴】选项，可以设置不同的粘贴格式，将剪贴板上的数据内容或格式粘贴到文档中。

2)【字体】工具组

【字体】工具组包括设置字符格式的选项。字符格式包括字体、字号、上下标、字符颜色、字符底纹、字符边框、带圈字符、更改大小写、下画线、删除线、拼音文字、文本效果和版式、文本突出颜色、清除字符格式等。单击【字体】工具组的扩展按钮，可以打开【字体】对话框，进行更多的字符效果设置。

3)【段落】工具组

【段落】工具组包括【项目符号】【编号】【多级列表】【对齐方式】【缩进】【间距】【排序】【边框】【底纹】【中文版式】【显示/隐藏编辑标记】等选项。

（1）单击【段落】工具组的扩展按钮，打开【段落】对话框，可以进行更多的换行、分页、中文版式设置。

（2）选择【项目符号】或【编号】选项，可以选择项目符号库中的符号或自动生成编号，也可以自定义符号和编号形式。编号的排列次序是由 Word 自动生成的，修改文档内容时，编号会自动同步修改。

（3）【多级列表】用于为章节自动编号，可以选择当前多级列表应用到文档中，也可以对多级列表库进行更新、修改等操作。

4)【样式】工具组

【样式】工具组提供样式列表及样式操作。样式是一系列预置的格式排版命令。选择要应用样式的对象，单击某种样式，可以快速地完成包含在样式里的多种格式设定，效率非常高。

（1）单击样式列表右侧滚动条下部的下拉按钮，弹出【样式】下拉菜单，提供更多的样式列表，以及【创建样式】【清除格式】【应用样式】命令。

（2）单击【样式】工具组右下角的扩展按钮，可以打开【样式任务窗格】，在其中可以选择样式，对样式进行管理。

在工作区进行文档编辑时，选择文档内容后会显示【格式浮动工具栏】，上面会有【字体】【段落】【样式】工具组中常用的部分命令按钮。

5)【编辑】工具组

【编辑】工具组包括【查找】【替换】【选择】选项。

（1）选择【查找】选项，打开【导航窗格】。在【导航窗格】中输入要搜索的内容，可以在文档中查找并高亮显示搜索内容，【导航窗格】中会显示查找的结果列表。

（2）选择【替换】选项，打开【查找和替换】对话框，可以设置搜索内容、替换内容、查找替换的选项。根据内容和格式设置，实现一次替换或全部替换。

（3）选择【选择】选项，可以进行全选、选择对象、选择格式相似文本和选择窗格等操作。

7.【插入】选项卡

【插入】选项卡完成向文档中插入不同类型内容的操作，包括【页面】【表格】【插图】【加载项】【媒体】【链接】【批注】【页眉和页脚】【文本】【符号】工具组，如图5.9所示。

图 5.9 【插入】选项卡

1）【页面】工具组

【页面】工具组包括【封面】【空白页】【分页】选项。在这里可以为文档选择封面或删除封面，增加一个新的空白页，将插入点之后的内容放入新页中。

2）【表格】工具组

【表格】工具组中有【表格】选项。单击【表格】按钮，弹出的下拉列表中包括【插入表格】【绘制表格】【文本转换成表格】【Excel电子表格】【快速表格】选项。

（1）选择【插入表格】选项，弹出【插入表格】对话框，输入行数、列数，设置列宽选项等，便可在插入点插入指定格式的表格。

（2）【文本转换成表格】将格式化的文本转换为表格方式。文本中的每一段对应表格中的每一行。每一段中需要转换为表格中一列的文本，要使用统一的分隔符进行分隔。分隔符可以是段落标记、逗号、空格、制表符、其他字符。

（3）【Excel电子表格】可以在文档中插入Excel电子表格，可以像在Excel环境中一样进行比较复杂的数据运算和处理。单击Excel电子表格外的区域，可以返回Word文档。双击插入的Excel电子表格，可以切换到Excel电子表格编辑状态。

（4）【绘制表格】可以手动控制光标绘制表格。

（5）【快速表格】可以在表格列表中选择内置的表格样式，直接插入文档中。

在表格处理过程中，会自动打开【表设计】和【表布局】选项卡。

（6）【表设计】选项卡包含【表格样式选项】【表格样式】【边框】工具组，可以设置表格的外观效果，如表格样式、边框样式、底纹颜色等。【表设计】选项卡如图5.10所示。

图5.10　【表设计】选项卡

（7）【表布局】选项卡包含【表】【绘图】【行和列】【合并】【单元格大小】【对齐方式】【数据】工具组。在该选项卡中可以选择表的不同部分、查看网格线、查看表的属性、绘制表格、用橡皮擦擦除表边框、增删表格中的行列、拆分合并单元格、调整表格不同部分大小、排列表格文字方向和对齐方式、设置单元格边距、表格内容排序、表格转换为文本、插入公式等操作。【表布局】选项卡如图5.11所示。

图5.11　【表布局】选项卡

3）【插图】工具组

【插图】工具组包括【图片】【形状】【图标】【3D模型】【SmartArt】【图表】【屏幕截图】选项。

（1）选择【图片】选项，打开【插入图片】下拉菜单，可以选择图片来源为【此设备】【图像集】或【联机图片】。【图像集】中是 Microsoft 提供的多种图像文件集合。插入图片的方式有【插入】【链接到文件】【插入和链接】。在图片处理过程中，会自动打开【图片格式】选项卡，如图 5.12 所示。

图 5.12　【图片格式】选项卡

【图片格式】选项卡管理和图片有关的操作。【图片格式】选项卡中包含【删除背景】【调整】【图片样式】【辅助功能】【排列】【大小】工具组，可以设置图形对象的外观、位置、大小等效果。【辅助功能】可以设置不能查看图片时对应的替换文字。

（2）选择【形状】选项，打开【形状】下拉面板，其中包括各种形状分类、形状以及【新建画布】选项。画布用来绘制和管理多个图形对象。在画布中，可以将多个图形对象作为一个整体进行操作，也可以单独对一个图形对象进行操作。

形状处理过程中，会自动打开【形状格式】选项卡，如图 5.13 所示。【形状格式】选项卡包括【插入形状】【形状样式】【艺术字样式】【文本】【辅助功能】【排列】【大小】工具组，完成对形状的样式、文字样式、排列效果等的设置。【辅助功能】可以设置不能查看形状时对应的替换文字。

图 5.13　【形状格式】选项卡

（3）选择【图标】选项，会打开 Microsoft 图像集中的图标集合，可以选择图标插入文档。插入图标后，会自动打开【图形格式】选项卡。【图形格式】选项卡包括【更改】【图形样式】【辅助功能】【排列】【大小】工具组，如图 5.14 所示。

图 5.14　【图形格式】选项卡

（4）选择【SmartArt】选项，打开【选择 SmartArt 图形】对话框，在其中可以选择 SmartArt 图形的布局类型、样式，插入文档中。文档中插入 SmartArt 图形后，会自动打开【SmartArt 设计】和【SmartArt 格式】选项卡。

【SmartArt 设计】选项卡包括【创建图形】【版式】【SmartArt 样式】【重置】工具组，设置 SmartArt 图形的整体样式，如图 5.15 所示。

图 5.15　【SmartArt 设计】选项卡

【SmartArt 格式】选项卡包括【形状】【形状样式】【艺术字样式】【辅助功能】【排列】【大小】工具组，设置 SmartArt 图形的形状、形状样式等外观效果，如图 5.16 所示。

图 5.16　【SmartArt 格式】选项卡

（5）选择【图表】选项，打开【插入图表】对话框，其中有各种图表模板，可以选择某种图表模板插入文档。在图表数据源窗口编辑图表数据。在文档中处理图表，会自动打开【图表设计】选项卡和【图表格式】选项卡。

【图表设计】选项卡包括【图表布局】【图表样式】【数据】【类型】工具组，完成添加图表元素、快速布局、图表样式设置、选择和编辑数据、更改图表类型等操作，如图 5.17 所示。

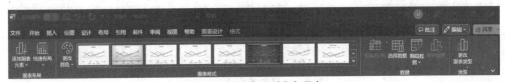

图 5.17　【图表设计】选项卡

【图表格式】选项卡包括【当前所选内容】【插入形状】【形状样式】【艺术字样式】【辅助功能】【排列】【大小】工具组，完成对图表中形状、艺术字等的设置，如图 5.18 所示。

图 5.18　【图表格式】选项卡

4）【加载项】工具组

【加载项】工具组可以获取 Word 或其他应用程序提供的特定功能模块，扩展 Word 的功能。

5）【媒体】工具组

【媒体】工具组提供从联机来源中查找和插入视频的功能。

6）【链接】工具组

【链接】工具组包括【链接】【书签】【交叉引用】选项。

（1）选择【链接】选项，打开【插入超链接】对话框，在文档中创建具有超链接功能的文字以及链接到的地址。

（2）选择【书签】选项，可以在文档中添加、删除、定位、排序、隐藏书签。通过书签可以在文档中快速定位。

（3）选择【交叉引用】选项，打开【交叉引用】对话框。其中可以对文档中其他位置的内容进行引用。若原内容发生变动，引用处的内容也会自动更新。可以为编号项、标题、书签、脚注、尾注、表格等创建交叉引用。

7）【批注】工具组

【批注】工具组打开批注窗格，可以在批注窗格中新建、编辑、删除、链接批注。

8）【页眉和页脚】工具组

【页眉和页脚】工具组包括【页眉】【页脚】【页码】选项。

（1）选择【页眉】或【页脚】选项，可以在下拉列表中设置页眉或页脚的样式，编辑、删除页眉或页脚。

（2）选择【页码】选项，可以在下拉列表中选择插入页码的位置、设置页码格式、删除页码。单击【页码】下拉列表中的【设置页码格式】选项，打开【页码格式】对话框，可以进行页码编号格式、是否包含章节号、页码编号等设置。

（3）在文档中插入页眉或页脚后，选择页眉或页脚，自动打开【页眉和页脚】选项卡，管理和页眉页脚有关的操作，包括【页眉和页脚】【插入】【导航】【选项】【位置】【关闭】工具组，如图5.19所示。

图5.19 【页眉和页脚】选项卡

9）【文本】工具组

【文本】工具组包括【文本框】【文档部件】【艺术字】【首字下沉】【签名行】【日期和时间】【对象】选项。

（1）文本框是一种用来存放文本或图片的图形对象，可以放置在文档页面的任意位置，可以调整大小。可以选择文本框样式、绘制文本框、绘制竖排文本框。操作文本框时，会打开【形状格式】选项卡，可以进行更多的设置。

（2）选择【文档部件】选项，下拉列表中有【自动图文集】【文档属性】【域】【构建基块管理器】等选项。

自动图文集是一些词条或者图形的列表集合，方便重复使用。

文档属性中可以添加文档的作者、发布日期、单位、关键词等信息。

域是 Word 中的【域代码】,可以用来计算【域结果】,得到信息的最新数据。在文档中插入域后,单击域内容,将显示灰色底纹。在域内容上右击,在弹出的快捷菜单中可以选择更新域、修改域、查看域代码等操作。

(3) 选择【艺术字】选项,将展开【艺术字】下拉面板,可以选择艺术字样式。插入【艺术字】后,会自动打开【形状格式】选项卡,可以进行更多的设置。

(4) 选择【首字下沉】选项,可以设置第一个文字的下沉或悬挂效果,设置字体、下沉行数等选项。

(5) 选择【签名行】选项,可以插入自定义的签名。

(6) 选择【日期和时间】选项,打开【日期和时间】对话框,可以自动输入当前系统时间。如果设置了【自动更新】选项,在打开文档时实现日期和时间的自动更新。

(7) 选择【对象】选项,可以插入 Excel 工作表、PowerPoint 幻灯片等其他类型的文件对象或文件中的文字。

10)【符号】工具组

【符号】工具组包括【公式】【符号】【编号】选项。

(1) 选择【公式】选项,打开【公式】下拉列表,可以选择所需的公式类型并单击,在文档中插入公式,并可对公式内容进行编辑。如果没有所需的公式类型,可以选择【插入新公式】选项,打开输入公式的文本框,直接输入公式即可。也可以选择【墨迹公式】,利用数学输入控件手写输入公式。

(2) 在文档中插入和选择公式后,会自动打开【公式】选项卡。【公式】选项卡管理和公式有关的操作,包括【工具】【转换】【符号】【结构】工具组,如图 5.20 所示。

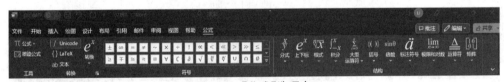

图 5.20 【公式】选项卡

(3) 选择【符号】选项,将展开最近使用过的符号的下拉列表。选择【其他符号】选项,将打开【符号】对话框,可以选择更多符号子集中的符号以及特殊字符,插入文档中。

(4) 选择【编号】选项,可以插入不同类型的编号。

8.【绘图】选项卡

【绘图】选项卡提供绘图的工具,可以任意绘制图形,包括【绘图工具】【模具】【编辑】【转换】【插入】【重播】工具组,如图 5.21 所示。

(1)【绘图工具】工具组提供了选择工具、套索选择工具、橡皮擦和 4 种绘图笔。选择工具通过点选操作选择图形对象。套索选择工具通过绘制形状圈选图形对象。单击绘图笔,在下拉列表中可以选择绘图笔粗细、颜色。

图 5.21 【绘图】选项卡

（2）【编辑】工具组可以设置背景格式和颜色。背景格式包括添加基准线和网格线。

（3）【转换】工具组可以将绘制的墨迹转换为形状或公式。

9.【设计】选项卡

【设计】选项卡对文档页面的整体风格进行设置，包括【主题】【文档格式】【页面背景】工具组，如图 5.22 所示。

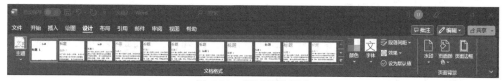

图 5.22 【设计】选项卡

（1）单击【主题】工具组的下拉按钮，弹出主题下拉列表，可以选择某种主题效果应用到文档，可以浏览更多的主题，保存当前主题。

（2）【文档格式】工具组显示所选主题中各页面元素的样式效果，可以设置文档元素的颜色、字体、段落间距、效果等。

（3）【页面背景】工具组为页面设置水印、背景颜色和边框。可以设置自定义水印，删除水印，更新水印；选择页面填充的颜色、效果；设置边框样式、颜色、宽度选项；设置底纹填充图案、颜色等选项。

10.【布局】选项卡

【布局】选项卡对页面格式进行设置，包括【页面设置】【稿纸】【段落】【排列】工具组，如图 5.23 所示。

图 5.23 【布局】选项卡

1）【页面设置】工具组

【页面设置】工具组包括【文字方向】【页边距】【纸张方向】【纸张大小】【分栏】【分隔符】【行号】【断字】选项，可以设置文字的方向和角度，定义页边距参数，选择横向或纵向的纸张方向，自定义纸张大小等。

（1）选择【分栏】选项，在打开的分栏下拉列表中可以选择分栏样式。也可以选择【更多栏】选项，打开【栏】对话框，自定义分栏的栏数、宽度、应用范围等。

（2）选择【分隔符】选项，在打开的下拉列表中可以选择插入分页符和分节符。分页符包括【分页符】【分栏符】【自动换行符】选项，分节符包括【下一页】【连续】【偶数页】选项。

【分页符】将插入点后面的内容转置下一页，并显示分页符。

【分栏符】是调整分栏效果，以免自动分栏后，文本内容在各栏中分布不均衡。

节是文档中的一部分，是页面设置的最小有效单位。默认情况下，一篇文档就是一节。如果要对文档不同的部分设置不同的页边距、纸张方向、纸张大小、页眉页脚、分栏等页面格式，可以通过分成不同的节实现。

【下一页】会强制新的节从下一页开始。

【连续】会使新的节从下一行开始，不换页。

【偶数页】会使新的节从偶数页开始。

（3）选择【行号】选项，可以在文档中每行的边距中插入行号，设置行号选项。

（4）选择【断字】选项，可以设置手动或自动断字功能，在换行时单词显示不完整情况下，单词音节间添加断字符"-"。

（5）单击【页面设置】工具组右下角的扩展按钮，可以打开【页面设置】对话框，对页边距、纸张、版式、文档网格进行更详细的设置。

2）【稿纸】工具组

【稿纸】工具组包括【稿纸设置】选项。选择【稿纸设置】选项，打开【稿纸设置】对话框，设置稿纸的网格样式、页面大小和方向、页眉和页脚、换行效果等。

3）【段落】工具组

在【段落】工具组中可以设置段落缩进字符数，段间距中段前和段后的行数。

4）【排列】工具组

排列工具组用于对文档中的对象，如图片、形状等进行排列操作。【排列】工具组包括【位置】【环绕文字】【上移一层】【下移一层】【选择窗格】【对齐】【组合】【旋转】等选项。

（1）在【位置】工具组中可以设置对象嵌入在文本行中，或者对象环绕在文字四周的不同方位。选择【其他布局选项】，可以对对象的位置、文字环绕、大小作更详细的设置。

（2）【文字环绕】工具组提供了多种对象和文字的环绕方式，如嵌入型、四周型、紧密型、穿越型等。可以编辑对象的环绕顶点，可以选择对象随文字移动等。

（3）【上移一层】和【下移一层】选项可以调整对象的叠放顺序。

（4）选择【选择窗格】选项，可以查看已选择的对象列表，对指定对象或全部对象进行显示/隐藏等操作。

（5）【对齐】选项可以设置对象的对齐方式。

（6）按住 Ctrl 键，连续单击多个对象，可选定多个对象。选择【组合】选项，可以将选定的多个对象组合为一个整体，选择【取消组合】选项可以分解组合的对象。

（7）【旋转】选项可以对对象进行旋转或翻转操作。选择【其他选择选项】，可以设置旋转角度。

11.【引用】选项卡

【引用】选项卡管理文档中的引用项目,包括【目录】【脚注】【信息检索】【引文与书目】【题注】【索引】【引文目录】工具组,如图 5.24 所示。

图 5.24 【引用】选项卡

1)【目录】工具组

【目录】工具组包括【目录】【添加文字】【更新目录】选项。

目录是一种域。创建目录后,如果文档中的标题和页码发生了变化,可以选择【更新目录】选项,使目录和文档中标题、页码一致。

（1）选择【目录】选项,打开【目录】下拉列表,在其中可选择内置的目录样式,进行插入目录、删除目录操作。可以自定义目录的格式、显示级别等。

（2）选择【添加文字】选项,可以在文档中添加有级别的文字,或者改变选择的文字的级别。更新目录时,有级别的文字可以自动增加到目录中。

2)【脚注】工具组

【脚注】工具组包括【插入脚注】【插入尾注】【下一条脚注】【显示备注】选项。

脚注和尾注是对文档内容的补充说明。脚注一般位于文字下方或页的下方。尾注通常用来说明引用的文献,一般位于整篇文档的末尾。

（1）选择【插入脚注】或【插入尾注】选项,光标会自动定位在脚注或尾注位置,输入脚注或尾注文字即可。

（2）选择【下一条脚注】选项,在下拉列表中可以选择查看上一条脚注、下一条脚注、上一条尾注、下一条尾注。

（3）文档中如果有脚注或尾注,可以选择【显示备注】选择,查看尾注区或脚注区。

（4）单击【脚注】工具组右下角的扩展按钮,打开【脚注和尾注】对话框,设置脚注和尾注的位置、格式、应用范围。

3)【题注】工具组

【题注】工具组包括【插入题注】【插入表目录】【更新表格】【交叉引用】选项。

题注是对文档中的图片、表格、图表、公式等对象添加说明的编号和标签。题注标签是说明的文本,题注编号作为域插入,可以自动编号及自动更新。

（1）选择【插入题注】选项,打开【题注】对话框。可以为题注选择标签,或者新建标签,设置题注的编号格式,选择是否包含章节号、章节起始样式、章节号与编号间使用的分隔符等选项。

（2）图表目录是对文档中的插图或表格建立的目录。要生成图片或表格目录,必须为图片和表格对象添加题注。选择【插入表目录】选项，打开【图表目录】对话框，可以选择要创建目录的题注标签，设置图表目录的格式。

（3）选择【更新表格】选项，会更新文档中的图表目录内容和页码。

（4）选择【交叉引用】选项，打开【交叉引用】对话框，引用文档中的特定对象，如标题、图表或表格等。在引用的对象上按住 Ctrl 键单击，可以访问被引用的特定对象。

4）【引文与书目】工具组

【引文与书目】工具组包括【插入引文】【管理源】【样式】【书目】选项，用于在文档中插入引文和书目信息，设置引文样式，管理引文来源信息。

5）【索引】工具组

索引用于列出文档中重要的关键词或主题。生成索引前，必须先对词条进行标记。【索引】工具组包括【标记条目】【插入索引】和【更新索引】选项。

（1）选择【标记条目】选项，打开【标记索引项】对话框，设置索引的词条、选项、页码格式等选项。

（2）选择【插入索引】选项，打开【索引】对话框，设置索引的显示类型、栏数、语言、页码格式，会自动提取文档中已经标记的索引项，生成索引目录。

（3）选择【更新索引】按钮，可以更新生成的索引目录。

6）【引文目录】工具组

【引文目录】工具组包括【标记引文】【插入引文目录】【更新引文目录】选项。

（1）选择【标记引文】选项，打开【标记引文】对话框，标记文档中选择的内容。

（2）选择【插入引文目录】选项，打开【引文目录】对话框，设置要建立的引文目录的类别、格式等，会自动对文档中已经标记的引文建立引文目录

（3）选择【更新引文目录】选项，会更新引文目录。

12.【邮件】选项卡

【邮件】选项卡管理邮件有关的操作，包括【创建】【开始邮件合并】【编写和插入域】【预览结果】【完成】工具组，如图 5.25 所示。

图 5.25 【邮件】选项卡

1）【创建】工具组

【创建】工具组包括【中文信封】【信封】【标签】选项，可以创建信封、标签。

2）【开始邮件合并】工具组

【开始邮件合并】工具组包括【开始邮件合并】【选择收件人】【编辑收件人列表】选项。

邮件合并用于将文档中的一批内容合并，然后按照一定的通信格式发送，生成邮件文

档。邮件合并是 Word 中的 MergeField 域,在文档中将数据域名显示在"《》"中,域内容为指定数据源信息。

使用邮件合并功能之前,要准备数据源,可以是 Excel 文件、Access 数据库或其他数据记录表形式。数据源中应该有标题行和数据。另外还要建立使用这些数据源的 Word 文档。

(1)选择【开始邮件合并】选项,在弹出的下拉列表中可以选择创建的邮件类型文档,也可以选择【邮件合并分步向导】选项,按照向导创建邮件合并。

(2)选择【选择收件人】选项,可以指定邮件收件人来源的列表。

(3)选择【编辑收件人列表】选项,可以打开收件人列表,编辑其中的信息。

3)【编写和插入域】工具组

【编写和插入域】工具组包括【突出显示合并域】【地址块】【问候语】【插入合并域】【规则】【匹配域】【更新标签】选项。

(1)选择【突出显示合并域】选项,文档中使用合并域的内容会有灰色背景。

(2)选择【地址块】选项,可以在文档中插入数据源中地址字段的数据域。

(3)选择【问候语】选项,可以在文档中增加问候语,问候语中插入数据源中姓名字段的数据域。

(4)选择【插入合并域】选项,下拉列表中会显示数据源中的标题字段,可以选择需要的标题字段域插入到文档中。

(5)选择【规则】选项,可以在下拉列表中选择插入域的规则,比如设置"如果...那么...否则..."规则,就可以根据条件判断,决定数据源中的数据是否插入到域。

(6)选择【匹配域】选项,可以匹配域名和数据源中的标题字段。

(7)如果在文档中建立了标签,可以选择【更新标签】选项更新标签。

4)【预览结果】工具组

【预览结果】工具组包括【预览结果】【查找收件人】【检查错误】等选项,可以将数据源的具体数据显示在域位置,预览合并的效果。

5)【完成】工具组

【完成】工具组下拉列表中包括【编辑单个文档】【打印文档】【发送电子邮件】选项,将合并的结果形成文档、打印或发送电子邮件。

13.【审阅】选项卡

【审阅】选项卡提供审阅过程的操作,包括【校对】【语音】【辅助功能】【语言】【中文简繁转换】【批注】【修订】【更改】【比较】【保护】【墨迹】工具组,如图 5.26 所示。

图 5.26 【审阅】选项卡

1)【校对】工具组

【校对】工具组包括【拼写和语法】【同义词库】【字数统计】选项,实现拼写和语法检查、同义词查找、字数统计功能。

选择【拼写和语法】选项,可以对文档中单词和词语进行拼写和语法检查,打开【校对】任务窗格,查看检查结果和修改建议。可以选择忽略问题或使用修改建议修改问题。如果单词和词语有错误,错误之处会有双线下画线标识。在双线下画线上右击,将弹出快捷菜单,可以选择菜单中的【语法】命令打开【校对】任务窗格,或者选择【忽略一次】命令忽略错误,取消双线下画线标识。

2)【语音】工具组

【语音工具组】提供【大声朗读】命令,可以朗读文档中的选择部分或全文。

3)【辅助功能】工具组

【辅助功能】工具组下拉菜单中,可以打开辅助功能检查器、设置替换文字、打开导航窗格、转为专注模式、设置辅助功能选项。

4)【语言】工具组

【语言】工具组完成文档语言设置、翻译等功能,包括【翻译】【语言】选项。

5)【中文简繁转换】工具组

【中文简繁转换】工具组实现中文简体字和繁体字的互相转换功能。

6)【批注】工具组

【批注】工具组包括【新建批注】【删除】【上一条】【下一条】【显示批注】选项。

7)【修订】工具组

修订是标记对文档操作的信息。启用修订功能后,对文档的插入、删除或设置格式都会被标记出来。可以在查看修订信息后,选择接受或拒绝每一处的修改。【修订】工具组包括【修订】【所有修订】【显示标记】【审阅窗格】选项。在【修订】选项中,可以设置针对所有人的修订还是本账户的修订进行记录,或者锁定修订。在【所有修订】选项下拉菜单中,可以选择显示所有标记、简单标记、无标记或者原始版本。【审阅窗格】选项可以打开或关闭审阅窗格,查看修订列表。审阅窗格可以设置为水平或垂直形式。

8)【更改】工具组

【更改】工具组包括【接受】【拒绝】【上一处修订】【下一处修订】选项。选择文档中的修订标记,接受修订,则修订的内容会合并到文档中生效;如果拒绝修订,则放弃修改内容,保存原内容。可以逐条接受或拒绝修订,也可以接受或拒绝所有修订。

9)【比较】工具组

【比较】工具组包括对文档两个版本的比较,以及合并多个修订到一个文档中的操作。

10)【保护】工具组

【保护】工具组可以限制对文档的格式或内容的编辑操作,可以选择阻止指定的作者,启动强制保护等。

11) 【墨迹】工具组

在【墨迹】工具组下拉菜单中可以选择隐藏、显示、删除文档中的墨迹。

14. 【视图】选项卡

【视图】选项卡设置文档的视图类型,包括【视图】【沉浸式】【页面移动】【显示】【缩放】【窗口】【宏】【SharePoint】工具组,如图 5.27 所示。

图 5.27 【视图】选项卡

1) 【视图】工具组

【视图】工具组包括【阅读视图】【页面视图】【Web 版式视图】【大纲】【草稿】选项。

页面视图是最常用的一种视图,在该视图中,文档的显示效果与打印效果一致。阅读视图是模拟书本的阅读方式,只有简单的菜单栏,提供翻页按钮,方便用户阅览。Web 版式视图是以 Web 页视图形式显示,专门用于创作 Web 页。大纲视图将文档的结构显示出来,可以折叠、展开、拖动标题及所属内容,调整文本的级别。草稿视图是显示文档内容,但是页眉页脚、图形对象等不会被显示。

2) 【沉浸式】工具组

【沉浸式】工具组可以选择专注模式和沉浸式阅读器模式。在沉浸式阅读器中可以设置阅读时的行列效果、大声朗读等。

3) 【页面移动】工具组

【页面移动】工具组设置页面是垂直页面还是翻页页面显示效果。

4) 【显示】工具组

【显示】工具组可以选择是否在文档窗口中显示标尺、网格线和导航窗格。标尺位于文档窗口的左边和上边,可以用来设置段落缩进、页边距、制表位、栏宽等。导航窗格中会列出文档的各级标题,单击某个标题,会快速转到该标题所在的页面。网格线是在背景显示网格线,便于对象的对齐操作,不会打印出来。

5) 【缩放】工具组

【缩放】工具组可以调整视图的缩放显示比例,设置单页、双页、页宽等显示方式。

6) 【窗口】工具组

【窗口】工具组可以对文档窗口进行调整,包括新建窗口、拆分窗口、多个文档窗口重排、并排查看、同步滚动、切换窗口、重设窗口位置操作。

7) 【宏】工具组

【宏】工具组完成宏的录制、查看功能。宏是 Office 中的批处理命令,可以记录一系列操作,并实现自动重复运行等操作。

8）【SharePoint】工具组

【SharePoint】工具组显示信息选项窗口，可以查看和编辑文档属性。

15.【帮助】选项卡

【帮助】选项卡提供在线的帮助文档和培训内容。

5.1.2 Word 2021 应用实例

完成一份《锦绣学院招生调查报告》。本实例涉及的知识点如下：

（1）撰写报告文本。

（2）插入图片，设置图片大小。

（3）绘制表格，完成表格计算及格式设置。

（4）创建图表，设置图表格式。

（5）设置文字样式。

（6）列表符号、编号设置。

（7）设置表格样式。

（8）设置图片样式。

（9）添加作者信息脚注。

（10）添加图片、表格、图表题注。

（11）文档分节、分栏。

（12）设置页眉、页脚及页码。

（13）整理文档。

1. 撰写报告文本

撰写报告文本。初稿文本中最好只有一种正文样式。

1）文字素材选择性粘贴

将收集的素材复制粘贴到文档中，最好选择无格式粘贴，可以去掉原文本中含有的格式。选择【开始】选项卡→【剪贴板】工具组→【粘贴】选项下拉按钮→【选择性粘贴】命令→【无格式文本】

2）选择文档全部

选择【开始】选项卡→【编辑】工具组→【选择】下拉列表→【全选】选项，选中文档中的全部文本。或者按 Ctrl＋A 键选中文档中的全部文本。

3）清除文本格式

选择【开始】选项卡→【样式】工具组→【样式】下拉列表→【清除格式】选项。

2. 插入图片，设置图片大小

在文档中"2 校园环境"章节后插入图片素材，设置高度为 5cm。

1）插入图片

选择【插入】选项卡→【插图】工具组→【图片】选项→【此设备】选项，在【插入图片】对话框中选择图片素材文件。

2）调整图片大小

单击选中图片，选择【图片工具格式】选项卡→【大小】工具组→【高度】选项，设置为 5cm。

3. 绘制表格，完成表格计算及格式设置

在文档中创建表格"2013—2015 锦绣学院招生情况表"，输入表格中文本，并用公式计算平均分数和平均招生人数。

在文档中创建表格"目前二级学院学生人数表"，输入表格中文本，设置表格文本为水平垂直均居中，并用公式计算合计人数，以及每个学院人数占总人数的百分比，表示为 2 位小数的百分比形式。表格左上角单元格采用斜线表头，斜线上写"学院"，斜线下写"数据"。

Word 中的表格列号用 A、B、C……依次编号，行号用 1、2、3……依次编号，单元格的位置描述为"列号行号"形式。

1）创建表格"2013—2015 锦绣学院招生情况表"

选择【插入】选项卡→【表格】工具组→【插入表格】选项，在【插入表格】对话框中设置行数为 5，列数为 3，单击【确定】按钮。

2）输入"2013—2015 锦绣学院招生情况表"中的文本

3）设置表格文本对齐方式

（1）在表格中单击，选择【表布局】选项卡→【表】工具组→【选择】下拉列表→【选择表格】选项。

（2）选择【表布局】选项卡→【对齐方式】工具组→【水平居中】选项。

4）用公式计算平均分数

（1）在 B5 单元格中单击，选择【表布局】选项卡→【数据】工具组→【公式】选项，打开【公式】对话框。

（2）在【公式】对话框的【公式】一栏输入"＝AVERAGE(ABOVE)"，对该单元格上部的单元格数据求平均值，如图 5.28 所示。

图 5.28　在单元格中用公式求平均值

5）用公式计算平均招生人数

（1）在 C5 单元格中单击，选择【表布局】选项卡→【数据】工具组→【公式】选项，打开【公式】对话框。

（2）在【公式】对话框的【公式】一栏输入"＝AVERAGE(ABOVE)"，对该单元格上部的单元格数据求平均值。

完成后的表格"2013—2015锦绣学院招生情况表"如图5.29所示。

年份	分数线	招生人数
2013年	600	1000
2014年	615	1100
2015年	630	900
平均	615	1000

图5.29 创建表格"2013—2015锦绣学院招生情况表"

6）创建表格"目前二级学院学生人数表"

选择【插入】选项卡→【表格】工具组→【插入表格】选项，在【插入表格】对话框中设置行数为3，列数为8，单击【确定】按钮。

7）输入表格文本

8）设置表格文本对齐方式

（1）在表格中单击，选择【表布局】选项卡→【表】工具组→【选择】下拉列表→【选择表格】选项。

（2）选择【表布局】选项卡→【对齐方式】工具组→【水平居中】选项。

9）用公式计算合计人数

（1）在H2单元格中单击，选择【表布局】选项卡→【数据】工具组→【公式】选项，打开【公式】对话框。

（2）在【公式】对话框【公式】一栏中输入"＝SUM(LEFT)"，对该单元格左部的单元格数据求和。

10）用公式计算每个学院人数占总人数的百分比

（1）在B3单元格中单击，选择【表布局】选项卡→【数据】工具组→【公式】选项，打开【公式】对话框。

（2）在【公式】对话框【公式】一栏中输入"＝B2/H2＊100"，【编号格式】下拉列表中选择"0%"。

（3）用同样方法计算其他几个学院人数占总人数的百分比，设置百分比形式。

11）斜线表头设置

单击左上角单元格，选择【表设计】选项卡→【边框】工具组→【边框】下拉按钮→【斜下框线】选项。

完成后的表格"目前二级学院学生人数表"如图5.30所示。

学院\数据	信息学院	商学院	人文学院	机械学院	外语学院	建筑学院	合计
人数	600	500	300	300	200	150	2050
百分比	29%	24%	15%	15%	10%	7%	100.00%

图5.30 创建表格"目前二级学院学生人数表"

4. 创建图表，设置图表格式

根据"2013—2015 锦绣学院招生情况表"创建折线图表，设置图表标题在图表上方，设置主要横坐标轴标题在坐标轴下方、主要纵坐标轴竖排标题，设置图例在右侧显示，设置数据标签在数据点上方，设置纵向网格线。可以根据个人爱好设置图表的其他样式效果。

根据"目前二级学院学生人数表"创建三维饼图表，设置图表标题在图表上方，无图例，数据标签在饼图外，显示学院名称和百分比。

1) 创建"2013—2015 锦绣学院招生情况表"折线图表

（1）单击表格左上角表格符号，全选表格，选择【开始】选项卡→【剪贴板】工具组→【复制】选项。

（2）将插入点光标定位到表格下方，选择【插入】选项卡→【插图】工具组→【图表】选项→【插入图表】对话框，选择【带数据标记的折线图】选项，单击【确定】按钮。

（3）将光标定位在打开的【Microsoft Word 中的图表】窗口数据区，按下 Ctrl＋V 键复制数据，调整蓝色边框为有效数据区，关闭【Microsoft Word 中的图表】窗口。

2) 设置图表标题、图例、网格线

（1）在图表上单击，选择【图表设计】选项卡→【图表布局】工具组→【添加图表元素】下拉按钮→【图表标题】→【图表上方】选项，在图表标题处输入"2013—2015 锦绣学院招生情况表"。

（2）选择【图表设计】选项卡→【图表布局】工具组→【添加图表元素】下拉按钮→【坐标轴标题】→【主要横坐标轴标题】选项，输入"年份"。

（3）选择【图表设计】选项卡→【图表布局】工具组→【添加图表元素】下拉按钮→【坐标轴标题】→【主要纵坐标轴标题】选项，输入"数据"。

（4）选择【图表设计】选项卡→【图表布局】工具组→【添加图表元素】下拉按钮→【图例】→【右侧】选项。

（5）选择【图表设计】选项卡→【图表布局】工具组→【添加图表元素】下拉按钮→【数据标签】→【上方】选项。

（6）选择【图表设计】选项卡→【图表布局】工具组→【添加图表元素】下拉按钮→【网格线】→【主轴主要垂直网格线】选项。

完成的"2013—2015 锦绣学院招生情况表"折线图表如图5.31所示。

3) 创建"目前二级学院学生人数表"三维饼图表

（1）选择表格中6个学院的名称及人数，选择【开始】选项卡→【剪贴板】工具组→【复制】选项。

（2）将插入点光标定位到表格下方，选择【插入】选项卡→【插图】工具组→【图表】选项→【插入图表】对话框→【三维饼图】选项，单击【确定】按钮。

（3）将光标定位在打开的【Microsoft Word 中的图表】窗口数据区，按下 Ctrl＋V 键复制数据，调整蓝色边框为有效数据区。

（4）选择【图表设计】选项卡→【数据】工具组→【选择数据】选项，打开【选择数据源】对

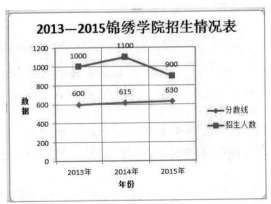

图 5.31　创建"2013—2015 锦绣学院招生情况表"折线图表

话框,选择【切换行/列】选项。

(5) 关闭【Microsoft Word 中的图表】窗口。

4) 设置图表标题、图例、布局、数据标签

(1) 在图表上单击,选择【图表设计】选项卡→【图表布局】工具组→【添加图表元素】下拉按钮→【图表标题】→【图表上方】选项,在图表标题处输入"目前二级学院学生人数表"。

(2)【添加图表元素】下拉按钮→【图例】→【无】选项。

(3) 选择【图表设计】选项卡→【图表布局】工具组→【快速布局】→【布局 1】选项。

(4)【添加图表元素】下拉按钮→【数据标签】下拉列表→【数据标签外】选项。

完成的"目前二级学院学生人数表"三维饼图表如图 5.32 所示。

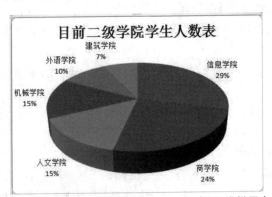

图 5.32　创建"目前二级学院学生人数表"三维饼图表

5. 设置文字样式

将主标题"锦绣学院招生调查报告"设置为宋体、加粗、三号、居中,段前 1 行、段后 1 行。

将章标题"前言""校园环境""办学条件""招生情况""调查结论"采用 1、2、3……多级列表形式,自动编号。

将小节标题"院系设置""师资力量""教学成果""学术成果"采用 2.1、2.2、2.3……多级列

表形式，自动编号。

将正文文本设置为宋体、五号、首行缩进2个字符。

1）设置主标题样式

（1）选择主标题文字，选择【开始】选项卡→【字体】工具组选项，设置字体为宋体、三号、加粗。

（2）选择【开始】选项卡→【段落】工具组→【居中】选项。

（3）选择【开始】选项卡→【段落】工具组右下角扩展按钮，打开【段落】对话框，将【段前】设置为1行，【段后】设置为1行。

2）设置章标题样式

（1）选择"前言"→【开始】选项卡→【段落】工具组→【多级列表】下拉列表，选择"1 标题1　1.1 标题2...."列表样式，如图5.33所示。

（2）选择【开始】选项卡→【样式】工具组右下角扩展按钮，打开【样式】窗格。

（3）选择【样式】窗格右下角【选项】选项，打开【样式窗格】对话框→【选择要显示的样式】下拉列表，选择"正在使用的格式"选项，可见【样式】窗格中显示有"正文""标题1"样式。其中"标题1"样式便是"前言"所用样式。

（4）选择"校园环境"→【样式】窗格→"标题1"选项。

（5）采用同样方式，将"办学条件""招生情况""调查结论"设置为"标题1"样式。

3）设置小节标题样式

（1）选择"院系设置"→【开始】选项卡→【样式】工具组→【标题2】选项。

（2）选择其他小节标题"师资力量""教学成果""学术成果"，都设置为"标题2"样式。

（3）选择【视图】选项卡→【显示】工具组，勾选【导航窗格】，打开【导航窗格】，可以看到已经设置好的文档结构，如图5.34所示。

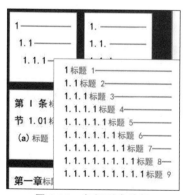

图5.33　多级列表选择

图5.34　文档结构

4）设置正文样式

（1）选择【样式】窗格→【正文】下拉列表→【全选】选项，除了标题文字，其他都被选中。

（2）选择【开始】选项卡→【字体】工具组，设置字体为宋体、五号。

（3）选择【开始】选项卡→【段落】工具组右下角扩展按钮，打开【段落】对话框，选择【特殊格式】→【首行缩进】，设置为 2 个字符，单击【确定】按钮。

6. 设置列表符号、编号

在"3.1 院系设置"中的 6 个学院名称列表前加上项目符号。

在"3.3 教学成果"中的重点专业名称前加上大写英文字母编号。

（1）选择 6 个学院名称，选择【开始】选项卡→【段落】工具组→【项目符号】下拉列表，选择一种符号类型。

（2）选择所有重点专业内容，选择【开始】选项卡→【段落】工具组→【编号】下拉列表，选择大写字母编号类型。

7. 设置表格样式

设置表格文本为宋体、小五，单倍行距，水平垂直均居中，调整表格大小为根据窗口自动调整表格，选择一种表格样式修饰。

1）设置"2013—2015 锦绣学院招生情况表"样式

（1）单击"2013—2015 锦绣学院招生情况表"左上角选择表格，选择【开始】选项卡→【字体】工具组，设置字体为宋体、小五。

（2）选择【开始】选项卡→【段落】工具组右下角扩展按钮，打开【段落】对话框，选择【行距】→"单倍行距"。

（3）选择【表布局】选项卡→【对齐方式】工具组→【水平垂直居中】选项。

（4）选择【表布局】选项卡→【单元格大小】工具组→【自动调整】下拉列表→【根据窗口自动调整表格】选项。

（5）选择【表设计】选项卡→【表格样式】工具组，选择一种样式，如"网格表 5 深色-着色 2"。

2）设置"目前二级学院学生人数表"样式

（1）单击"目前二级学院学生人数表"左上角选择表格→【开始】选项卡→【字体】工具组，设置字体为宋体、小五。

（2）选择【开始】选项卡→【段落】工具组右下角扩展按钮，打开【段落】对话框，设置【行距】为"单倍行距"。

（3）选择【表布局】选项卡→【对齐方式】工具组→【水平垂直居中】选项。

（4）选择【表布局】选项卡→【单元格大小】工具组→【自动调整】下拉列表→【根据窗口自动调整表格】选项。

（5）选择【表设计】选项卡→【表格样式】工具组，选择一种样式，如"网格表 4-着色 2"。

8. 设置图片格式

将图片设置为"四周型""中间居右"，移动到"校园环境"文本的右边。

（1）单击图片选择图片，选择【图片格式】选项卡→【排列】工具组→【环绕文字】下拉按钮→【四周型】选项。

（2）选择【图片格式】选项卡→【排列】工具组→【位置】下拉列表→【中间居右】选项。

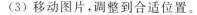

（3）移动图片，调整到合适位置。

9. 添加作者信息脚注

将作者名称设置为宋体、五号、居中。在右上角添加引用，在页面底部增加作者班级脚注。张三和李四的班级为"锦绣学院信息分院计算机1班"，王五的班级为"锦绣学院信息分院计算机2班"。

（1）选择3个作者名称，选择【开始】选项卡→【字体】工具组，设置字体为宋体、五号。

（2）选择【开始】选项卡→【段落】工具组→【居中】选项。

（3）将光标置于"张三"右侧，选择【引用】选项卡→【脚注】工具组→【插入脚注】选项，在脚注处输入"锦绣学院信息分院计算机1班"。

（4）将光标置于"王五"右侧，选择【引用】选项卡→【脚注】工具组→【插入脚注】选项，在脚注处输入"锦绣学院信息分院计算机2班"。

（5）将光标置于"李四"右侧，选择【引用】选项卡→【题注】工具组→【交叉引用】选项，打开【交叉引用】对话框，在【引用类型】选项中选择"脚注"，在【引用内容】中选择"脚注编号"，在【引用哪一个脚注】中选择"锦绣学院信息分院计算机1班"。【交叉引用】对话框设置如图5.35所示。

（6）李四右侧的引用编号是普通数字，选择该数字，选择【开始】选项卡→【字体】工具组→【上标】选项。

完成的脚注如图5.36所示。

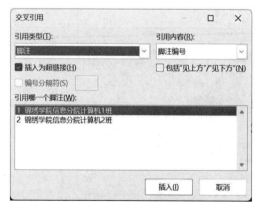

图 5.35　【交叉引用】对话框

张三[1]　李四[1]　王五[2]

───────────

[1]锦绣学院信息分院计算机1班

[2]锦绣学院信息分院计算机2班

图 5.36　脚注效果

10. 添加图片、表格、图表题注

为图片添加题注"图 2.1 校园环境"。

为表格添加题注"表 4.1 2013—2015 锦绣学院招生情况表""表 4.2 目前二级学院学生人数表"。在正文中引用题注，"如表 4.1 所示""如表 4.2 所示"。

为图表添加题注"图表 4.1 2013—2015 锦绣学院招生情况""图表 4.2 目前二级学院学生人数"。

1）为图片添加题注

（1）右击图片，在弹出的快捷菜单中选择【插入题注】，打开【题注】对话框，在【标签】中选择【图】，在【位置】中选择【所选项目下方】选项，如图 5.37 所示。如果没有"图"标签，则【新建标签】完成。

（2）选择【编号】选项，在打开的【题注编号】对话框中勾选【包含章节号】，将章节起始样式设置为"标题 1"，使用分隔符为"句点"，如图 5.38 所示。

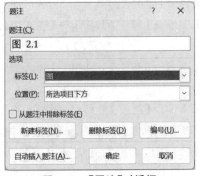

图 5.37　【题注】对话框

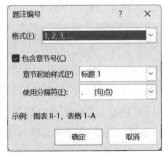

图 5.38　【题注编号】对话框

（3）输入题注文字，设置居中显示。

完成后的图片效果如图 5.39 所示。

图 5.39　完成的图片效果

2）为表格添加题注

（1）单击表格左上角符号选择表格，右击，在弹出的快捷菜单中选择【插入题注】，打开【题注】对话框，在【标签】中选择【表】，在【位置】中选择【所选项目上方】选项。如果没有"表"标签，则【新建标签】完成。

（2）选择【编号】选项，在打开的【题注编号】对话框中勾选【包含章节号】，将章节起始样式设置为"标题1",使用分隔符为"句点"。

（3）输入题注文字,设置居中显示。

3）为表格添加交叉引用

（1）将插入点定位在表格上方正文中的"如　所示"的"如"字右侧,选择【引用】选项卡→【题注】工具组→【交叉引用】按钮,打开【交叉引用】对话框。

（2）在【交叉引用】对话框中的【引用类型】中选择"表",在【引用内容】中选择"只有标签和编号",选择【引用哪一个题注】→【插入】选项。

4）为图表添加题注

参照图片、表格的题注添加方法,为图表添加题注。

11. 文档分节、分栏

将第4章的表格和图表单独放1页,横向,分两栏显示。

由于第4章和其他页面的方向和分栏数不一样,所以要将文档分为3节,表格和图表页单独放一节,设置该节的纸张方向、分栏数、页边距等信息。

1）文档分节

（1）选择【开始】选项卡→【段落】工具组→【显示/隐藏编辑标记】选项。因为分节符默认不显示,所以设置为显示,以便查看。

（2）将插入点定位到"4 招生情况"前,选择【布局】选项卡→【页面设置】工具组→【分隔符】下拉按钮→【分节符】→【下一页】选项。

（3）将插入点定位到"图表4.2"之后,选择【布局】选项卡→【页面设置】工具组→【分隔符】下拉按钮→【分节符】→【下一页】选项。

2）设置表格、图表节

（1）将插入点定位在表格、图表所在的节,选择【布局】选项卡→【页面设置】工具组→【纸张方向】→【横向】选项。

（2）选择【布局】选项卡→【页面设置】工具组→【栏】→【两栏】选项。

（3）选择【布局】选项卡→【页面设置】工具组→【页边距】→【自定义边距】选项,设置上下左右的页边距为2cm。

分节分栏后的多页布局效果如图5.40所示。

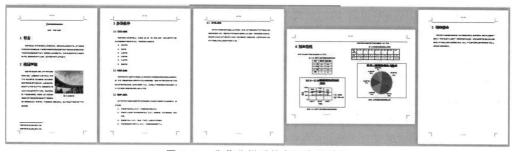

图 5.40　分节分栏后的多页布局效果

12. 设置页眉、页脚

为文档添加页眉、页脚，在页眉添加学校名称，在页脚添加制作日期和页码。

1）添加页眉

选择【插入】选项卡→【页眉和页脚】工具组→【页眉】下拉按钮→【内置】→【空白】选项，在页眉上输入学校名称。

2）添加页脚

（1）选择【插入】选项卡→【页眉和页脚】工具组→【页脚】下拉按钮→【内置】→【空白（三栏）】选项。

（2）将光标定位在页脚左侧【在此处键入】处，选择【页眉和页脚】选项卡→【插入】工具组→【日期和时间】选项，打开【日期和时间】对话框，选择一种日期格式。

（3）将光标定位在页脚中间【在此处键入】处，选择【页眉和页脚】选项卡→【页眉和页脚】工具组→【页码】下拉列表→【当前位置】→【普通数字】选项。

13. 整理文档

查看文档全文，手动处理一些细节问题。对文档中存在的手动换行符，可以采用【替换】功能进行统一替换。

（1）选择【开始】选项卡→【编辑】工具组→【替换】选项，打开【替换】对话框。

（2）将光标定位在【查找内容】输入栏中→【更多】→【特殊格式】→【手动换行符】选项，【查找内容】中出现"^l"。

（3）将光标定位在【替换为】中→【更多】→【特殊格式】→【段落标记】选项，【替换为】中出现"^p"。

（4）选择【全部替换】选项，进行全部替换。

5.2　Excel 2021 的应用

5.2.1　Excel 2021 基础

Excel 是 Office 中最重要的组件之一，主要用于创建和编辑各类电子表格，包括表格数据的计算、排序、筛选等功能。Excel 2021 的功能非常强大，作为入门类教材，下面介绍常用的命令和操作。与 Word 2021 相似的命令，请参看 5.1 节。

1. 开始屏幕

启动 Excel 2021 后，出现开始屏幕，如图 5.41 所示。

在 Excel 2021 开始屏幕上，左侧导航栏上部是常用的操作命令，如【新建】【打开】等，下部是【账户】【反馈】【选项】命令。右侧窗口上部是【新建】命令可选的电子表格模板类型，下部是最近编辑过的电子表格文档名称列表。

【反馈】命令可以对 Excel 的使用给出评价和建议。

单击【选项】命令，打开【Excel 选项】窗口，如图 5.42 所示。

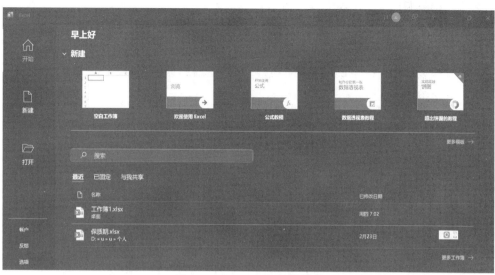

图 5.41 Excel 2021 开始屏幕

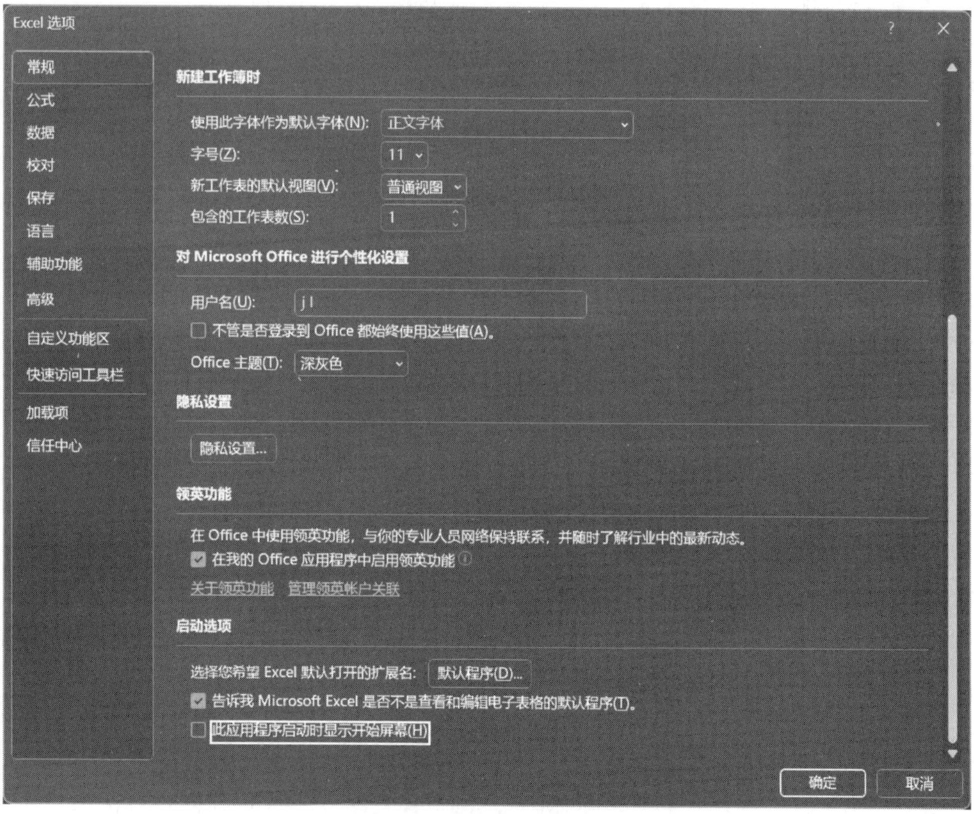

图 5.42 【Excel 选项】窗口

在【Excel 选项】窗口【常规】选项卡中的【启动选项】框架里去掉勾选【此应用程序启动时显示开始屏幕】，则之后启动 Excel 便不会显示开始屏幕，而是直接进入编辑窗口界面。

2. 编辑窗口

Excel 2021 窗口包括标题栏、功能区、工作区、状态栏，如图 5.43 所示。

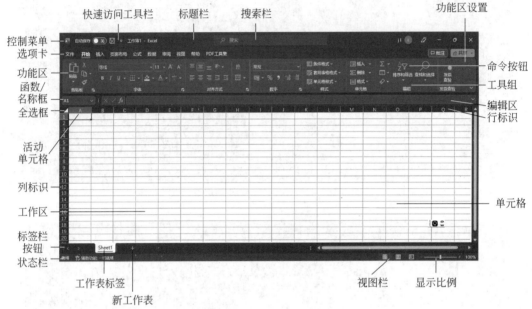

图 5.43　Excel 2021 窗口

（1）标题栏上有控制菜单、快速访问工具栏、工作簿名称及程序、搜索栏、账户、尝试新功能、最小化按钮、根据桌面布局按钮、关闭按钮。

（2）功能区包含多个选项卡，每个选项卡包含多个工具组。单击功能区右侧的【功能区设置】分组中的向下箭头，弹出【显示功能区】下拉菜单，可以设置功能区的显示模式，有全屏模式、仅显示选项卡、始终显示功能区、显示/隐藏快速访问工具栏等命令。

（3）工作区是进行表格编辑操作的区域。操作滚动条可以查看工作区的不同区域。

（4）状态栏显示当前文件的状态，比如"就绪""输入"状态。视图栏上是切换视图的按钮，可以快速切换为普通、页面布局、分页预览视图。显示比例区域可以拖动滑动条调整工作区缩放比例。

（5）在 Excel 窗口的不同位置右击，可以弹出快捷菜单。根据处理的对象不同，快捷菜单中的命令不同。

（6）工作簿是 Excel 2021 处理和存储数据的文件。启动 Excel 后，系统自动创建名为"工作簿 1"的空白工作簿，默认包含 1 个工作表，命名为 Sheet1，显示在工作表标签处。单击【新工作表】按钮，可以创建新的工作表，新的工作表标签命名编号自动增加。单击工作表标签可以切换为当前工作表。当工作表标签较多时，会隐藏部分工作表标签，出现"…"按钮。

单击"..."按钮,可以查看隐藏的工作表标签。单击标签栏按钮,可以向前或向后查看工作表标签。在工作表标签按钮上右击,会弹出工作表标签列表对话框,可以选择某个工作表标签切换为当前工作表。单击【全选框】可以选择整张工作表内容。

(7) 每个工作表是由多行多列的单元格排列而成,单元格是 Excel 中最小的操作单元,可以在里面输入数据。当前选中的单元格是活动单元格。选中单元格后可以直接输入数据,也可以选中单元格以后,在编辑区输入数据。选中单元格的名称会显示在【函数/名称框】中。当前工作表中单元格的名称由"列标行号"组成。在不同工作表中,需要用"工作表名! 列标行号"表示某一单元格。

3. 单元格基本操作

1) 选择单元格

单击单元格便可选择单元格,选中的单元格成为活动单元格。

2) 选择单元格区域

(1) 单击单元格区域起始单元格,拖动覆盖要选择的区域,会高亮显示。

(2) 选中一个单元格后,按住 Ctrl 键,再单击其他单元格,可以选定不连续的单元格区域。

(3) 单击行号或列号,可以选择 1 行或 1 列。在行号或列号上拖动,可以选择连续的多行或多列。按住 Ctrl 键时,在行号或列号上单击,可以选择不连续的多行或多列。

(4) 在函数/名称框中输入单元格区域名称,可以选择单元格区域。单元格区域名称用"左上角单元格名称: 右下角单元格名称"表示。

(5) 在单元格区域外单击,可以取消单元格区域选择。

3) 单元格数据编辑

(1) 双击单元格,在单元格内插入点处编辑数据。

(2) 单击单元格,直接输入新数据,或者在编辑区内编辑数据。

(3) 选择单元格,按下 Delete 键,可以清除单元格内数据。也可以右击单元格,在弹出的快捷菜单中选择命令清除单元格内的数据。

4) 单元格数据输入

单元格中可以输入数值、文本、日期、货币等类型数据。默认情况下,单元格中的文本自动左对齐,数字和日期自动右对齐。

(1) 数值数据的输入。

一般的数值数据可以直接输入。默认输入的数值长度是 11 位,如果数据位数超过 11 位时,会自动以科学计数法表示出来。

对于负数,可以用"-数字"或"(数字)"形式输入,在单元格中都显示为"-数字"形式。

输入分数时,要先输入"0"和一个空格,否则分数会被当成日期处理。

输入以"0"开头的数字时,"0"会被隐藏,需要在"0"前面输入英文单引号"'",这样数字会被当成文本处理,会显示开头的"0"。

(2) 文本的输入。

单元格中输入的文本长度为 1024 个字符,编辑区中可以输入 32767 个字符。如果在单元格内想要换行，可以按下 Alt＋Enter 键强制换行。

(3) 日期和时间的输入。

Excel 中默认的日期格式为 yyyy-mm-dd，输入日期时可以用"/""-""年月日"分隔年、月、日数字。

默认的时间格式为 hh：mm：ss，输入时间时用"："分隔时、分、秒数字。可以采用 12 小时制输入时间，时间后加空格，再输入 Am、a、Pm、p。同时在单元格内输入日期和时间，则日期和时间中间要加空格。

5) 在单元格中填充数据

(1) 如果要在多个单元格中输入相同数据，可以选择多个单元格(不连续的单元格可以用按住 Ctrl 键再单击实现多选)，输入数据后，按下 Ctrl＋Enter 实现填充。

(2) 连续的单元格区域中输入连续的有一定排序规律的数据，可以采用自动填充功能实现。

在单元格区域输入起始数据，选择起始数据单元格后，将光标指针移到单元格右下角的填充柄上，光标变成黑色实心"＋"形状，此时拖动到要填充的区域，释放光标。自动弹出自动填充选项按钮，单击该按钮弹出下拉菜单，在其中选择要填充的方式。自动填充下拉菜单如图 5.44 所示。

图 5.44　自动填充下拉菜单

【复制单元格】会将起始数据复制到填充区域。【填充序列】会根据起始数据的规律自动填充新数据。【仅填充格式】会将起始数据的格式复制到填充区域。【不带格式填充】会根据起始数据的规律填充新数据，不复制起始数据的格式。【快速填充】由 Excel 自动确定填充方式。

(3) 选项卡中提供了更多自动填充的方法，下面的选项卡功能中将介绍。

6) 单元格公式的输入

Excel 的公式是以"＝"开头的包含了运算符、运算数据和函数的表达式。

(1) 算术运算符有加"＋"、减"－"、乘"＊"、除"/"、乘幂"^"、百分号"％"。比较运算符有等于"＝"、大于"＞"、小于"＜"、大于或等于"＞＝"、小于或等于"＜＝"、不等于"＜＞"。文本运算符有"＆"。

(2) 运算数据可以是直接输入的数据，或者引用其他单元格的数据。单元格引用有相对引用和绝对引用。相对引用是用单元格的"列标行号"形式表示单元格，在公式位置发生变化时，相对引用的单元格列标或行号也随之改变。绝对引用是单元格的列标或行号前加上绝对符号"＄"，在公式位置发生变化时，使用绝对符号的列标或行号不会发生变化。可以在单元格名称处按下 F4 键，实现相对引用和绝对引用的互相转换。

(3) 函数是系统中内置的公式，可以给定参数完成某种运算功能。函数可以直接输入，也可以通过【公式】选项卡输入。

(4) 在单元格或者编辑区中，可以直接输入公式，输入完成后，单元格中显示公式运算的结果，编辑区中显示公式。

4. 工作表基本操作

1）选择工作表

单击工作表标签，被选中的工作表标签以白底显示。

2）选定多个工作表

（1）单击第一个工作表标签，再按住 Shift 键，单击最后一个工作表标签，可以选定连续的多个工作表。

（2）单击一个工作表标签，再按住 Ctrl 键，单击要选择的其他工作表标签，可以选定不连续的多个工作表。

（3）右击一个工作表标签，在弹出的快捷菜单中选择【选定全部工作表】选项，可以选定全部工作表。工作表标签快捷菜单如图 5.45 所示。

选定多个工作表以后，标题栏的工作簿名称后会增加【组】字样。要取消对多个工作表的选定，只要单击任意一个未选定工作表标签，或者右击工作表标签，在弹出的快捷菜单中选择【取消组合工作表】即可。

3）插入工作表

在工作表标签上右击，在弹出的快捷菜单中选择【插入】选项，打开【插入】对话框，选择【工作表】选项，按下【确定】按钮。

4）删除工作表

在工作表标签上右击，在弹出的快捷菜单中选择【删除】选项，可以删除工作表。如果工作表中有数据，会弹出提示对话框，确认后删除。

5）移动工作表

（1）单击工作表标签，拖动工作表标签至需要的位置即可。拖动时会有黑色三角形指示要插入的位置。

（2）在工作表标签上右击，在弹出的快捷菜单中选择【移动或复制】选项，打开【移动或复制工作表】对话框，选择移动到的位置，单击【确定】按钮。【移动或复制工作表】对话框如图 5.46 所示。

图 5.45 工作表标签快捷菜单

图 5.46 【移动或复制工作表】对话框

6）复制工作表

（1）单击工作表标签，按住 Ctrl 键，拖动工作表标签至需要的位置，会复制工作表，新工作表的标签为原工作表标签后添加数字标号。

（2）在工作表标签上右击，在弹出的快捷菜单中选择【移动或复制】选项，打开【移动或复制工作表】对话框，选择移动到的位置，并勾选【建立副本】选项，单击【确定】按钮。

7）隐藏/取消隐藏工作表

（1）在工作表标签上右击，在弹出的快捷菜单中选择【隐藏】选项，可以隐藏工作表。

（2）在工作表标签上右击，在弹出的快捷菜单中选择【取消隐藏】选项，打开【取消隐藏】对话框，可以查看所有隐藏的工作表名称，选择要取消隐藏的工作表，单击【确定】按钮。

8）重命名工作表

（1）双击工作表标签，进入编辑状态，输入新的工作表标签名称。

（2）在工作表标签上右击，在弹出的快捷菜单中选择【重命名】选项，进入编辑状态，输入新的工作表标签名称。

9）修改工作表标签颜色

在工作表标签上右击，在弹出的快捷菜单中选择【工作表标签颜色】选项，选择需要的颜色。

5. 【文件】选项卡

【文件】选项卡管理文件的相关操作，包括【新建】【打开】【信息】【保存】【另存为】【打印】【共享】【导出】【发布】【关闭】【更多】等选项。Excel 2021 的【文件】选项卡如图 5.47 所示。

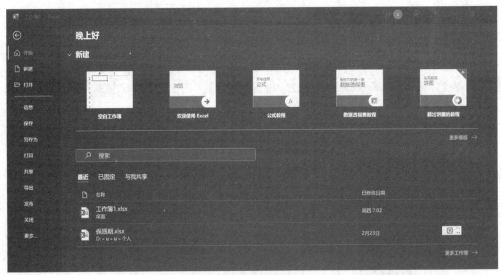

图 5.47 【文件】选项卡

【发布】选项可以将 Excel 工作簿发布到 Power BI 数据分析软件。

保存 Excel 文件默认的文件扩展名为 xlsx，也可以选择其他类型保存，如 xltx 模板文件、html 网页文件等。

6.【开始】选项卡

【开始】选项卡管理表格数据的操作,包括【剪贴板】【字体】【对齐方式】【数字】【样式】【单元格】【编辑】工具组,如图 5.48 所示。

图 5.48 【开始】选项卡

1)【剪贴板】工具组

【剪贴板】工具组包括【剪切】【复制】【粘贴】【格式刷】等选项。

选择【粘贴】选项,弹出的下拉面板中有多种粘贴方式,如图 5.49 所示。

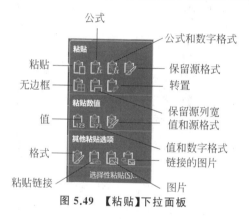

图 5.49 【粘贴】下拉面板

2)【字体】工具组

【字体】工具组包括设置字符格式的命令按钮和下拉列表。字符格式包括字体、字号、字符颜色、字符背景色、字符边框、带拼音字符等。单击【字体】工具组右下角的扩展按钮,打开【设置单元格格式】对话框,其中包括【数字】【对齐】【字体】【边框】【填充】【保护】选项卡,可以分别设置数字格式、字体格式、对齐效果、边框样式、填充样式、设置单元格的锁定和隐藏,如图 5.50 所示。

3)【对齐方式】工具组

【对齐方式】工具组中设置单元格中数据的水平、垂直对齐方式,数据旋转角度、数据缩进量,进行【合并后居中】【自动换行】等操作。

(1)选择【合并后居中】选项,下拉列表中有【合并后居中】【跨越合并】【合并单元格】【取消单元格合并】选项。

【合并后居中】会将多个单元格合并为一个单元格,只保留区域左上角单元格数据,并居中显示。【跨越合并】会将选定的单元格区域中一行上的多列单元格进行合并,每行保留最

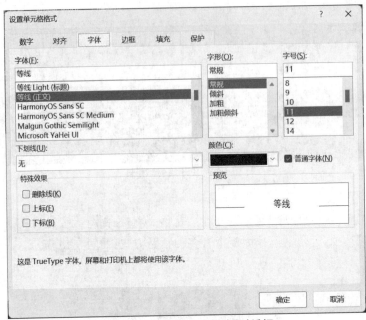

图 5.50 【设置单元格格式】对话框

左边单元格的数据。【合并单元格】将多个单元格合并为一个单元格。【取消单元格合并】将合并的单元格还原为合并前的多个单元格。

（2）单元格内数据长度超过单元格长度时，选择【自动换行】选项，可以在单元格内自动换行后完全显示数据。

（3）单击【对齐方式】工具组右下角的扩展按钮，打开【设置单元格格式】对话框，可以在【对齐】选项卡中设置文本对齐方式、文本控制、文字方向等。

4）【数字】工具组

【数字】工具组包括【数字格式下拉列表框】【会计数字格式按钮】【百分比样式】【千位分隔样式】【增加小数位数】【减少小数位数】选项。

单击【数字】工具组右下角的扩展按钮，打开【设置单元格格式】对话框的【数字】选项卡，可以设置【常规】【数值】【货币】【会计专用】等数字格式。

5）【样式】工具组

【样式】工具组包括【条件格式】【套用表格格式】【单元格样式】选项。

（1）选择【条件格式】选项，下拉列表包括【突出显示单元格规则】【最前/最后规则】【数据条】【色阶】【图标集】【新建规则】【清除规则】【管理规则】选项。

【突出显示单元格规则】命令的下级列表可以设置单元格判断条件，以及条件满足时单元格的格式。

【最前/最后规则】命令的下级列表可以设置排名条件，以及条件满足时单元格的格式。

【数据条】命令的下级列表中有多种数据条样式，会根据单元格数据值相对其他单元格数据值的大小显示不同长度和颜色的数据条。

【色阶】命令的下级列表中有多种颜色变化方式,会根据单元格数据值相对其他单元格数据值的大小显示不同颜色背景。

【图标集】命令的下级列表中有多种图标图案,会根据单元格数据值相对其他单元格数据值的大小显示不同图标。

除了使用内置的规则,还可以使用【新建规则】【清除规则】【管理规则】对规则进行新建、清除、自定义等操作。

(2) 选择【套用表格格式】选项,下拉列表中有各种内置的表格样式供选择。

表格使用样式后,会自动打开【表设计】选项卡,如图 5.51 所示。【表设计】选项卡包括【属性】【工具】【外部表数据】【表格样式选项】【表格样式】工具组。

图 5.51 【表设计】选项卡

在样式表中的某种样式上右击,在弹出的快捷菜单中可以选择命令,进行样式的清除、修改、复制、删除等操作。

(3) 选择【单元格样式】选项,可以选择各种内置的单元格样式,新建单元格样式、将其他工作簿中创建的自定义样式合并到目标工作簿中。

在某种单元格样式上右击,在弹出的快捷菜单中可以选择命令,进行样式应用、修改、复制、删除等操作。

6)【单元格】工具组

【单元格】工具组包括【插入】【删除】【格式】选项。

(1) 选择【插入】选项,可以在当前位置插入单元格、行、列、工作表。

(2) 选择【删除】选项,可以在当前位置删除单元格、行、列、工作表。

(3) 选择【格式】选项,下拉列表中有设置单元格行高列宽、可见性、组织工作表和单元格、保护工作表和单元格的选项,以及【设置单元格格式】选项。

选择【设置单元格格式】选项,会打开【设置单元格格式】对话框。

7)【编辑】工具组

【编辑】工具组包括【自动求和】【填充】【清除】【排序和筛选】【查找和选择】选项。

(1) 选择【自动求和】选项,可以选择求和、求平均值、计数、求最大值、求最小值等函数。选择某个选项,编辑区会出现命令对应的函数公式,输入操作的数据和单元格名称,可以完成命令对应的运算。

(2) 选择【填充】选项,可以选择填充的方向、填充序列等命令。

选择【序列】选项,打开【序列】对话框,可以设置序列按行或列产生,选择等差序列、等比序列、日期序列、自动填充等序列类型，设置序列增加的步长值、终止值，以及设置预测趋势选项等。

（3）选择【清除】选项，可以清除格式、内容、批注、超链接。

（4）选择【排序和筛选】选项，可以进行升序、降序、自定义排序等排序操作，也可以进行筛选、清除筛选等筛选操作。

选择要排序的字段名或者要排序字段的任一单元格，选择排序方式便可实现排序。选择【自定义排序】选项，会打开【排序】对话框，在其中可以设置排序的列、依据及次序。排序依据可以是"数值""单元格颜色""字体颜色""单元格图标"等，如图5.52所示。

图 5.52 【排序】对话框

按照不同的排序依据、次序，可以对多列进行排序。对多个排序条件进行操作，可以设置【添加条件】【删除条件】【复制条件】【选项】等选项。

筛选是用于查找数据清单中满足条件的数据的一种快捷方法。经过筛选后的数据清单只显示符合条件的数据，隐藏不符合条件的数据。单击数据清单任一单元格，选择【筛选】，数据清单中每个字段名旁边将显示一个向下的小箭头按钮，称为"筛选箭头"。单击"筛选箭头"按钮，弹出筛选列表，可以选择排序方式、筛选方式、显示或隐藏数据，如图5.53所示。

（5）选择【查找和选择】选项，可以查找公式、批注、条件格式等，可以选择对象或窗格。

7. 【插入】选项卡

【插入】选项卡包括【表格】【插图】【加载项】【图表】【演示】【迷你图】【筛选器】【链接】【批注】【文本】【符号】工具组，如图5.54所示。

1）【表格】工具组

【表格】工具组包括【数据透视表】【推荐的数据透视表】【表格】选项。

（1）选择【数据透视表】选项，可以创建数据透视表。

数据透视表是将大量数据快速汇总和建立交叉列表的交互式动态表格，能够对数据清单进行重新布局和分类汇总、计算等。

选择【数据透视表】选项中的【表格和区域】选项，弹出【来自表格和区域的数据透视表】对话框，如图5.55所示。

选择要分析的表格或区域，以及放置数据透视表的位置，单击【确定】按钮，会出现数据

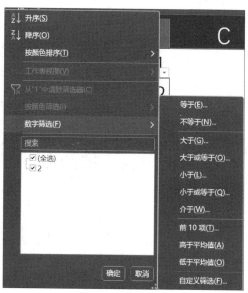

图 5.53 筛选列表

图 5.54 【插入】选项卡

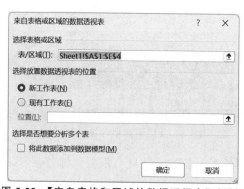

图 5.55 【来自表格和区域的数据透视表】对话框

透视表设计窗口。从【数据透视表字段列表】窗格中选择字段拖动到【行标签】【列标签】【报表筛选】【数值】区域,如图 5.56 所示。在【数值】区域单击下拉按钮,可以选择对数值作不同的运算。数据透视表设计窗口左侧实时显示数据透视表的结果。

(2)操作数据透视表的过程中自动打开【数据透视表分析】选项卡和【数据透视表设计】选项卡。

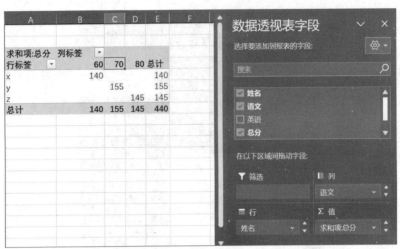

图 5.56 数据透视表设计窗口

【数据透视表分析】选项卡包括【数据透视表】【活动字段】【组合】【筛选】【数据】【操作】【计算】【工具】【显示】工具组，如图 5.57 所示。

图 5.57 【数据透视表分析】选项卡

【数据透视表设计】选项卡包括【布局】【数据透视表样式选项】【数据透视表样式】工具组，如图 5.58 所示。

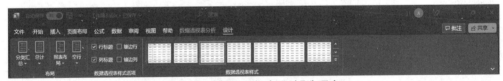

图 5.58 【数据透视表设计】选项卡

（3）选择【推荐的数据透视表】选项，会自动根据数据特征和历史操作情况，给出数据透视表的设计模板，可以调整后应用。

（4）选择【表格】选项，可以选择已有表格中的数据区域创建新表。创建新表后，会弹出【表设计】选项卡，可以对新表设置属性样式、删除重复值、通过数据透视表汇总等操作。

2）【插图】工具组

【插图】工具组包括【图片】【形状】【图标】【3D 模型】【SmartArt】【屏幕截图】选项，可以在工作表中插入图片、形状、图标、3D 模型、SmartArt 图形、屏幕中的窗口和剪辑截图。

（1）插入图片后，或者选择工作表中的图片，会打开【图片格式】选项卡，包括【调整】【图片样式】【辅助功能】【排列】【大小】工具组,如图 5.59 所示。

图 5.59 【图片格式】选项卡

(2) 插入形状,或者选择工作表中的形状,会打开【形状格式】选项卡,包括【插入形状】
【形状样式】【艺术字样式】【辅助功能】【排列】【大小】工具组,如图 5.60 所示。

图 5.60 【形状格式】选项卡

(3) 插入图标,或者选择工作表中的图标,会打开【图形格式】选项卡,包括【更改】【图形
样式】【辅助功能】【排列】【大小】工具组,如图 5.61 所示。

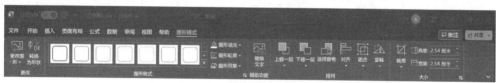

图 5.61 【图形格式】选项卡

(4) 插入 SmartArt 图形,或者选择工作表中的 SmartArt 图形,会打开【SmartArt 设
计】选项卡和【SmartArt 格式】选项卡。

【SmartArt 设计】选项卡,包括【创建图形】【版式】【SmartArt 样式】【重置】工具组,如
图 5.62 所示。

图 5.62 【SmartArt 设计】选项卡

【SmartArt 格式】选项卡包括【形状】【形状样式】【艺术字样式】【辅助功能】【排列】【大
小】工具组,如图 5.63 所示。

图 5.63 【SmartArt 格式】选项卡

3)【图表】工具组

【图表】工具组包括【推荐的图表】【地图】【数据透视图】选项和各种具体图表类型。单击【图表】工具组右下角的扩展按钮,打开【插入图表】对话框,可以选择更多的图表类型。

创建图表后,自动打开【图表设计】和【图表格式】选项卡。

(1)【图表设计】选项卡如图 5.64 所示,包括【图表布局】【图表样式】【数据】【类型】【位置】工具组。

图 5.64 【图表设计】选项卡

(2)【图表格式】选项卡如图 5.65 所示,包括【当前所选内容】【插入形状】【形状样式】【艺术字样式】【辅助功能】【排列】【大小】工具组。

图 5.65 【图表格式】选项卡

(3)选择【数据透视图】选项,弹出的下拉菜单包括【数据透视图】和【数据透视图和数据透视表】选项。

数据透视图用图表和颜色来表现数据的特性。选择【数据透视图】选项,打开【创建数据透视图】对话框,选择要分析的数据源和放置数据透视图的位置,出现数据透视图设计窗口。从【数据透视表字段列表】窗格中选择字段拖动到【筛选】【轴(类别)】【图例(系列)】【值】区域,如图 5.66 所示。在【值】区域单击下拉按钮,可以选择对数值作不同的运算。

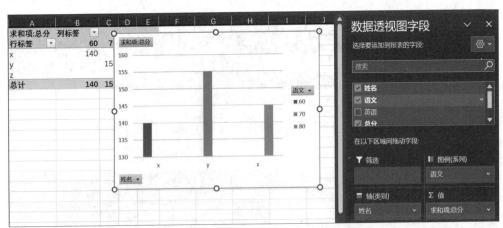

图 5.66 数据透视图设计窗口

（4）操作数据透视图的过程中，自动打开【数据透视图分析】【数据透视图设计】【数据透视图格式】选项卡。

【数据透视图分析】选项卡包括【数据透视图】【活动字段】【筛选】【数据】【操作】【计算】【显示/隐藏】工具组，如图 5.67 所示。

图 5.67 【数据透视图分析】选项卡

【数据透视图设计】选项卡包括【图表布局】【图表样式】【数据】【类型】【位置】工具组，如图 5.68 所示。

图 5.68 【数据透视图设计】选项卡

【数据透视图格式】选项卡包括【当前所选内容】【插入形状】【形状样式】【艺术字样式】【排列】【大小】工具组，如图 5.69 所示。

图 5.69 【数据透视图格式】选项卡

4）【迷你图】工具组

【迷你图】工具组包括【折线】【柱形】【盈亏】选项。迷你图是以单元格为绘图区域的微型图表，用于展示一行或一列的多个数据间的相对关系。

（1）创建的迷你图在一个单元格内，拖动单元格的填充柄，可以实现迷你图的自动填充。

（2）创建迷你图后，自动打开【迷你图】选项卡，如图 5.70 所示。【迷你图】选项卡包括【迷你图】【类型】【显示】【样式】【组合】工具组，可以对迷你图进行更多的设置。

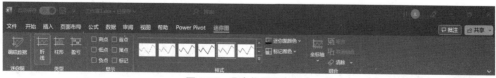

图 5.70 【迷你图】选项卡

5）【筛选器】工具组

【筛选器】工具组包括【切片器】【日程表】选项。

切片器用于快速筛选数据透视表和多维数据集的数据。创建【切片器】工具后，会自动打开【切片器】选项卡，如图5.71所示。【切片器】选项卡包括【切片器】【切片器样式】【排列】【按钮】【大小】工具组，可以对切片器进行更多的设置。

图5.71　【切片器】选项卡

日程表用于快速筛选具有日期类型数据的数据透视表、数据透视图和多维数据集的数据。创建日程表后，会自动打开【时间线】选项卡，如图5.72所示。【时间线】选项卡包括【日程表】【日程表样式】【排列】【大小】【显示】工具组，可以对日程表进行更多的设置。

图5.72　【时间线】选项卡

6）【链接】工具组

【链接】工具组包括【超链接】选项，可以创建超链接显示的文字和链接的地址。

7）【批注】工具组

【批注】工具组包括【批注】选项，可以创建、编辑、删除、关闭批注。添加了批注的单元格右上角有带颜色的旗标符号，鼠标移到有批注的单元格上时，会弹出批注的对话框。批注对话框中可以进行回复交流。

8）【文本】工具组

【文本】工具组包括【文本框】【页眉和页脚】【艺术字】【签名行】【对象】按钮，可以插入横排文本框、垂直文本框、页眉和页脚、艺术字、自定义签名、其他类型的对象。

插入文本框、艺术字、对象后，会自动打开【形式格式】选项卡，如图5.57所示。

插入页眉页脚后，会自动打开【页眉和页脚】选项卡，包括【页眉和页脚】【页眉和页脚元素】【导航】【选项】工具组，如图5.73所示。

图5.73　【页眉和页脚】选项卡

9)【符号】工具组

【符号】工具组包括【公式】和【符号】选项，可以选择多种公式模板、符号、特殊字符插入工作表中。

插入公式后，会自动打开【形状格式】选项卡和【公式设计】选项卡。【公式设计】选项卡包括【工具】【符号】【结构】工具组，如图 5.74 所示。

图 5.74　【公式设计】选项卡

8.【页面布局】选项卡

【页面布局】选项卡包括【主题】【页面设置】【调整为合适大小】【工作表选项】【排列】工具组，如图 5.75 所示。

图 5.75　【页面布局】选项卡

1)【主题】工具组

【主题】工具组包括【主题】【颜色】【字体】【效果】选项，用于设置工作表中所有内容的主题风格。

2)【页面设置】工具组

【页面设置】工具组包括【页边距】【纸张方向】【纸张大小】【打印区域】【分隔符】【背景】【打印标题】选项，可以设置页边距、纸张方向、纸张尺寸，选择部分区域打印，插入或删除分页符，选择图片文件作为工作表的背景，在页面的顶端或左端打印标题文字等。

单击【页面设置】工作组右下角的扩展按钮，可以打开【页面设置】对话框，进行更详细的设置。

3)【调整为合适大小】工具组

【调整为合适大小】工具组包括【宽度】【高度】【缩放比例】选项，调整打印输出的宽度、高度和缩放比例等。

4)【工作表选项】工具组

【工作表选项】工具组包括【网格线】【标题】的查看和打印选项设置。

5)【排列】工具组

【排列】工具组包括【上移一层】【下移一层】【选择窗格】【对齐】【组合】【旋转】选项。先选择图片、形状等对象，再对选择的对象进行上移一层、下移一层、对齐、组合、旋转操作。选择

【选择窗格】选项，可以查看已选择对象，进行全部显示、全部隐藏、重新排序的操作。

9.【公式】选项卡

【公式】选项卡包括【函数库】【定义的名称】【公式审核】【计算】工具组，如图5.76所示。

图5.76 【公式】选项卡

1)【函数库】工具组

【函数库】工具组包含各类函数。函数是内置的公式，以参数作为运算对象，完成一定的计算或统计功能。所有的函数都由函数名和参数组成。

(1) 选择【插入函数】选项，打开【插入函数】对话框，可以在其中搜索或选择函数，如图5.77所示。

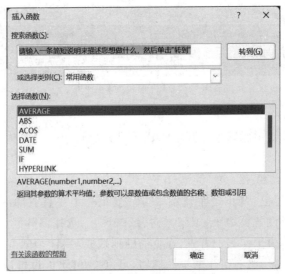

图5.77 【插入函数】对话框

选择函数后，单击【确定】按钮，打开【函数参数】对话框，可以输入或者选择函数要处理的参数数据，进行函数运算。

(2) 选择【函数库】工具组的某个函数后，要在活动单元格中输入以"="开头的函数公式，并打开【函数参数】对话框，在其中可以输入或选择函数要处理的参数数据，进行函数运算。

(3) 也可以直接在单元格中输入函数，输入格式为"=函数名(参数表)"。

(4) 如果输入的函数不正确，则单元格中会显示以"#"开头的字符串。

2)【定义的名称】工具组

【定义的名称】工具组包括【名称管理器】【定义名称】【用于公式】【根据所选内容创建】选

项,给单元格定义一个名称,便于记忆和公式中引用。

3)【公式审核】工具组

【公式审核】工具组包括【追踪引用单元格】【追踪从属单元格】【删除箭头】【显示公式】
【错误检查】【公式求值】【监视窗口】选项,对使用公式的单元格进行审核和追踪。

4)【计算】工具组

【计算】工具组包括【计算选项】【开始计算】【计算工作表】选项。

Excel 中的公式默认是自动计算的,即公式中涉及的单元格数据发生变化时,公式计算
的结果也自动发生变化。但是也可以在【计算选项】里设置【手动】,在需要公式计算的时候,
单击【开始计算】完成工作簿中公式的计算,或者单击【计算工作表】完成工作表中公式的
计算。

10.【数据】选项卡

【数据】选项卡包括【获取和转换数据】【查询和连接】【排序和筛选】【数据工具】【预测】
【分级显示】工具组,如图 5.78 所示。

图 5.78　【数据】选项卡

1)【获取和转换数据】工具组

用于从外部数据文件获得数据,导入到 Excel 中。可以导入的数据文件有文本文件、网
站数据、Access 数据库、其他来源、现有连接等。

2)【查询和连接】工具组

【连接】工具组包括【全部刷新】【查询和连接】【属性】【编辑链接】选项,可以对已建立的
外部数据连接进行操作。

3)【排序和筛选】工具组

【排序和筛选】工具组包括【升序】【降序】【排序】【筛选】【清除】【重新应用】【高级】选项。

(1) 对选定的字段进行简单排序,可以选择【升序】和【降序】选项。复杂排序要单击【排
序】按钮,打开【排序】对话框,在其中添加多个排序条件,每个条件可以选择排序的关键字和
排序的依据、次序等。

(2) 数据有更新后,可以选择【重新应用】选项,进行重新排序和筛选。

(3) 选择【高级】选项,打开【高级筛选】对话框,可以设置筛选结果的显示位置,筛选数
据列表区域、条件区域,是否选择不重复的记录等。

条件区域是独立于数据列表的一个区域,可以列出多个条件。条件关系可以是"与"
"或"关系。条件区域的第一行是作为筛选条件的字段名,其必须是数据列表中的标题。字
段名的下方是条件表达式。同一行的条件表达式是"与"的关系,不同行的条件表达式是

"或"的关系。

图 5.79 中的两个条件是"与"的关系，只有同时满足"英语＞60"并且"数学＜50"的数据记录才会被筛选出来。

图 5.80 中的两个条件是"或"的关系，满足"英语＞60"或者"数学＜50"的数据记录会被筛选出来。

图 5.79　条件区域"与"关系　　　　图 5.80　条件区域"或"关系

4）【数据工具】工具组

【数据工具】工具组包括【分列】【快速填充】【删除重复值】【数据验证】【合并计算】【关系】【管理数据模型】选项。

（1）选择【分列】选项，可以将使用了分号、逗号等分隔符的文本分成多个单独的列。

（2）选择【快速填充】选项，可以用已有数据示例自动填充指定的区域。

（3）选择【删除重复项】选项，可以删除列数据重复的数据记录。

（4）选择【数据验证】选项，可以设置单元格中输入数据的条件，圈释无效数据或清除验证标识圈。

设置数据验证时，会打开【数据验证】对话框，在其中设置单元格中数据的验证条件，如图 5.81 所示。

在【数据验证】对话框中设置验证条件时，如果在【允许】选项中选择【序列】类型，【来源】选项为自定义列表，并勾选了【提供下拉箭头】选项，则单元格旁边会出现下拉箭头按钮。单击该下拉箭头按钮，会出现自定义序列值的下拉列表，可以在其中选择自定义列表的值输入，如图 5.82 所示。

图 5.81　【数据验证】对话框

图 5.82　设置【序列】为自定义列表

在有【数据验证】设置的单元格中输入数据时,系统会自动判断是否符合条件,不符合则给出错误提示。

(5)选择【合并计算】选项,打开【合并计算】对话框,选择多个数据区域,系统会自动将标签相同的数据项合并到一个区域。

5)【预测】工具组

【预测】工具组包括【模拟分析】和【预测工作表】选项。

选择【模拟分析】选项,下拉列表中有【方案管理器】【单变量求解】【模拟运算表】选项。【方案管理器】用于设置对变化数据的不同应用方案,可以显示各方案对应的结果。【单变量求解】是根据结果求解获得结果的可能输入值。【模拟运算表】是在一个矩形区域内设定行引用或列引用的公式,可以根据多个行、列变量的值进行运算。

【预测工作表】根据选择的数据创建可视化趋势预测结果。

6)【分级显示】工具组

【分级显示】工具组包括【组合】【取消组合】【分类汇总】【显示明细数据】【隐藏明细数据】选项。

(1)选择表格中的多行或多列数据,选择【组合】选项,可以将选中的行或列创建为一个组。选择【显示明细数据】或【隐藏明细数据】选项,可以显示或隐藏组内数据。选择【取消组合】选项,可以清除组。可以选择【自动建立分级显示】。

(2)【分类汇总】是将数据按某个字段分类,再对每类的数据进行求和、计数、平均值、最大值、最小值、乘积等汇总计算。在分类汇总前,必须先按分类字段对数据排序。选择【分类汇总】选项,会打开【分类汇总】对话框,如图 5.83 所示。

单击【全部删除】按钮,可以删除已经创建的分类汇总。

图 5.83　【分类汇总】对话框

11.【审阅】选项卡

【审阅】选项卡包括【校对】【辅助功能】【见解】【语言】【更改】【批注】【注释】【保护】【墨迹】工具组,如图 5.84 所示。

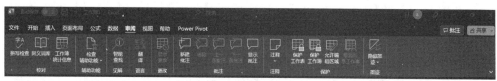

图 5.84　【审阅】选项卡

1)【校对】工具组

【校对】工具组包括【拼写检查】【同义词库】【工作簿统计信息】选项,实现拼写检查、同义词查找、查看工作簿统计信息功能。

2）【辅助功能】工具组

【辅助功能】工具组包括【检查辅助功能】【替换文字】【套用表格格式】【取消单元格合并】【辅助功能选项】选项，提供辅助功能的设置选项。

3）【见解】工具组

【见解】工具组包括【智能查找】选项，可以打开搜索窗格，输入关键词后联网查找相关的文件和媒体信息。

4）【语言】工具组

【语言】工具组包括【翻译】选项，可以输入文本翻译为指定的语言。

5）【更改】工具组

【更改】工具组包括【显示更改】选项，会显示工作簿中更改操作记录。

6）【批注】工具组

【批注】工具组包括【新建批注】【删除】【上一条批注】【下一条批注】【显示批注】选项，可以在单元格中创建批注，或对批注进行操作。

7）【注释】工具组

【注释】工具组的【注释】选项下拉列表包括【新建注释】【上一条注释】【下一条注释】【显示/隐藏注释】【显示所有注释】【转换为批注】选项，可以在单元格中创建注释，或对注释进行操作，也可以转换为批注。注释是给文档所作的附加信息，不显示在正文中，也不会打印出来。注释在图形框中显示，可以设置注释图形框的外观格式。有注释的单元格右上角有带颜色的三角符号，单击该符号可以弹出注释图形框，查看注释信息。

8）【保护】工具组

【保护】工具组包括【保护工作表】【保护工作簿】【允许编辑区域】【取消共享工作簿】选项，实现对工作表或工作簿的各项操作权限设置密码保护或取消保护，设置允许编辑的用户和区域，取消工作簿共享等操作。

9）【隐藏墨迹】工具组

【隐藏墨迹】工具组下拉列表中有【隐藏墨迹】【删除工作表上的所有墨迹】和【删除工作簿上的所有墨迹】选项。

12.【视图】选项卡

【视图】选项卡包括【工作表视图】【工作簿视图】【显示】【缩放】【窗口】【宏】工具组，如图 5.85 所示。

图 5.85 【视图】选项卡

1）【工作表视图】工具组

【工作表视图】工具组包括【视图下拉列表】【保留】【退出】【新建】【选项】选项,可以创建工作表视图,实现不同工作表视图的切换、退出工作表视图、设置工作表视图选项等操作。

2）【工作簿视图】工具组

【工作簿视图】工具组包括【普通】【分页预览】【页面布局】【自定义视图】选项,可以实现工作簿不同视图的切换。

3）【显示】工具组

【显示】工具组包括【标尺】【网格线】【编辑栏】【标题】选项,设置是否显示标尺、编辑栏、网格线和标题。

4）【缩放】工具组

【缩放】工具组包括【缩放】【100%】【缩放到选定区域】选项,可以调整文档的显示比例。

5）【窗口】工具组

【窗口】工具组包括【新建窗口】【全部重排】【冻结窗格】【拆分】【隐藏】【取消隐藏】【并排查看】【切换窗口】选项,可以对文档窗口和工作区进行新建、显示、隐藏、拆分等操作。

6）【宏】工具组

【宏】工具组包括【宏】按钮。宏是 Office 中的批处理命令,可以记录系列操作,并实现自动重复运行这些操作。

5.2.2　Excel 2021 应用实例

"食品公司销售情况"工作簿中有"食品销售信息表"和"折扣食品信息表",如图 5.86 和图 5.87 所示。

本实例涉及的知识点如下:

（1）数据验证设置。

（2）条件格式标注。

（3）IF 函数应用。

（4）HLOOKUP 函数应用。

（5）直接输入公式。

（6）SUMIF 函数应用。

（7）RANK 函数应用。

（8）DCOUNT 函数应用。

（9）时间函数应用。

（10）VLOOKUP 函数应用。

（11）数据排序。

（12）数据自动筛选。

（13）数据高级筛选。

（14）数据分类汇总。

	A	B	C	D	E	F	G	H	I
1	食品名称	食品类别	规格（g）	库存量（包）	库存情况	进货单价（元）	利润率	销售数量（包）	销售总额（元）
2	乌梅		500	157		32.60		150	
3	夹心饼干		320	230		24.00		189	
4	猪肉脯		160	341		16.00		89	
5	橄榄		500	65		10.00		275	
6	软糖		100	256		8.00		147	
7	蛋卷饼干		400	17		19.50		436	
8	芒果干		100	295		12.00		271	
9	水果糖		100	423		5.60		15	
10	牛肉脯		280	78		10.80		235	
11	山楂		300	23		6.40		176	
12	曲奇饼干		400	257		13.40		200	
13	苹果干		360	341		7.80		37	
14	椰子糖		240	0		3.90		654	
15	羊肉脯		300	195		13.20		236	
16	威化饼干		450	358		4.40		150	
17	奶糖		350	124		7.80		275	
18	烤鱼片		450	52		9.90		351	
19	压缩饼干		300	234		1.90		250	
20	瑞士糖		200	45		5.30		286	

利润率表

食品类别	蜜饯类	饼干类	肉脯类	糖果类
利润率	15%	10%	20%	5%

食品类别

食品类别：蜜饯类 / 饼干类 / 肉脯类 / 糖果类

食品类别统计表

食品类别	销售总额	销售排名
蜜饯类		
饼干类		
肉脯类		
糖果类		

条件统计表

条件		统计数
"糖果类"食品，"销售数量"≥200包的食品种类：		

食品销售信息表 / 折扣食品信息表 / Sheet3

图 5.86　食品销售信息表

（15）创建数据透视表。

（16）创建数据透视图。

1. 数据验证设置

"食品销售信息表"C26:C29 有"食品类别信息"，如图 5.88 所示。参照类别信息对"食品销售信息表"中的食品进行分类。

（1）单击 B2 单元格，选择【数据】选项卡→【数据工具】工具组→【数据验证】下拉列表→【数据验证】选项，打开【数据验证】对话框。

（2）选择【数据验证】对话框→【设置】选项卡→【允许】→【序列】，勾选【提供下拉箭头】。单击【来源】右侧按钮，在表格中选择 C26:C29 区域，单击【确定】按钮，B2 单元格右侧出现下拉按钮，可以选择自定义列表的类别输入。

（3）单击 B2 单元格，将光标移到 B2 单元格右下角，光标变成实心"＋"时向下拖动填充

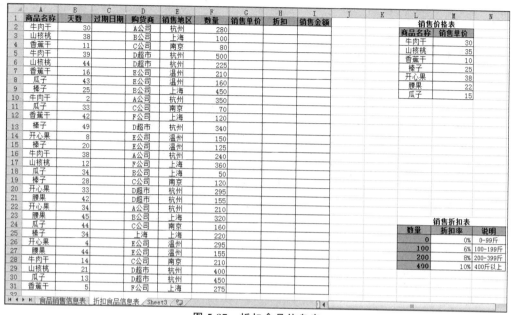

图 5.87 折扣食品信息表

食品类别
蜜饯类
饼干类
肉脯类
糖果类

图 5.88 食品类别信息

柄。选择 B2:B20 区域的单元格时,右侧都有下拉按钮,可以选择自定义列表的类别输入。

2. 条件格式标注

将"食品销售信息表"中库存量小于或等于 50 的单元格背景设置为红色。

(1) 单击 D2 单元格,按住 Shift 键,单击 D20 单元格,选择要设置条件格式的区域。

(2) 选择【开始】选项卡→【样式】工具组→【条件格式】下拉按钮→【新建规则】选项,打开【新建格式规则】对话框。

(3) 在【新建格式规则】对话框中选择规则类型为【只为包含以下内容的单元格设置格式】→【单元格值】选项,【小于或等于】中输入"50",单击【格式】按钮,打开【设置单元格格式】对话框,在【填充】选项卡中选择颜色为"红色",单击【确定】按钮。

3. IF 函数应用

在"食品销售信息表"中,如果库存量等于 0,则库存情况为"脱销";如果库存量小于或等于 50,则库存情况为"不足";如果库存量大于 400,则库存情况为"滞销";其余为"正常"。

在"折扣食品信息表"中,如果数量为 0～99,则折扣率为 0%;如果数量为 100～199,则折扣率为 6%；如果数量为 200～399，则折扣率为 8%；如果数量为 400 以上，则折扣率为 10%。

IF 函数是条件函数，其语法格式如下：

IF(logical_test,value_if_true,value_if_false)

其中第 1 个参数 logical_test 是判断条件。条件成立时，函数结果为第 2 个参数 value_if_true；条件不成立时，函数结果为第 3 个参数 value_if_false。IF 函数可以嵌套使用。

1)"食品销售信息表"库存量计算

(1) 选择"食品销售信息表"中的 E2 单元格，在其中输入＝IF(D2＝0,"脱销",IF(D2＜＝50,"不足",IF(D2＞400,"滞销","正常")))，按回车键完成公式输入。

(2) 拖动 E2 右下角的填充柄到 E20 单元格。

2)"折扣食品信息表"折扣率计算

(1) 选择"折扣食品信息表"中的 H2 单元格，在其中输入公式＝IF(F2＞＝＄L＄28，＄M＄28,IF(F2＞＝＄L＄27,＄M＄27,IF(F2＞＝＄L＄26,＄M＄26,＄M＄25)))，按回车键完成公式输入。

(2) 拖动 H2 右下角的填充柄到 H20 单元格。

4. HLOOKUP 函数应用

根据"食品销售信息表"E25:I27 区域的利润率表(图 5.89)填写 G 列的利润率，格式设置为小数形式。

利润率表				
食品类别	蜜饯类	饼干类	肉脯类	糖果类
利润率	15%	10%	20%	5%

图 5.89　利润率表

HLOOKUP 函数是水平查找函数，其语法格式如下：

HLOOKUP(lookup_value,table_array,row_index_num,range_lookup)

其中第 1 个参数 lookup_value 是要在表格第 1 行查找的值，第 2 个参数 table_array 是要查找的数据表格、数组或数据库，第 3 个参数 row_index_num 是要返回的值位于查找数据区的行号，第 4 个参数 range_lookup 是设置完全匹配查找还是部分匹配查找，默认为 TRUE。range_lookup 设为 TRUE，返回部分匹配查找的数值，要求 table_array 第 1 行必须为递增排序；设为 FALSE，则只查找完全匹配的数值。

(1) 选择 G2 单元格，在其中输入公式＝HLOOKUP(B2,＄E＄26：＄I＄27,2,FALSE)，表示在 E26:I27 的利润率表第 1 行中查找 B2 单元格中的食品类别，查到了将对应位置第 2 行的利润值返回，按照完全匹配方式查找。B2 采用相对引用，复制公式到其他行中会变化；＄E＄26：＄I＄27 采用绝对引用，复制公式到其他行中不会变化。

(2) 单击 G2 单元格，拖动单元格右下角的填充柄到 G20 单元格。

5. VLOOKUP 函数应用

根据"折扣食品信息表"中 L1：M9 区域的"销售价格表"填写 G2：G31 的销售单价。

VLOOKUP 函数是垂直查找函数，其语法格式如下：

`VLOOKUP(lookup_value,table_array,col_index_num,range_lookup)`

其中第 1 个参数 lookup_value 是要在表格第 1 列查找的值，第 2 个参数 table_array 是要查找的数据表格、数组或数据库，第 3 个参数 col_index_num 是要返回的值位于查找数据区的列号，第 4 个参数 range_lookup 是设置完全匹配查找还是部分匹配查找，默认为 TRUE。range_lookup 设为 TRUE，返回部分匹配查找的数值，要求 table_array 的第 1 行必须为递增排序；设为 FALSE，则只查找完全匹配的数值。

（1）单击 G2 单元格，在其中输入公式＝VLOOKUP（A2，＄L＄3：＄M＄9，2，FALSE），按回车键完成公式输入。公式的含义是在＄L＄3：＄M＄9 区域完全匹配查找 A2 单元格的值，返回对应的第 2 列的值。

（2）拖动 G2 单元格填充柄至 G31 单元格。

6. 直接输入公式

计算"食品销售信息表"中每种产品的销售总额。销售总额＝（进货单价＋进货单价×利润率）×销售数量。

计算"折扣食品信息表"中每种产品的销售金额。销售金额＝数量×销售单价×（1－折扣率）。

1）"食品销售信息表"中销售总额计算

（1）单击"食品销售信息表"的单元格 I2，在其中输入公式＝（F2＋F2＊G2）＊H2，按回车键完成公式输入。

（2）拖动 I2 单元格的填充柄到 I20 单元格。

2）"折扣食品信息表"中销售金额计算

（1）单击"折扣食品信息表"的单元格 I2，在其中输入公式＝F2＊G2＊(1-H2)，按回车键完成公式输入。

（2）拖动 I2 单元格的填充柄到 I20 单元格。

7. SUMIF 函数应用

统计"食品销售信息表"中每类食品的销售总额，填入 E29：G34 区域的食品类别统计表中，如图 5.90 所示。

SUMIF 函数是条件求和函数，其语法格式如下：

`SUMIF(range,criteria,sum_range)`

其中第 1 个 range 参数是条件判断的单元格区域，第 2 个参数 criteria 是指定的条件表达式，第 3 个参数 sum_range 是求和的实际单元。

食品类别统计表		
食品类别	销售总额	销售排名
蜜饯类		
饼干类		
肉脯类		
糖果类		

图 5.90　食品类别统计表

（1）在 F31 单元格中输入公式"=SUMIF（＄B＄2：＄B＄20,E31,＄I＄2：＄I＄20）"，按回车键完成公式输入。公式表示在 B2:B20 区域查找等于 E31 的单元格,将同行 I2:I20 中对应单元格数据求和。

（2）拖动 F31 单元格的填充柄到 F34 单元格。

8. RANK 函数应用

将"食品销售信息表"4 类食品的销售总额按降序排位,给出每类的排名,填入 E29:G34 区域的食品类别统计表中。

RANK 函数是排位函数,返回一个数值在一组数值中的排位。其语法格式如下:

RANK(number,ref,order)

其中第 1 个参数 number 是需要排位的数字,第 2 个参数 ref 是一组数值,第 3 个参数 order 表示排位方式,0 表示降序,1 表示升序。

（1）选择 G31 单元格,在其中输入公式=RANK（F31,＄F＄31：＄F＄34,0）",按回车键完成公式输入。公式表示给出 F31 单元格数据在 F31:F34 数据组中的降序排名。

（2）拖动 G31 单元格的填充柄到 G34 单元格。

9. DCOUNT 函数应用

在"食品销售信息表"中统计"糖果类"食品中销售数量＞200 的食品种类,填入 I38 单元格中。

DCOUNT 函数是条件统计函数,返回数据区域中满足给定条件的单元格个数。其语法格式如下:

DCOUNT(database,field,criteria)

其中第 1 个参数 database 是数据区域,第 2 个参数 field 是函数使用的数据列,第 3 个参数 criteria 是包含给定条件的单元格区域。

（1）先选择空白区域建立条件区域,条件区域中的字段名必须与数据表中的字段名完全一致,可以采用复制字段名的方式保证一致性。在 K1:L2 区域建立条件区域,如图 5.91 所示。

食品类别	销售数量 （包）
糖果类	＞200

图 5.91　条件区域

（2）在 I38 单元格中输入公式=DCOUNT（A1:I20,8,K1:L2）,按回车键完成公式输入。公式表示在 A1:I20 数据区域统计满足 K1:L2 条件的单元格个数,其中第 8 列是数据列。

10. 时间函数应用

"折扣食品信息表"中的一批食品快要过期,进行打折,已知 B2:B31 是"距离过期的天数",计算过期的日期,填入 C2:C31 区域中。

（1）选择 C2 单元格,按住 Shift 键的同时单击 C31 单元格,选择 C2:C31 区域。

（2）选择【开始】选项卡→【数字】工具组,在下拉列表中选择【短日期】选项。

（3）单击 C2 单元格,在其中输入公式=NOW()+B2,单击【编辑区】旁边的"√"按钮,

确认公式输入完成。

（4）拖动 C2 单元格的填充柄到 C31 单元格。

11. 数据排序

对"折扣食品信息表"中的数据排序，主关键字是"销售地区"，次关键字是"销售金额"。

（1）单击"折扣食品信息表"中 A1:I31 中的任一单元格，选择【数据】选项卡→【排序和筛选】工具组→【排序】选项，打开【排序】对话框。

（2）在【排序】对话框的【主关键字】中选择"销售地区"，在【排序依据】中选择"单元格值"，在【次序】中选择"升序"。

（3）在【添加条件】的【次关键字】中选择"销售金额"，在【排序依据】中选择"单元格值"，在【次序】中选择"降序"，单击【确定】按钮。

12. 数据自动筛选

复制"折扣食品信息表"到新工作表中，筛选出"数量"大于或等于 400 的产品信息。

（1）右击"折扣食品信息表"标签，在【移动或复制】中打开【移动或复制工作表】对话框，选择【移至最后】选项，勾选【建立副本】选项，单击【确定】按钮，出现标签名为"折扣食品信息表（2）"的工作表。

（2）在"折扣食品信息表（2）"中选择 A1:I31 的任一单元格，在【数据】选项卡的【排序和筛选】工具组中选择【筛选】选项，每个字段旁边出现筛选按钮。

（3）单击【数量】字段旁边的筛选按钮，在下拉列表中选择【数字筛选】→【大于或等于】选项，打开【自定义自动筛选方式】对话框，选择【大于或等于】选项，输入 400，单击【确定】按钮。

13. 数据高级筛选

复制"折扣食品信息表"中销售信息到新工作表中，筛选出"数量"大于平均销售数量的产品信息，放置到原数据区下方。

1）复制数据区

（1）单击标签栏上的【新工作表】按钮，插入新的工作表 Sheet3。

（2）选择"折扣食品信息表"的 A1:I31 单元格区域，选择【开始】选项卡→【剪贴板】工具组→【复制】选项。

（3）单击 Sheet3 标签，选择【开始】选项卡→【剪贴板】工具组→【粘贴】下拉按钮→【粘贴值】选项。

2）在任一空白单元格计算平均销售数量，如 K1 单元格中。

（1）单击 K1 单元格，选择【公式】选项卡→【函数库】工具组→【插入函数】选项，打开【插入函数】对话框，在【选择类别】中找到"统计"，在【选择函数】中找到"AVERAGE"，单击【确定】按钮，打开【函数参数】对话框。

（2）单击【函数参数】对话框中 number1 右侧的按钮，在 Sheet 3 中拖动选择 F2:F31 区域，单击【确定】按钮，此时 K1 单元格中为平均销售数量。

3）建立高级筛选的计算条件区域

高级筛选的计算条件区域必须满足：条件中的标题可以是任何文本或空白，不能是数据表中的列标名。条件中必须以绝对引用方式引用数据表外的单元格，以相对引用方式引用数据表内的单元格。

在 K4 单元格输入条件标题"大于平均数量的记录"，在 K5 单元格输入计算条件公式＝F2＞＄K＄1"，按回车键完成公式输入。

4）设置高级筛选

（1）单击 A1:I31 区域任一单元格，选择【数据】选项卡→【排序和筛选】工具组→【高级】选项，打开【高级筛选】对话框。

（2）选择"将筛选结果复制到其他位置"，选择【列表区域】为"＄A＄1：＄I＄31"，【条件区域】为"＄K＄4：＄K＄5"，在【复制到】输入栏中输入放置结果的区域范围，单击【确定】按钮。

（3）筛选结果若超出指定的复制区域，会给出提示框，单击【确定】按钮即可。

14. 数据分类汇总

复制"折扣食品信息表"中销售信息到新工作表中，按地区统计销售数量的汇总。

使用分类汇总要注意，分类的字段必须先排序过。

（1）复制"折扣食品信息表"中销售信息到新工作表 Sheet4 中。

（2）单击 Sheet4 中"销售地区"字段的任一单元格，选择【数据】选项卡→【排序和筛选】工具组→【升序】选项。

（3）单击 Sheet4 中 A1:I31 区域任一单元格，选择【数据】选项卡→【分级显示】工具组→【分类汇总】选项，在【分类字段】中选择"销售地区"，在【汇总方式】中选择"求和"，在【选定汇总项】中选择"数量"，单击【确定】按钮。

15. 创建数据透视表

对"折扣食品信息表"中各地区不同商品的销售总额求平均值，创建的数据透视表放置到新工作表中。

（1）单击"折扣食品信息表"工作表标签，选择【插入】选项卡→【表格】工具组→【数据透视表】下拉按钮→【表格和区域】选项，打开【来自表格和区域的数据透视表】对话框。

（2）在【来自表格和区域的数据透视表】对话框中选择【选择表或区域】为 A1:I31，【选择放置数据透视表位置】选项为"新工作表"，单击【确定】按钮，出现 Sheet5。

（3）在 Sheet5 的【数据透视表字段列表】窗格中拖动"销售地区"字段到【行标签】区域，拖动"商品名称"字段到【列标签】区域，拖动"销售金额"字段到【数值】区域。

（4）单击【数值】的"求和项销售金额"，在弹出的快捷菜单中选择【值字段设置】，打开【值字段设置】对话框，在【汇总方式】中选择"平均值"，单击【确定】按钮。

16. 创建数据透视图

对"折扣食品信息表"中各地区不同商品的销售总额汇总，以"堆积柱形图"形式展示，创建的数据透视图放置到新工作表中。

（1）单击"折扣食品信息表"工作表标签，选择【插入】选项卡→【图表】工具组→【数据透视图】下拉按钮→【数据透视图】选项，打开【创建数据透视图】对话框。

（2）在【创建数据透视图】对话框中选择【选择表或区域】为 A1：I31，【选择放置位置】为"新工作表"，单击【确定】按钮，出现 Sheet6。

（3）在 Sheet6 的【数据透视表字段列表】窗格中拖动"销售地区"字段到【轴（类别）】区域，拖动"商品名称"字段到【图例（系列）】区域，拖动"销售金额"字段到【值】区域。

（4）在图表上右击，在弹出的快捷菜单中选择【更改图表类型】，打开【更改图表类型】对话框，选择"堆积柱形图"类型。

5.3　PowerPoint 2021 的应用

5.3.1　PowerPoint 2021 基础

PowerPoint 2021 是 Office 中最重要的组件之一，主要用于多媒体演示文稿的制作，以及具有高度交互性的演示。PowerPoint 2021 的功能非常强大，作为入门类教材，下面介绍常用的命令和操作。与 Word 2021 中相似的命令，请参看 5.1 学习。

1. 开始屏幕

启动 PowerPoint 2021，出现开始屏幕，如图 5.92 所示。

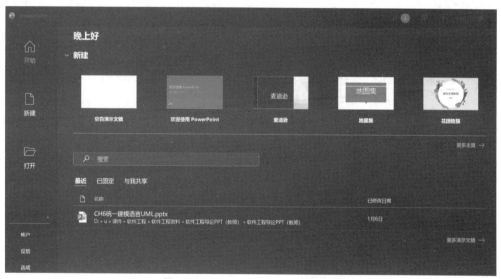

图 5.92　PowerPoint 2021 开始屏幕

在 PowerPoint 2021 开始屏幕上，左侧导航栏上部是常用的操作命令，如【新建】【打开】等，下部是【账户】【反馈】【选项】命令。右侧窗口上部是【新建】命令可选的演示文稿模板类型，下部是最近编辑过的演示文稿文档名称列表。

【反馈】命令可以对 PowerPoint 的使用给出评价和建议。

单击【选项】命令，打开【PowerPoint 2021 选项】窗口，如图 5.93 所示。

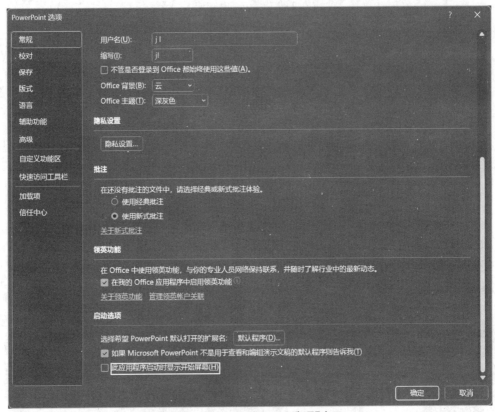

图 5.93 【PowerPoint 2021 选项】窗口

在【PowerPoint 2021 选项】窗口【常规】选项卡中的【启动选项】框架里去掉勾选【此应用程序启动时显示开始屏幕】，则之后启动 PowerPoint 便不会显示开始屏幕，而是直接进入编辑窗口界面。

2. 编辑窗口

PowerPoint 2021 窗口包括标题栏、功能区、幻灯片列表窗格、幻灯片窗格、状态栏，如图 5.94 所示。

（1）标题栏上有控制菜单、快速访问工具栏、演示文稿名称及程序、搜索栏、账户、尝试新功能、最小化按钮、根据桌面布局按钮、关闭按钮。

（2）功能区分为多个选项卡，每个选项卡包含多个工具组。工具组的右下角有扩展按钮。单击功能区右侧的【功能区设置】分组中的向下箭头，弹出【显示功能区】下拉菜单，可以设置功能区的显示模式，有全屏模式、仅显示选项卡、始终显示功能区、显示/隐藏快速访问工具栏等命令。

（3）幻灯片列表窗格排列幻灯片的缩略图。在幻灯片缩略图上右击，弹出的快捷菜单中有【新建幻灯片】【复制幻灯片】【删除幻灯片】等幻灯片操作的选项。选中幻灯片缩略图并拖动，可以移动幻灯片，调整幻灯片在演示文稿中的顺序位置。

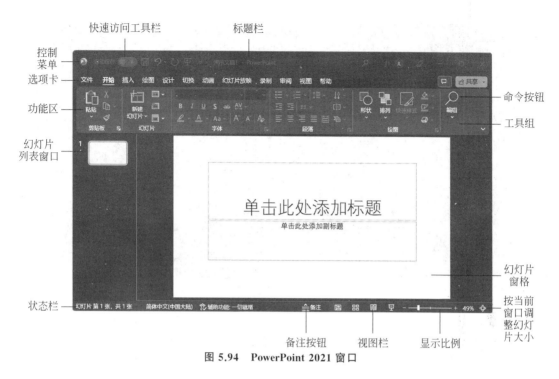

图 5.94 PowerPoint 2021 窗口

（4）幻灯片窗格以大视图形式显示当前幻灯片。幻灯片中带有虚线或阴影线边缘的矩形框称为占位符，用来容纳放置的内容。可以直接对幻灯片进行文本、图片、表格、音频等对象的添加、编辑、链接等操作。在幻灯片上右击，弹出的快捷菜单中有【字体】【段落】【符号】等对幻灯片内容元素操作的命令。

（5）状态栏显示当前文件的状态，包括幻灯片数目和编号、输入状态、拼写错误提示、辅助功能检查等。视图栏是切换视图的按钮，可以快速切换为普通、幻灯片浏览、读取视图、幻灯片放映视图。普通视图是默认视图，用于撰写和设计演示文稿。幻灯片浏览视图以缩略图形式显示幻灯片，可以在其中重新排列、添加、删除幻灯片。读取视图在窗口中播放幻灯片，查看幻灯片效果。幻灯片放映视图用于全屏放映演示文稿。在显示比例区域可以拖动滑动条，调整文档缩放比例。

（6）单击【备注】按钮，可以打开备注窗格，可以键入幻灯片的相关备注信息，放映时不会出现。备注页可以查看和打印。

（7）在 PowerPoint 窗口的不同位置右击，可以弹出快捷菜单。根据处理的对象不同，快捷菜单中的命令不同。

3.【文件】选项卡

【文件】选项卡管理文件的相关操作，包括【新建】【打开】【信息】【保存】【另存为】【打印】【共享】【导出】【关闭】【账户】【更多】等选项。PowerPoint 2021【文件】选项卡如图 5.95 所示。

PowerPoint 演示文稿默认保存类型为 pptx。可以选择【另存为】选项，将演示文稿另存

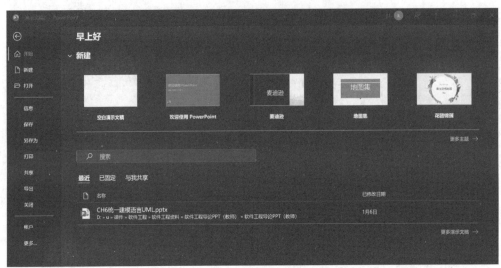

图 5.95 【文件】选项卡

为其他类型。

选择【导出】选项，可以将演示文稿创建为视频、打包成 CD、PDF/XPS、讲义等类型。

选择【打印】选项，可以设置打印幻灯片的范围。自定义打印范围时，可以输入幻灯片编号列表或范围，各编号之间用无空格的逗号隔开。可以选择打印幻灯片、备注页或者大纲。可以设置一页上打印一张或多张幻灯片，选择打印的颜色、方向。

4.【开始】选项卡

【开始】选项卡包括【剪贴板】【幻灯片】【字体】【段落】【绘图】【编辑】工具组，如图 5.96 所示。

图 5.96 【开始】选项卡

1)【剪贴板】工具组

【剪贴板】工具组包括【剪切】【复制】【粘贴】【格式刷】等选项。

选择【粘贴】选项，在下拉列表中可以选择【粘贴】【图片】【选择性粘贴】选项。

2)【幻灯片】工具组

【幻灯片】工具组包括【新建幻灯片】【版式】【重置】【节】选项。

(1) 单击【新建幻灯片】下拉按钮，打开的下拉面板中有各种幻灯片版式，可以进行复制选定幻灯片、从大纲新建幻灯片、重用幻灯片等操作。

(2) 版式是幻灯片中内容的排列方式和布局，版式中会用占位符来表示各种内容的位置排列。版式中还包括了幻灯片的主题,即各内容对象的样式效果。单击【版式】下拉按钮,打开的下拉面板中有各种幻灯片版式。

(3)节是幻灯片的一种组织方式,可以将多张幻灯片放在一个节内,就像放在一个文件夹里一样,整组的幻灯片被视为一组对象。选择【节】选项,下拉列表中有【新增节】【重命名节】【删除节】【删除所有节】【全部折叠】【全部展开】选项。

3)【字体】工具组

【字体】工具组包括【字体】【字号】【文本颜色】【文字阴影】【文本间距】等设置文字效果的选项。

4)【段落】工具组

【段落】工具组包括【项目符号】【编号】【提高/降低列表级别】【添加或删除栏】【文字方向】【转换为 SmartArt 图形】【对齐方式】等选项。

5)【绘图】工具组

【绘图】工具组包括【形状】【排列】【快速样式】【形状填充】【形状轮廓】【形状效果】等选项,可以创建形状,对形状进行排列,设置填充颜色和图像、轮廓线形,增加三维、阴影等效果。【动作按钮】类型是 PowerPoint 特有的形状,如图 5.97 所示。

绘制动作按钮后,弹出【操作设置】对话框,可以设置单击鼠标或鼠标悬停时发生的动作,如图 5.98 所示。动作包括超链接到幻灯片或文件、运行程序、运行宏、对象动作、播放声音等。

图 5.97 【动作按钮】类型　　　　图 5.98 【操作设置】对话框

绘制形状或选择形状,会自动打开【形状格式】选项卡。【形状格式】选项卡包括【插入形状】【形状样式】【艺术字样式】【辅助功能】【排列】【大小】工具组,如图 5.99 所示

图 5.99 【形状格式】选项卡

6)【编辑】工具组

【编辑】工具组包括【查找】【替换】【选择】选项。

5.【插入】选项卡

【插入】选项卡包括【幻灯片】【表格】【图像】【插图】【加载项】【链接】【批注】【文本】【符号】【媒体】工具组,如图 5.100 所示。

图 5.100 【插入】选项卡

1)【幻灯片】工具组

【幻灯片】工具组包括【新建幻灯片】选项。单击【新建幻灯片】下拉按钮,打开的下拉面板中有各种幻灯片版式,可以进行复制选定幻灯片、从大纲新建幻灯片、重用幻灯片等操作。

2)【表格】工具组

(1)【表格】工具组包括【表格】选项。选择【表格】选项,下拉列表中有【表格网格】【插入表格】【绘制表格】【Excel 电子表格】命令按钮。

(2)插入表格或选择表格,会自动打开【表设计】选项卡和【表布局】选项卡。

【表设计】选项卡包括【表格样式选项】【表格样式】【艺术字样式】【绘制边框】工具组,如图 5.101 所示。

图 5.101 【表设计】选项卡

【表布局】选项卡包括【表】【行和列】【合并】【单元格大小】【对齐方式】【表格尺寸】【排列】工具组,如图 5.102 所示。

3)【图像】工具组

【图像】工具组包括【图片】【屏幕截图】【相册】选项。

(1)添加或选择图片、屏幕截图后,会自动打开【图片格式】选项卡,如图 5.103 所示。

图 5.102 【表布局】选项卡

【图片格式】选项卡包括【调整】【图片样式】【辅助功能】【排列】【大小】工具组。

图 5.103 【图片格式】选项卡

（2）选择【相册】选项，下拉列表包含【新建相册】和【编辑相册】选项，选择要应用在相册中的图片、文本框、图片选项、相册版式等，生成一个新的演示文稿，每张图片为演示文稿中的一张幻灯片，可以对相册进行编辑。

4）【插图】工具组

【插图】工具组包括【形状】【图标】【3D 模型】【SmartArt】【图表】选项。

（1）插入形状后，会自动打开【形状格式】选项卡，包括【插入形状】【形状样式】【艺术字样式】【辅助功能】【排列】【大小】工具组，如图 5.99 所示。

（2）插入图标后，会自动打开【图形格式】选项卡，包括【更改】【图形样式】【辅助功能】【排列】【大小】工具组，如图 5.104 所示。

图 5.104 【图形格式】选项卡

（3）插入 SmartArt 图形后，会自动打开【SmartArt 设计】选项卡和【SmartArt 格式】选项卡。

【SmartArt 设计】选项卡包括【创建图形】【版式】【SmartArt 样式】【重置】工具组，如图 5.105 所示。

图 5.105 【SmartArt 设计】选项卡

【SmartArt 格式】选项卡包括【形状】【形状样式】【艺术字样式】【辅助功能】【排列】【大

小】工具组,如图5.106所示。

图5.106 【SmartArt格式】选项卡

(4) 插入形状、SmartArt对象后,可以在自选图形上添加文字。这些文字会随着图形一起移动。

(5) 插入图表后,会自动打开【图表设计】和【图表格式】选项卡。

【图表设计】选项卡包括【图表布局】【图表样式】【数据】【类型】工具组,如图5.107所示。

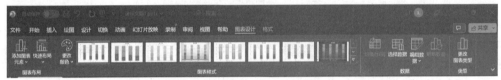

图5.107 【图表设计】选项卡

【图表格式】选项卡包括【当前所选内容】【插入形状】【形状样式】【艺术字样式】【辅助功能】【排列】【大小】工具组,如图5.108所示。

图5.108 【图表格式】选项卡

5)【链接】工具组

【链接】工具组包括【缩放定位】【链接】和【动作】选项。

【缩放定位】选项可以将摘要、节、幻灯片缩放到指定幻灯片中。放映时单击缩放的内容,可以快速定位原内容进行。

选择【动作】选项,会打开【操作设置】对话框,可以在其中设置【单击鼠标】和【鼠标悬停】时执行的动作。

6)【文本】工具组

【文本】工具组包括【文本框】【页眉和页脚】【艺术字】【日期和时间】【插入幻灯片编号】【对象】选项。

(1) 选择【页眉和页脚】选项,打开【页眉和页脚】对话框,可以给幻灯片、备注和讲义添加日期和时间、页码、幻灯片编号等页眉页脚效果。设置的页眉页脚效果可以应用到当前幻灯片或者全部幻灯片中。

(2) 选择幻灯片时选择【日期和时间】选项,会打开【页眉和页脚】对话框,可以在幻灯片的页眉和页脚处添加日期和时间。选择幻灯片中的占位符时选择【日期和时间】选项，会打开【日期和时间】对话框，可以设置日期和时间的格式，添加日期和时间到幻灯片占位符中。

（3）使用【文本框】或者【艺术字】，可以在幻灯片的任意位置输入文本。插入【文本框】或者【艺术字】后，会打开【形状格式】选项卡，如图 5.99 所示。

7）【符号】工具组

【符号】工具组包括【公式】和【符号】选项。

插入【公式】后，会自动打开【形状格式】选项卡和【公式】选项卡。【形状格式】选项卡，如图 5.99 所示。【公式】选项卡包括【工具】【符号】【结构】工具组，如图 5.109 所示。

图 5.109　【公式】选项卡

8）【媒体】工具组

【媒体】工具组包括【视频】【音频】【屏幕录制】按钮。

（1）PowerPoint 兼容的视频格式有 avi、wmv、mpeg、asf、mov、mp4 等。选择【视频】选项，可以选择此设备的视频、Microsoft 图像集的视频、联机视频插入文件中。插入的视频以缩略图标形式显示在幻灯片中。单击视频图标可以播放视频，同时可以通过视频播放器控制面板控制播放的进度和音量。

（2）插入视频或选择视频图标，会自动打开【视频格式】选项卡和【视频播放】选项卡。

【视频格式】选项卡包括【预览】【调整】【视频样式】【辅助功能】【排列】【大小】工具组，如图 5.110 所示。在【视频格式】选项卡中可以设置视频在幻灯片中的外观效果。

图 5.110　【视频格式】选项卡

【视频播放】选项卡包括【预览】【书签】【编辑】【视频选项】【字幕选项】【保存】工具组，如图 5.111 所示。在【视频播放】选项卡中可以进行视频预览、添加书签、剪裁、设置视频淡入淡出时间、视频音量调整、视频播放开始条件设置、是否全屏播放、循环播放、插入视频字幕文件等操作。

图 5.111　【视频播放】选项卡

（3）PowerPoint 兼容的音频格式有 wav、wma、midi、mp3、au、aiff 等。选择【音频】选项，可以选择 PC 中的音频或者录制音频。插入的音频显示为一个音频图标。单击音频图标可以播放音频，同时可以通过音频播放器控制面板控制播放的进度和音量。

（4）选择音频图标，会自动打开【音频格式】选项卡和【音频播放】选项卡。

【音频格式】选项卡包括【调整】【图片样式】【排列】【大小】工具组，如图 5.112 所示。【音频格式】选项卡可以设置音频图标在幻灯片中的外观效果。

图 5.112　【音频格式】选项卡

【音频播放】选项卡包括【预览】【书签】【编辑】【音频选项】【音频样式】【字幕选项】【保存】工具组，如图 5.113 所示。【音频播放】选项卡可以设置音频播放、添加和删除书签、音频剪裁、设置音频淡入淡出、调整音量、音频播放的条件、是否循环播放、是否后台播放、插入字幕文件等。

图 5.113　【音频播放】选项卡

（5）选择【屏幕录制】选项，可以打开屏幕录制控制面板，对屏幕或选定区域进行视频录制，如图 5.114 所示。录制结束后，录制的视频插入幻灯片中。可以在【视频格式】选项卡和【视频播放】选项卡中进行设置，或者保存为其他类型的媒体文件。

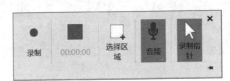

图 5.114　【屏幕录制】控制面板

6.【绘图】选项卡

【绘图】选项卡提供绘图的工具，可以任意绘制图形，包括【绘图工具】【模具】【转换】【重播】工具组，如图 5.115 所示。

图 5.115　【绘图】选项卡

【绘图工具】工具组提供了选择工具、套索选择工具、橡皮擦和5种绘图笔。选择工具通过点选操作选择图形对象。套索选择工具通过绘制形状圈选图形对象。单击绘图笔,在下拉列表中可以选择绘图笔的粗细、颜色。【转换】工具组可以将绘制的墨迹转换为形状或公式。

7.【设计】选项卡

【设计】选项卡包括【主题】【变体】【自定义】工具组,如图5.116所示。

图5.116 【设计】选项卡

1)【主题】工具组

在【主题】工具组中有Office内置的主题列表。单击某种主题,可以将该主题应用到所有幻灯片上。选择某种主题右击,在弹出的快捷菜单中可以选择将该主题应用到所有幻灯片或选定的幻灯片,可以删除、保存主题。

2)【变体】工具组

【变体】工具组可以对幻灯片上的主题设置【颜色】【字体】【效果】【背景样式】。

3)【自定义】工具组

【自定义】工具组包括【幻灯片大小】和【设置背景格式】选项。选择【设置背景格式】选项,可以打开【设置背景格式】窗格,在其中可以设置背景的填充、效果、图片等。

8.【切换】选项卡

【切换】选项卡包括【预览】【切换到此幻灯片】【计时】工具组,如图5.117所示。幻灯片的切换效果,是指幻灯片演示时幻灯片出现在屏幕上和离开屏幕时产生的视觉效果。切换效果包括切换的动画形式、速度、声音等。

图5.117 【切换】选项卡

1)【预览】工具组

选择了切换效果后,选择【预览】工具组的【预览】选项,可以预览切换的效果。

2)【切换到此幻灯片】工具组

【切换到此幻灯片】工具组包括各种切换效果列表和【效果选项】选项。

(1)在【切换到此幻灯片】工具组中单击要应用于幻灯片的切换效果,幻灯片上会演示切换效果。

（2）选择【效果选项】选项，可以对选择的切换效果进行选项设定。不同的切换效果有不同的选项。

3）【计时】工具组

【计时】工具组包括【声音】【持续时间】【应用到全部】【换片方式】选项。

（1）在【声音】下拉列表中可以选择幻灯片切换时伴随的声音效果。

（2）在【持续时间】中可以设置切换动画效果的持续时间。

（3）默认情况下，幻灯片切换效果应用到所选的当前幻灯片上。选择【应用到全部】选项，可以对演示文稿中的所有幻灯片应用相同的切换效果。

（4）在【换片方式】选项中可以选择【单击鼠标时】切换幻灯片，或者按照设定的时间间隔自动切换幻灯片。

9.【动画】选项卡

【动画】选项卡包括【预览】【动画】【高级动画】【计时】工具组，如图 5.118 所示。

图 5.118 【动画】选项卡

1）【预览】工具组

如果幻灯片上的对象设置了动画效果，可以选择【预览】选项查看动画效果。

2）【动画】工具组

【动画】工具组包括各种动画效果列表和【效果选项】选项。

选择幻灯片上的对象，在动画效果列表中选择一种动画效果，可以设置该对象在幻灯片放映时的动画方式。选择【效果选项】选项，可以对选择的动画效果进行具体设定。不同的动画效果，设置的选项不一样。

3）【高级动画】工具组

【高级动画】工具组包括【添加动画】【动画窗格】【触发】【动画刷】选项。

（1）选择【添加动画】选项，下拉列表中有各种动画效果，可以选择对象在【进入】【强调】【退出】时的动画效果，如图 5.119 所示。

（2）在【添加动画】下拉列表中还可以选择【动作路径】选项，设定对象沿着动作路径运动。路径在幻灯片上表现为虚线的形式，绿色箭头是路径的开头，红色箭头是路径的结尾。放映幻灯片时，路径不可见。还可以选择【自定义路径】选项，通过手绘的方式绘制路径。【动作路径】动画效果如图 5.120 所示。

（3）选择【动画窗格】选项，可以打开【动画窗格】，其中显示了具有动画效果的对象列表。可以调整动画播放顺序，设置动画播放时长等。

（4）选择【触发】选项，可以设置动画的触发时机。在【动画窗格】对象右侧的下拉列表

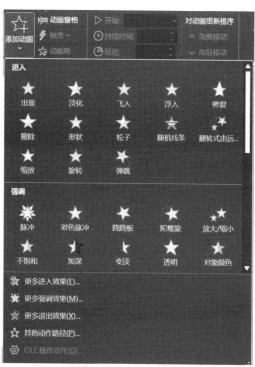

图 5.119 【添加动画】下拉列表

图 5.120 【动作路径】动画效果

中可以设置与触发有关的更多选项。

（5）【动画刷】用于将一个对象的动画效果复制到另一个对象上。

4）【计时】工具组

【计时】工具组包括【开始】【持续时间】【延迟】【对动画重新排序】选项。

（1）在【计时】工具组中单击【开始】设置动画的开始时机，包括【单击时】【与上一动画同时】和【上一动画之后】。

（2）可以设置动画效果的【持续时间】、相对于上一动画的【延迟时间】，以及使用【向前移动】【向后移动】改变动画的播放次序。

10.【幻灯片放映】选项卡

【幻灯片放映】选项卡包括【开始放映幻灯片】【设置】【监视器】工具组，如图 5.121 所示。

图 5.121　【幻灯片放映】选项卡

1)【开始放映幻灯片】工具组

【开始放映幻灯片】工具组包括【从头开始】【从当前幻灯片开始】【自定义幻灯片放映】选项。【自定义幻灯片放映】下拉列表中选择【自定义放映】选项，会打开【自定义放映】对话框，可以设计放映的方案，包括选择放映内容和放映顺序。

2)【设置】工具组

【设置】工具组包括【设置幻灯片放映】【隐藏幻灯片】【排练计时】【录制】选项和【保持幻灯片更新】【播放旁白】【使用计时】【显示媒体控件】复选框。

(1) 选择【设置幻灯片放映】选项，打开【设置放映方式】对话框，如图 5.122 所示。

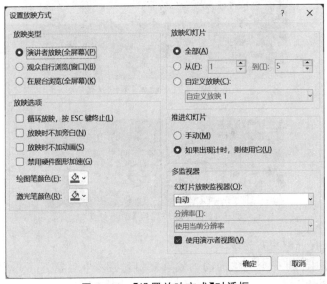

图 5.122　【设置放映方式】对话框

在【设置放映方式】对话框中可以选择 3 种放映类型：【演讲者放映（全屏幕）】【观众自行浏览（窗口）】【在展台浏览（全屏幕）】。【演讲者放映（全屏幕）】是默认的放映类型，即演示文稿全屏幕播放，用户具有自主控制权，可以自动或人工操作演示文稿，可以暂停演示文稿，可以在幻灯片上用绘图笔涂写，以及播放过程中录制旁白。【观众自行浏览（窗口）】放映类型是以阅读视图放映，幻灯片在标准窗口中演示，右击窗口，可以在弹出的快捷菜单中进行幻灯片定位、编辑、复制、打印等操作。【在展台浏览（全屏幕）】放映类型是幻灯片全屏幕自动按照预先的计时设置放映。放映时自动循环播放，自动切换，或者可以单击幻灯片上的超链接或动作按钮实现切换。不能更改演示文稿的内容,右击屏幕没有弹出菜单。

(2) 在【设置放映方式】对话框中可以选择放映【全部】幻灯片,或者指定放映的幻灯片起始编号。

(3) 在【设置放映方式】对话框中可以设置【放映选项】,包括【循环放映】【放映时不加旁白】【放映时不加动画】【禁用硬件图形加速】【绘图笔颜色】【激光笔颜色】选项。

(4) 在【设置放映方式】对话框中可以指定【推进幻灯片】方式,包括【手动】【如果出现计时,则使用它】设置。【演讲者放映(全屏幕)】【观众自行浏览(窗口)】放映类型可以选择两种推进方式,【在展台浏览(全屏幕)】放映类型只能选择计时方式。

(5) 选择【隐藏幻灯片】选项可以隐藏当前幻灯片,放映时隐藏的幻灯片不会播放。

(6) 选择【排练计时】选项,开始放映幻灯片并计时,会记录用户操作幻灯片切换的时间点。在幻灯片浏览视图下,可以查看每张幻灯片的放映计时。

(7) 选择【录制】选项,可以从头或从当前幻灯片开始放映演示文稿,并录制演示过程和用户的操作。在幻灯片浏览视图下,可以查看每张幻灯片的演示过程和用户操作视频。选择录制的演示视频,自动打开【视频格式】和【视频播放】选项卡,如图5.110和图5.111所示。

(8) 在幻灯片放映过程中,右击屏幕,在弹出的快捷菜单中可以选择放映顺序、查看幻灯片、设置屏幕、指针选项等。【指针选项】中选择绘图笔在幻灯片中书写和绘画,不会改变幻灯片本身的内容。幻灯片放映时用 Esc 键退出放映,或者在右击弹出的快捷菜单中选择【结束放映】选项后退出。

3)【监视器】工具组

【监视器】工具组包括【监视器】和【使用演示者视图】选项,设置放映时的显示器显示效果。

11.【录制】选项卡

【录制】选项卡包括【录制】【内容】【自动播放媒体】【保存】选项,如图5.123所示。可以录制幻灯片演示过程、录制屏幕、插入屏幕截图、插入视频和音频,可以将视频转换为幻灯片或者导出视频。

图 5.123 【录制】选项卡

12.【审阅】选项卡

【审阅】选项卡包括【校对】【辅助功能】【见解】【语言】【中文简繁转换】【活动】【批注】【比较】【墨迹】工具组,如图5.124所示。

1)【校对】工具组

【校对】工具组包括【拼写检查】【同义词库】选项,可以进行拼写检查、同义词库检索。

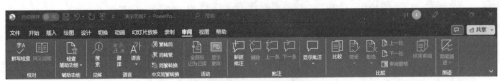

图 5.124 【审阅】选项卡

2)【语言】工具组

【语言】工具组包括【翻译】和【语言】选项，可以完成多种语言的设置和翻译。

3)【中文简繁转换】工具组

【中文简繁转换】工具组包括【繁转简】【简转繁】【简繁转换】选项，完成简繁文字互换。

4)【批注】工具组

【批注】工具组包括【新建批注】【删除】【上一条】【下一条】【显示批注】选项，可以在幻灯片中创建批注并操作。

5)【比较】工具组

【比较】工具组包括【比较】【接受】【拒绝】【上一处】【下一处】【审阅窗格】【结束审阅】选项。

（1）选择【比较】选项，会打开【选择要与当前演示文稿合并的文件】对话框，可以选择另外的演示文稿合并到当前演示文稿中。

（2）选择合并的演示文稿后，可以选择【接受】或【拒绝】选项，使合并更改生效或不生效。

（3）选择【上一处】【下一处】选项，可以定位演示文稿中修订的位置。选择【审阅窗格】选项，可以显示或隐藏【修订】窗格。选择【结束审阅】选项，则应用接受或拒绝的选择，结束审阅状态。

13.【视图】选项卡

【视图】选项卡包括【演示文稿视图】【母版视图】【显示】【缩放】【颜色/灰度】【窗口】【宏】工具组，如图 5.125 所示。

图 5.125 【视图】选项卡

1)【演示文稿视图】工具组

【演示文稿视图】工具组包括【普通视图】【大纲视图】【幻灯片浏览】【备注页】【阅读视图】选项，实现视图的切换。

2)【母版视图】工具组

【母版视图】工具组包括【幻灯片母版】【讲义母版】【备注母版】选项。

（1）选择【幻灯片母版】选项，会打开【幻灯片母版】选项卡，如图 5.126 所示。【幻灯片母版】选项卡包括【编辑母版】【母版版式】【编辑主题】【背景】【大小】【关闭】工具组。

图 5.126 【幻灯片母版】选项卡

幻灯片母版是幻灯片层次结构中的顶层幻灯片，用于存储演示文稿的主题、幻灯片版式信息，包括背景、字体、颜色、效果、占位符大小和位置。修改和使用幻灯片母版，可以对演示文稿中的每张幻灯片进行统一样式的更改。

每个演示文稿至少包含一个幻灯片母版。默认情况下，幻灯片母版由 1 张主母版和 11 张幻灯片版式母版组成。可以编辑幻灯片母版的背景样式、设置标题和正文字体格式、选择主题、页面设置等，这些设置都将被应用到演示文稿中。

除了应用系统自带的幻灯片母版版式外，还可以根据需要添加版式母版。选择【插入版式】选项，可以插入一张新的版式母版，在其中可以自定义版式的内容和样式。

每个主题与一组版式关联，每组版式与一个幻灯片母版相关联。如果要在一个演示文稿中使用多种不同的样式或主题，需要为每个主题分别插入一个幻灯片母版。

（2）选择【讲义母版】选项，会打开【讲义母版】选项卡，用于设置讲义的外观样式，如图 5.127 所示。【讲义母版】选项卡包括【页面设置】【占位符】【编辑主题】【背景】【关闭】工具组。

图 5.127 【讲义母版】选项卡

（3）选择【备注母版】选项，打开【备注母版】选项卡，用于设置备注页内容和格式，如图 5.128 所示。【备注母版】选项卡包括【页面设置】【占位符】【编辑主题】【背景】【关闭】工具组。

图 5.128 【备注母版】选项卡

3）【显示】工具组

【显示】工具组包括【标尺】【网格线】【参考线】复选框和【备注】按钮，可以设置是否显示标尺、网格线、参考线。【备注按钮】可以打开备注窗格。

4)【缩放】工具组

【缩放】工具组包括【缩放】和【适应窗口大小】选项，可以调整幻灯片的显示大小。

5)【颜色/灰度】工具组

【颜色/灰度】工具组包括【颜色】【灰度】【黑白模式】选项，可以设置演示文稿的颜色模式。

6)【窗口】工具组

【窗口】工具组包括【新建窗口】【全部重排】【层叠】【移动拆分】【切换窗口】选项，可以创建多个窗口，调整窗口的拆分条，实现窗口间切换、重排、层叠等操作。

7)【宏】工具组

【宏】工具组包括【宏】选项，可以创建和运行宏代码。

5.3.2　PowerPoint 2021 应用实例

根据"毕业论文材料"创建一个毕业答辩演示文稿，涉及的知识点如下：

(1) 将 Word 文件转换成 PowerPoint 文件。

(2) 设置主题、背景。

(3) 插入文本框、图片、音频。

(4) 插入 SmartArt 图形、形状、设置超链接。

(5) 文字动画效果。

(6) 应用动作按钮。

(7) 创建图表及动画。

(8) 对象动画设计。

(9) 设置路径动画。

(10) 设计艺术字及三维图形效果。

(11) 设置幻灯片切换效果及放映方式。

1. 将 Word 文件转换成 PowerPoint 文件

将已有的 Word 材料转换为 PowerPoint 文件。

将 Word 材料转换为 PPT 内容，转换方法可以采用复制粘贴，也可以采用 Word 大纲视图快速转换。Word 大纲文档的一级标题对应 PowerPoint 演示文稿中的页面标题，Word 大纲文档的二级标题对应 PowerPoint 演示文稿中的第一级项目，Word 大纲文档的三级标题对应 PowerPoint 演示文稿中的第二级项目，其余依次类推。

(1) 在 Word 中打开"毕业论文材料"文件，选择【视图】选项卡→【视图】工具组→【大纲】选项→【大纲工具】组的工具进行文本的格式调整，另存为 RTF 格式文件，关闭 Word 文件。

(2) 在 PowerPoint 中创建新的演示文稿，选择【开始】选项卡→【幻灯片】工具组→【新建幻灯片】选项，在下拉列表中选择【幻灯片（从大纲）】，打开【插入大纲】对话框，选择"毕业论文材料"的 RTF 文件，单击【插入】按钮。

（3）整理幻灯片，在需要的地方插入新幻灯片，或者删除不需要的幻灯片。

2. 设置主题、背景

为演示文稿选择合适的主题、颜色、字体、效果、背景。

（1）选择【设计】选项卡→【主题】工具组，选择合适的主题。

（2）如果需要修改主题的颜色、字体、效果、背景，选择【设计】选项卡→【变体】工具组，在【颜色】下拉列表中选择颜色，在【字体】下拉列表中选择字体，在【效果】下拉列表中选择效果，在【背景样式】下拉列表中选择背景样式。

3. 插入文本框、图标、音频

设计演示文稿的第1张幻灯片，作为答辩内容的封面，内容包括文本、图标，并配上声音，效果如图5.129所示。毕业答辩开始前播放封面幻灯片，自动播放声音；单击鼠标开始第2张幻灯片答辩时，停止播放声音。

图 5.129 第 1 张幻灯片

1）插入文本框

（1）选择【插入】选项卡→【文本】工具组→【文本框】下拉按钮→【绘制横排文本框】选项，在幻灯片上增加文本框，输入标题文字"XXXX大学毕业论文答辩"。

（2）选择【开始】选项卡→【字体】工具组，为标题文字选择合适的字体和字号。

（3）采用同样方法插入"题目""导师""答辩人""答辩日期"文本框，设置合适的字体、字号和位置。

2）插入图标

选择【插入】选项卡→【插图】工具组→【图标】选项，打开【图像集】对话框，选择合适的图标，单击【插入】按钮插入到幻灯片中，调整图标的大小和位置。

3）插入声音，设置声音选项

（1）选择【插入】选项卡→【媒体】工具组→【音频】下拉按钮，选择【PC上的音频】，打开【插入音频】对话框，选择合适的声音文件，单击【插入】按钮。

（2）选择幻灯片上的音频图标，自动打开【音频播放】选项卡，选择【音频选项】工具组，在【开始】中选择"自动"，勾选【循环播放，直到停止】复选框，勾选【放映时隐藏】复选框。

（3）选择幻灯片上的音频图标，选择【动画】选项卡→【高级动画】工具组→【动画窗格】选项，打开【动画窗格】。

（4）选择幻灯片上的音频图标，选择【动画】选项卡→【动画】列表中选择【播放】动画，【动画窗格】中会增加音频对象。

（5）选择【动画窗格】中的音频对象右侧下拉按钮，选择【效果选项】选项，打开【播放音频】对话框，在其中选择【效果】选项卡→【停止播放】→【当前幻灯片之后】选项。【播放音频】对话框如图 5.130 所示。

图 5.130　【播放音频】对话框

4. 插入 SmartArt 图形、形状、设置超链接

新建空白幻灯片，制作第 2 张目录幻灯片。目录采用 SmartArt 列表图形，放置每章标题，单击可以链接到对应的章节正文内容。在右下角设置一个形状，可以超链接到最后的致谢页。效果如图 5.131 所示。

1）创建 SmartArt 图形目录

（1）选择【插入】选项卡→【插图】工具组→【SmartArt】选项，打开【选择 SmartArt 图形】对话框，选择合适的图形，如"垂直框列表"图形。

（2）在 SmartArt 图形中输入目录标题。图形数量不够时，右击图形，在弹出的快捷菜单中选择【添加形状】→【在后面添加形状】选项，可以增加图形。

2）创建 SmartArt 图形超链接

（1）选择第 1 个图形，右击，在弹出的快捷菜单中选择【超链接】，打开【插入超链接】对

图 5.131　第 2 张幻灯片

话框,在其中选择【链接到】→选择【本文档中的位置】,选择第 3 张幻灯片。

（2）采用同样方法,将第 2 个图形超链接到第 6 张幻灯片,第 3 个图形超链接到第 7 张幻灯片,第 4 个图形超链接到第 8 张幻灯片。

3）创建"结束"形状及超链接

（1）选择【插入】选项卡→【插图】工具组→【形状】下拉按钮,选择一个合适的形状,在幻灯片右下角绘制形状。

（2）在形状图形上右击,在弹出的快捷菜单中选择【编辑文字】,输入"结束"。

（3）在形状图形上右击,在弹出的快捷菜单中选择【超链接】,打开【插入超链接】对话框,选择【链接到】→【本文档中的位置】→【最后一张幻灯片】。

（4）选择形状图形,自动打开【绘图工具格式】选项卡,设置图形的【艺术字样式】等外观效果。

5. 文字动画效果

第 3 张幻灯片是文字内容,设计标题文字进入效果为"飞入",设计正文文字进入效果为"翻转式由远及近",并设计合适的持续时间。效果如图 5.132 所示。

（1）选择标题文字,选择【动画】选项卡→【动画】工具组→【飞入】动画效果。

（2）选择正文文字,选择【动画】选项卡→【动画】工具组→【翻转式由远及近】动画效果。

（3）选择【动画】选项卡→【高级动画】工具组→【动画窗格】,打开【动画窗格】,选择列表中的动画对象,设置方向、持续时间等效果。

6. 应用动作按钮

每一章内容讲解完毕,要返回目录页,所以需要给第 4、5、6、7 张幻灯片设置动作按钮,光标移过该按钮的时候发出声音,单击可以返回到目录页。效果如图 5.133 所示。

（1）选择【插入】选项卡→【插图】工具组→【形状】下拉按钮→【动作按钮】选项,选择合适的动作按钮。

图 5.132　第 3 张幻灯片

图 5.133　第 4 张幻灯片

（2）在幻灯片上绘制动作按钮，松开鼠标弹出【操作设置】对话框，设置【单击鼠标的动作】→【超链接到】→【幻灯片】，选择目录页幻灯片。

（3）在【动作设置】对话框中设置【播放声音】，选择一种声音效果。

（4）采用同样方法，在其他页设置动作按钮。

7. 创建图表及动画

第 5 张幻灯片中，根据材料中的表格创建折线图表，并设计图表中折线的动画效果，如图 5.134 所示。

1）创建图表

（1）打开"毕业论文材料"Word 文件，选择需求分析表，复制。

（2）定位到演示文稿第 5 张幻灯片中，选择【插入】选项卡→【插图】工具组→【图表】选项，打开【插入图表】对话框，选择"折线图"，打开【Microsoft Powerpoint 中的图表】窗格，在

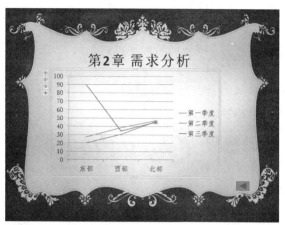

图 5.134　第 5 张幻灯片

表格区域粘贴数据,关闭窗格。

(3) 在【图表工具】选项卡中设置图表的颜色、字体等样式。

2) 设置图表动画

(1) 选择图表中的折线,选择【动画】选项卡→【动画】工具组,选择"擦除"动画效果。

(2) 选择【动画】选项卡→【动画】工具组→【效果选项】→【按序列】选项。

(3) 选择【动画】选项卡→【动画】工具组→【效果选项】→【自左侧】选项。

8. 对象动画设计

第 6 张幻灯片展示主界面图和功能模块图,一张幻灯片上有多张图片会显得很小。使用插入"PowerPoint 演示文稿"对象的方法可以插入图片,单击的时候图片作为演示文稿放大,再单击会缩小。第 6 张幻灯片的效果如图 5.135 所示。

图 5.135　第 6 张幻灯片

(1) 选择【插入】选项卡→【文本】工具组→【对象】选项,打开【插入对象】对话框,选择

"Microsoft PowerPoint97-2003 Presentation"，单击【确定】按钮。

（2）在对象窗格中选择【插入】选项卡→【图像】工具组→【图片】按钮，选择图片插入。

（3）采用同样方法插入第 2 张图片的演示文稿对象。

9. 设置路径动画

在第 7 张幻灯片中设计一个红色的小圆，围绕"网络化""独立和统一性""仍然需要完善"这些重点文字旋转，然后出现圆形框圈住文字。第 7 张幻灯片如图 5.136 所示。

图 5.136　第 7 张幻灯片

（1）选择【插入】选项卡→【插图】工具组→【形状】下拉列表→【椭圆】工具，绘制小圆，选择【形状格式】选项卡→【形状样式】工具组→【形状填充】选项，选择"红色"。

（2）选择红色小圆，选择【动画】选项卡→【动画】工具组→【动作路径】→【自定义路径】选项，绘制围绕重点文字旋转的路径。

（3）选择【插入】选项卡→【插图】工具组→【形状】下拉列表→【椭圆】工具，绘制圆形，选择【形状格式】选项卡→【形状样式】工具组→【形状填充】，选择"无填充颜色"，选择【形状轮廓】，选择"红色"。

（4）选择圆圈图形，选择【动画】选项卡→【动画】工具组→【出现】，在动画窗格中设置效果选项，设置对象出现、持续时间。

10. 设计艺术字及三维图形效果

插入新的空白幻灯片，设计致谢页，采用艺术字和三维图形，如图 5.137 所示。

（1）选择【插入】选项卡→【文本】工具组→【艺术字】选项，选择一种艺术字样式，输入"致谢"文字，选择【形状格式】选项卡，设置艺术字的样式。

（2）选择【插入】选项卡→【插图】工具组→【形状】下拉列表，选择"五角星"形状，绘制五角星，选择【形状格式】选项卡→【形状样式】工具组，选择【形状效果】、【形状填充】等设置形状样式。

11. 设置幻灯片切换效果及放映方式

根据自己的需要，选择幻灯片的切换效果及放映方式。

图 5.137 第 8 张幻灯片

（1）选择【切换】选项卡→【切换到此幻灯片】工具组中选择一种切换效果。

（2）选择【幻灯片放映】选项卡→【设置】工具组→【设置幻灯片放映】选项，设置放映方式。

5.4 本章小结

Word 是 Office 中最重要的组件之一，主要用于创建和编辑各类文档，包括文字编辑、图表制作和文档排版等，并具有审阅、批注等功能。通过操作应用实例，练习了图片、表格、图表、题注、列表符号、编号、分节、分栏、页眉页脚等排版知识点。

Excel 是 Office 中最重要的组件之一，主要用于创建和编辑各类电子表格，包括表格数据的计算、排序、筛选等功能。通过操作应用实例，练习了公式、函数、排序、筛选、数据透视表、数据透视图、分类汇总等知识点。

PowerPoint 是 Office 中最重要的组件之一，主要用于多媒体演示文稿的制作，以及具有高度交互性的演示。通过操作应用实例，练习了文本框、剪贴画、艺术字、动画、音频、动作、超链接、SmartArt 图形、形状、切换、动作路径等知识点。

5.5 思考与探索

1. 作为计算机专业的学生，有必要熟练掌握办公软件的应用吗？

熟练掌握办公软件对大学生是非常有必要的。在大学期间以及就业之后，经常需要撰写一些文档，比如课程实验报告、社会实践调查报告、科技立项申请书、科技立项结题书、科技论文等。尤其是在毕业设计环节，需要撰写毕业论文，分析和处理实验数据，进行毕业答辩演示，都需要用到办公软件。熟练掌握办公软件，可以使工作更有效率，也更具有专业性。

办公软件应用实践能力训练,在各种实践环节会进一步加强。

2. 文档排版的基本原则是什么?

文档排版一定要根据内容确定风格,采用的格式、字体、图片、艺术字等要符合文档的类型和风格,要考虑文档的读者类型。

3. Office 有多个版本,如何解决版本兼容问题?

高版本 Office 创建的文件,在低版本 Office 软件中不能打开,这是因为版本兼容问题。可以在高版本中采用【另存为】选项,在【文件类型】中选择低版本的文件类型保存。这种方法可能会丢失在高版本中创建的一些元素或功能。也可以采用输出为 PDF、图片、视频、exe 文件等形式,这些类型文件打开时不需要 Office 软件支持。关于文件系统管理及格式的知识点,操作系统课程中将进一步深入讲解。

4. Office 中内置的函数无法满足需要怎么办?

如果 Office 中的函数无法满足需要,可以使用 Microsoft Visual Basic Application (VBA)创建自定义函数。VBA 是 Visual Basic 的一种宏语言,是微软开发的在其桌面应用程序中执行通用的自动化(OLE)任务的编程语言。主要用来扩展 Windows 的应用程序功能,特别是 Microsoft Office 软件。编程基础能力将在程序设计类课程中得到训练。

5. 办公软件就是指 Office 软件吗?

办公软件是进行文字处理、表格制作、幻灯片制作、图形图像处理、简单数据处理等方面工作的一类软件的统称。

办公软件提升了数据收集与整理的准确性、专业性,已经普及到社会工作、生活的各个方面。从起草文件、撰写报告、整理会议记录、动态演示文稿到统计分析数据,都离不开办公软件的鼎力协助。随着数字化办公的推广,办公软件结合网络协同操作、云编辑、云存储技术,政府部门采用电子政务系统、税务系统等辅助城市管理,企业采用办公自动化(Office Automation,OA)软件、数字化生产管理系统等,更是扩大了办公软件的应用领域。

办公软件的种类繁多,功能各有侧重,同一软件的不同版本也会有差异,需要根据用户需求选择。知名的办公软件有 Microsoft Office 系列、WPS office 系列、腾讯文档、钉钉等。

5.6 实践环节

(1) 创建一个"新生入学手册"文档,文档结构如图 5.138 所示,为该文档设计以下效果。

① 设置"校长迎新致辞"和各章标题为 Word 内置"标题 1"样式,设置每章的小节标题为 Word 内置"标题 2"样式,设置正文文本为楷体、小四、段间距 1.5 倍行距、首行缩进 2 个字符。

② 在"2.1 官方组织"小节中,用【SmartArt】图形中的【层次结构】图说明学生会的组织结构,并添加题注。学生会下属机构有"生活部""人事部""宣传部""学习部"。"宣传部"下属机构有"内联部"和"外联部"。

③ 为文档添加封面。封面上的“新生入学手册”几个字设计为艺术字。

④ 为文档添加封底页，封底有文本框，内容为作者和印制日期，文本框有纹理填充和边框。

⑤ 设置封面页为第1节，校长致辞为第2节，目录页为第3节，正文为第4节，封底为第5节。

设置第1节页边距为0，无页眉、页脚、页码。

设置第2节页边距上下各5cm，左右各2cm。无页眉、页脚、页码。

设置第3节页边距上下左右都为2cm。页眉为校名，居中。页脚为罗马数字的页码，居中。

设置第4节页边距上下左右都为2cm。页眉为校名，居中。页脚为阿拉伯数字页码，右侧底端。

设置第5节页边距为0，无页眉、页脚、页码。

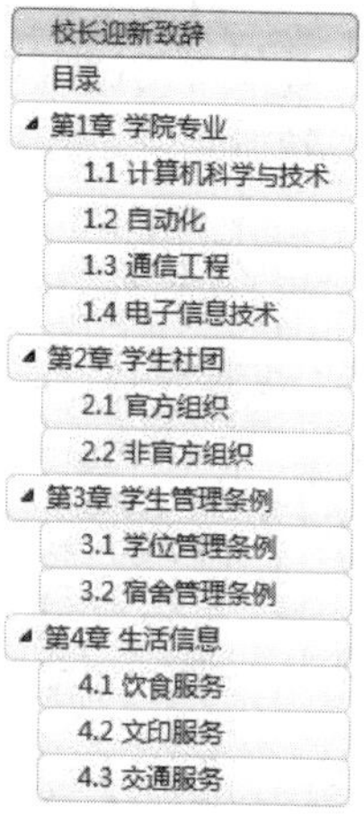

图 5.138 “新生入学手册”文档结构图

(2) 制作一份技术合同，设置以下效果。

① 合同加水印，水印文字为“绝密”。

② 启用文档保护，设置打开密码为“123”。

(3) 现有一份Excel格式的学生成绩数据表，根据该表生成每个学生的成绩报告单，如图5.139所示。如果总评不合格，成绩单最后增加一条补考通知。如果总评合格，则不给出补考通知。

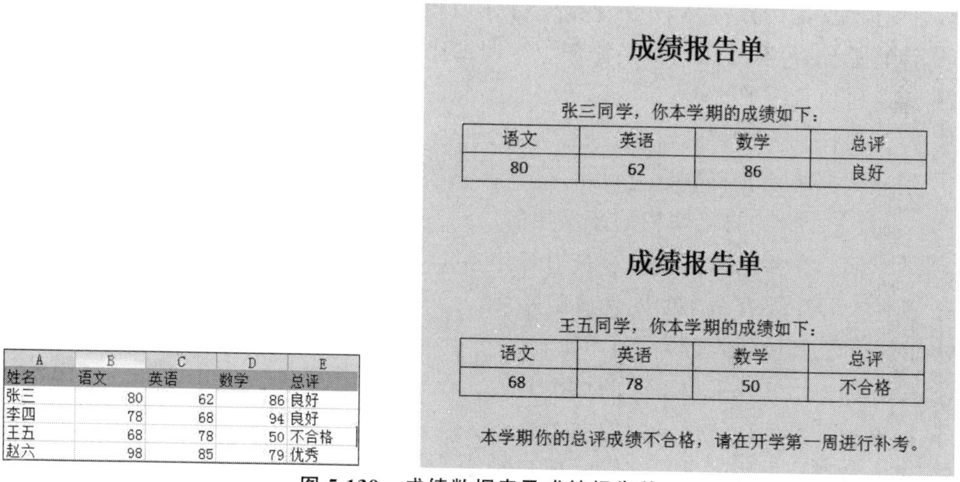

姓名	语文	英语	数学	总评
张三	80	62	86	良好
李四	78	68	94	良好
王五	68	78	50	不合格
赵六	98	85	79	优秀

成绩报告单

张三同学，你本学期的成绩如下：

语文	英语	数学	总评
80	62	86	良好

成绩报告单

王五同学，你本学期的成绩如下：

语文	英语	数学	总评
68	78	50	不合格

本学期你的总评成绩不合格，请在开学第一周进行补考。

图 5.139 成绩数据表及成绩报告单

(4) 在Excel中建立全班50个学生的成绩表格，标题为姓名和3门课程名称。完成下面的操作：

① 计算每个学生的总分、平均分。

② 计算每门课程的最高分、最低分，并用条件格式突出显示。

③ 按照总分进行排序，如果总分相同，则按语文分数排序。

④ 将有不及格课程的学生名单筛选出来。

⑤ 将前 10 名学生的名字设置为红色，并给出排名。

（5）建立"网络歌手大赛评分表"，格式如图 5.140 所示。

网络歌手大赛评分表

参赛地区	选手编号	姓名	性别	出生日期	年龄	职业	评委打分	评委比例分	网友打分	网友比例分	总分	排名
宁波市	72	李平玉	女	1991/02/21		学生	98.00		83.00			
绍兴市	123	张燕秋	女	1991/02/21		学生	66.00		79.00			
宁波市	76	李敏	女	1990/08/12		学生	91.00		90.00			
台州市	96	李强	男	1990/08/12		学生	60.00		72.00			
温州市	47	李吉平	男	1990/08/12		学生	84.00		93.00			
温州市	54	金丹	女	1990/08/12		学生	92.00		88.00			
宁波市	55	金海强	男	1990/07/23		律师	78.00		72.00			
宁波市	77	张燕	女	1990/07/23		学生	82.00		94.00			
台州市	97	沈海东	男	1990/07/23		学生	80.00		91.00			
温州市	48	季斌	男	1990/07/23		学生	93.00		95.00			
杭州市	20	赵毅	男	1990/07/05		学生	93.00		87.00			
杭州市	12	沈林海	男	1990/01/01		学生	84.00		85.00			
绍兴市	120	赖伟	男	1989/12/30		学生	98.00		89.00			

图 5.140 网络歌手大赛评分表

完成以下操作：

① 运用函数计算每个选手的年龄。

② 计算评委比例分，计算方法是评委打分×70%。

③ 计算网友比例分，计算方法是网友打分×30%。

④ 计算总分，计算方法是评委比例分＋网友比例分。

⑤ 给出每位选手的排名。

⑥ 筛选出性别为"女"的歌手名单。

⑦ 建立数据透视表和数据透视图，统计各地区不同职业参赛人员的人数。

（6）设计一个介绍自己学校的演示文稿。

① 要求演示文稿内容至少有 8 张幻灯片。

② 演示文稿中要有适当的图片或剪贴画。

③ 在演示文稿中插入音频，循环播放。

④ 设置每张幻灯片采用不同的切换方式。

⑤ 设置每张幻灯片使用不同的主题风格。

⑥ 设置幻灯片上的图文有不同的动画效果。

⑦ 在每张幻灯片上设置动作按钮，可以单击后转到"上一张""下一张""第一张""最后一张"。

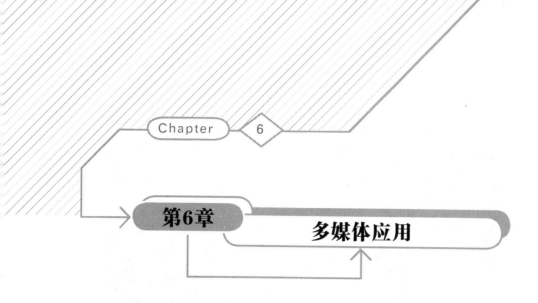

Chapter 6

第6章 多媒体应用

本章学习目标
- 掌握图像处理软件 Photoshop 的基本应用
- 掌握视频制作软件 Microsoft Clipchamp 的基本应用
- 了解多媒体的基础知识

本章先介绍图像处理软件 Photoshop 的基础知识及应用实例,然后介绍视频制作软件 Microsoft Clipchamp 的基础知识及应用实例。

6.1 Photoshop 的应用

6.1.1 Photoshop CC 基础

Photoshop 是 Adobe 公司开发的平面图形图像处理软件,它集图像的采集、编辑和特效处理于一身,并能在位图图像中合成可编辑的矢量图形,是多媒体图形图像素材准备过程中重要的处理工具之一。Photoshop 的版本较多,有 Photoshop CS、Photoshop CC 系列。Photoshop 的功能非常强大,作为入门类教材,下面介绍 Photoshop CC 常用的命令和操作。

1. Photoshop CC 窗口

Photoshop CC 的窗口如图 6.1 所示。

Photoshop CC 窗口包括菜单栏、工具箱、工具选项栏、面板组、状态栏、工作窗口。

(1) 菜单栏包含操作时要用的所有命令。

(2) 工具箱包含所有 Photoshop CC 的画图和编辑工具。

(3) 工具选项栏显示与工具相关的属性及参数选项,根据所选工具不同而不同。

(4) 控制面板是一种浮动面板,针对不同项目,每种控制面板具有不同的操作和属性参数设置功能。通常控制面板集合在一起,称为面板组。

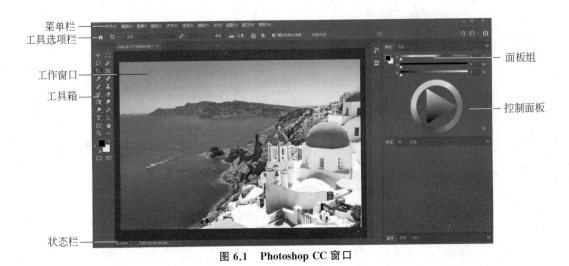

菜单栏
工具选项栏

工作窗口

工具箱

面板组

控制面板

状态栏

图 6.1　Photoshop CC 窗口

（5）状态栏显示文件的处理状态，包括文档大小、显示比例等。

（6）工作窗口是图像处理的区域，新建文件或打开文件可以建立工作窗口。

2. 菜单栏

菜单包含 Photoshop 的全部命令，下面介绍常用的菜单命令。

1）【文件】菜单

【文件】菜单是对文件进行操作的命令集合，如图 6.2 所示。

（1）选择【新建】选项，打开【新建文档】对话框，可以选择【最近使用的项目】中的模板为基础创建，也可以在【预设详细信息】窗口自定义参数创建。可以设置文件的名称、预设、宽度、高度、方向、分辨率、颜色模式、背景内容、颜色配置文件、像素长宽比等。

分辨率是图像中单位长度包含的像素点数量。图像分辨率越高，图像中的像素点越多，图像的细节显示质量越好，但是文件也越大。常用的分辨率单位是 dpi，即每英寸包含的像素点数。

颜色模式是图像的颜色记录方式。计算机中常用的颜色模式是 RGB 颜色模式，另外还有位图、灰度、CMYK 颜色模式、Lab 颜色模式。颜色的深度有 1 位、8 位、16 位和 32 位，用于设置颜色的数量。灰度模式只有灰度，可以选择 8 位、16 位、32 位，用于设置灰阶数量。位图模式包含黑白两种颜色，也叫黑白图像。RGB 颜色模式为每个像素指定 RGB（红、绿、蓝）每

文件(F)　编辑(E)　图像(I)　图层(L)　文字	
新建(N)...	Ctrl+N
打开(O)...	Ctrl+O
在 Bridge 中浏览(B)...	Alt+Ctrl+O
打开为...	Alt+Shift+Ctrl+O
打开为智能对象...	
最近打开文件(T)	▶
关闭(C)	Ctrl+W
关闭全部	Alt+Ctrl+W
关闭并转到 Bridge...	Shift+Ctrl+W
存储(S)	Ctrl+S
存储为(A)...	Shift+Ctrl+S
恢复(V)	F12
导出(E)	▶
生成	▶
共享...	
在 Behance 上共享(D)...	
搜索 Adobe Stock...	
置入嵌入对象(L)...	
置入链接的智能对象(K)...	
打包(G)...	
自动(U)	▶
脚本(R)	▶
导入(M)	▶
文件简介(F)...	Alt+Shift+Ctrl+I
打印(P)...	Ctrl+P
打印一份(Y)	Alt+Shift+Ctrl+P
退出(X)	

图 6.2　【文件】菜单

个分量的强度值。CMYK 颜色模式为每个像素的每种印刷油墨(青色、洋红、黄色、黑色)指定一个百分比值。Lab 模式基于人对颜色的感觉颜色模型,描述正常视力的人能够看到的所有颜色。

(2) 选择【打开】选项,可以选择素材在 Photoshop CC 中打开。Photoshop CC 可以处理的图形素材类型很多,如 jpg、IFF、PDF 等。

(3) 选择【存储】或【存储为】选项,可以存储处理完的图形,默认存储格式为 Photoshop 文件格式,扩展名为 psd。也可以选择保存为其他图像文件格式,如扩展名为 jpeg、png 和 gif 等。

2)【编辑】菜单

【编辑】菜单是对文件内容进行剪切、复制、粘贴、填充、描边等编辑操作的命令集合,如图 6.3 所示。

(1)【填充】选项可以为选区填充颜色和图案,可以设置混合模式和不透明度。

(2)【描边】选项可以为创建的选区建立内部、居内或居外的描边,可以选择描边的宽度、颜色、位置,设置混合模式和不透明度。

(3)【自由变换】选项提供变换控制柄,可以操作控制柄缩放、旋转选区或选区内容。

(4)【变换】选项提供独立的缩放、旋转、斜切、扭曲、透视、翻转等操作。

(5)【定义画笔预设】选项可以将选区内容保存为画笔库中的画笔样式。

(6)【定义图案】选项可以将选区内容保存为图案库中的图案样式。

3)【图像】菜单

【图像】菜单是对图像模式、大小、颜色等操作的命令集合,如图 6.4 所示。

(1)【模式】选项可以调整图像的颜色模式。

(2) 调整图像的颜色效果,可以选择自动调整选项进行快速调整,如【自动色调】【自动对比度】【自动颜色】选项。

(3) 调整图像的颜色效果,也可以选择【调整】选项,在其子菜单中选择调整图像的不同颜色分量,通过设置参数进行更细致的调整。【调整】子菜单如图 6.5 所示。

① 【亮度/对比度】选项可以调整图像的明亮度和对比度。对比度是指不同颜色之间的差异,对比度越大,两种

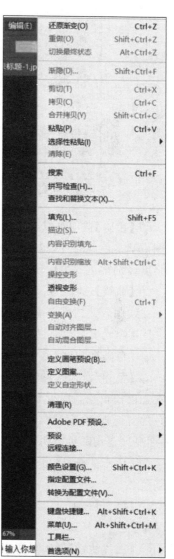

图 6.3 【编辑】菜单

201

颜色之间的差别就越大,反之就会越相近。

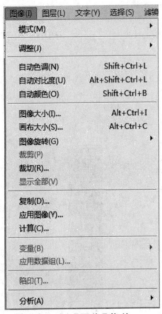

图 6.4 【图像】菜单

图 6.5 【调整】子菜单

②【色阶】选项可以校正图像的色调范围和颜色平衡。【色阶】命令提供直方图,用做调整图像基本色调的直观参考。在【色阶】对话框中,可以通过调整图像的阴影、中间调和高光的强度级别来达到最佳效果。

③【曲线】选项用于调节图像的色调和颜色。曲线向上或向下移动会使图像变亮或变暗。曲线中较陡的部分表示对比度较高的区域,较平的部分表示对比度较低的区域。

④【曝光度】选项可以对曝光不足或曝光过度的图像进行调整。

⑤【自然饱和度】选项可以将图像进行灰色调到饱和色调的调整。

⑥【色相/饱和度】选项可以调整图像中单个颜色的色相、饱和度和亮度。色相是指颜色在光谱校正控制面板上的位置(从 0°~360°依次为红、橙、黄、绿、蓝、靛、紫)。饱和度是指颜色的鲜艳程度,饱和度为 0 时,彩色图片会变成黑白;饱和度为 100％时,色彩会变得很鲜艳;明亮度是指颜色的明亮程度,明亮度为 0 时,颜色偏深,明亮度为 100％时,颜色会偏亮。

⑦【色彩平衡】选项可以单独对图像的阴影、中间调、高光进行调整,从而改变图像的整体颜色。

⑧【黑白】选项可以将图像调整为具有艺术效果的黑白图像,或者调整为不同单色的艺术效果。

⑨【照片滤镜】选项可以为图像覆盖滤镜或颜色,可以设置滤镜或颜色的浓度、明度。

⑩【通道混合器】选项是基于 RGB 颜色模式的调色工具,通过从单个颜色通道中选取

它所占的百分比来创建高品质的灰度、棕褐色调或其他彩色的图像。

⑪【反相】选项将图像的颜色色相进行反转,做出底片效果。

⑫【色调分离】选项自由控制画面的色阶数,既是一种调节手段,也是特效的一种。

⑬【阈值】选项通过设置阈值色阶值调整图像为黑白图像。

⑭【渐变映射】选项是在有效色彩范围内实现渐变填充效果。

⑮【可选颜色】选项是基于 CMYK 颜色模式的调色工具,可以调整任何主要颜色中的印刷色数量,而不影响其他颜色。

⑯【阴影/高光】选项主要用于修整在强背光条件下拍摄的图像,在不影响色彩结构的情况下对画面明暗进行调节。

⑰【HDR 色调】选项对图像中的边缘光、色调和细节、颜色等方面进行更加细致的调整。

⑱【去色】选项将图像转换为灰度图像。

⑲【匹配颜色】选项可以匹配不同图像、多个图层或多个选区之间的颜色保持一致。

⑳【替换颜色】选项可以将图像中的某种颜色替换为另外的颜色。

㉑【色调均化】选项将选区或图像的色调自动均化。

4)【图层】菜单

【图层】菜单提供了对图层操作的命令,可以新建图层,复制图层,删除图层,重命名图层,设置图层样式,新建填充图层,创建图层蒙版等,如图 6.6 所示。

图层好比一张透明的纸,在任何一个图层上单独进行绘图或编辑操作,不会影响到其他图层。Photoshop CC 中的每个图层是由许多像素组成的图像部分,多个图层上下叠加组成整个图像。

（1）【图层编组】是将多个图层放置到一个图层组中,便于操作和管理。

（2）【合并图层】是将多个图层的图像拼合成一个图层。

（3）【链接图层】是将选择的多个图层链接在一起,可以一起移动或变换。

（4）【锁定图层】可以对图层进行锁定,锁定区域处于保护状态,不能编辑。

（5）【新建填充图层】可以新建一个图层,该图层填充了纯色颜色、渐变色或图案。

（6）【新建调整图层】可以新建一个图层,该图层可以在不改变原图像像素的基础上进行颜色调整。

图 6.6 【图层】菜单

5）【文字】菜单

【文字】菜单中包括设置文字格式、文字变形、栅格化文字图层等操作命令，如图 6.7 所示。

（1）【面板】可以打开字符和段落的设置面板，在其中设置字符和段落的字体、字号、间距、样式等效果。

（2）用文字工具创建的文字以矢量图形式放置在文字图层，可以重新编辑文字，但是不能应用一些图像效果。【栅格化文字图层】选项将文字图层转换为图像像素图层，可以应用滤镜等图像效果。

6）【选择】菜单

【选择】菜单包括反选、羽化、变换等与选区有关的操作命令，如图 6.8 所示。

图 6.7　【文字】菜单

图 6.8　【选择】菜单

（1）【反选】将选区与非选区互换。

（2）【色彩范围】按照颜色区域进行选择，创建颜色相同或相近的选区。

（3）【羽化】在选区边缘产生模糊、虚光效果。

（4）【修改】修改选区的边缘设置，有边界、平滑、扩展和收缩 4 种。

（5）【扩大选区】将连续的、色彩相近的像素点一起扩充到选区中。

（6）【选取相似】将画面中不连续但色彩相近的像素点扩充到选区内。

（7）【变换选区】任意调整选区的大小，用 8 个调节块改变选区大小或旋转选区。

（8）【存储选区】将当前选区命名存入新通道中。

（9）【载入选区】可以从通道中调出保存的选区。

7）【滤镜】菜单

【滤镜】菜单如图 6.9 所示，其中有各种类型的滤镜，可以为图像增加特殊效果。Photoshop CC 的滤镜分为内置滤镜和外挂滤镜两种，前者是 Photoshop 自带的，后者则是由第三方开发的，它们都出现在【滤镜】菜单下，使用方法也基本相同。外挂滤镜使用前必须先进行安装，然后重新启动 Photoshop CC 才能生效。

（1）【上次滤镜操作】可以重复使用上次用过的滤镜效果。

（2）【转换为智能滤镜】可以将选择的图层转换为智能对象，在图像中应用的滤镜效果不会改变原图像像素。

8）【3D】菜单

【3D】菜单提供打开三维文件、对文字或图像加工成三维立体图像等 3D 操作命令，如图 6.10 所示。

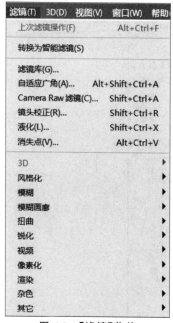

图 6.9　【滤镜】菜单

图 6.10　【3D】菜单

　　Photoshop CC 支持打开 3D 文件，以 3D 图层方式显示，使用【3D】菜单和工具箱的 3D 工具，对 3D 图层的对象进行操作。要使用 3D 功能，计算机显卡必须支持并启用 OpenGL。OpenGL 是近几年发展起来的一个性能卓越的三维图形标准。

　　(1)【从文件新建 3D 图层】可以在当前打开文档的状态下打开一个 3D 文件，导入当前文档中。

　　(2)【从图层新建网格】可以将当前文档的任意图层转换为 3D 立体模型效果。

　　(3)【导出 3D 图层】可以存储制作的 3D 效果，会将所有的贴图、背景等一起存储。

　　9)【视图】菜单

　　【视图】菜单如图 6.11 所示，提供放大/缩小、设置参考线、设置标尺等调整视图的命令。

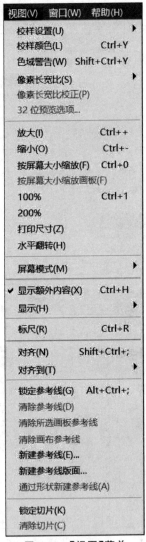

图 6.11　【视图】菜单

（1）【标尺】可以显示或隐藏标尺。标尺显示在窗口的顶部或左侧，以确定窗口中对象的大小和位置。

（2）参考线是浮在图像上的直线，可以使用【新建参考线】【锁定参考线】【清除参考线】命令操作参考线，用以协助对齐和定位对象。

（3）【屏幕模式】可以更改 Photoshop 的显示模式。显示模式有标准屏幕模式、带有菜单栏的全屏模式和全屏模式 3 种。

10）【窗口】菜单

【窗口】菜单如图 6.12 所示，提供窗口排列、工作区调整、显示/隐藏控制面板等操作命令。

图 6.12 【窗口】菜单

（1）【排列】用以排列多个文件窗口，包括垂直拼贴、水平拼贴、平铺、浮动等方式。

（2）【工作区】用来调整 Photoshop 窗口的工具箱和控制面板的布局方式。可以根据自己的喜好布局窗口，并存储该工作区布局，或者删除保存的工作区布局。

（3）勾选【窗口】菜单中的某个控制面板选项，则该控制面板显示在窗口中，否则该控制面板会隐藏。

3. 工具箱

工具箱中包含所有画图和编辑工具，如图 6.13 所示。

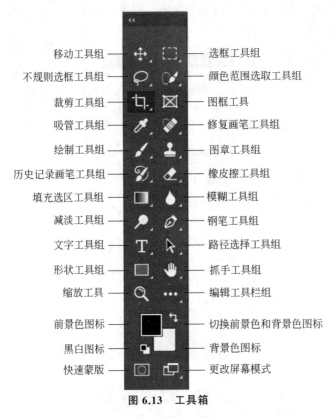

移动工具组 —— 选框工具组
不规则选框工具组 —— 颜色范围选取工具组
裁剪工具组 —— 图框工具
吸管工具组 —— 修复画笔工具组
绘制工具组 —— 图章工具组
历史记录画笔工具组 —— 橡皮擦工具组
填充选区工具组 —— 模糊工具组
减淡工具组 —— 钢笔工具组
文字工具组 —— 路径选择工具组
形状工具组 —— 抓手工具组
缩放工具 —— 编辑工具栏组
前景色图标 —— 切换前景色和背景色图标
黑白图标 —— 背景色图标
快速蒙版 —— 更改屏幕模式

图 6.13　工具箱

把光标放在工具图标上停留片刻，就会自动显示出该工具的名称和对应的快捷键。若某个工具图标的右下角带有一个小黑三角标记，表示是一个工具组，隐含同类的其他几个工具。按住或右击该工具按钮，可展开该工具组；按住 Alt 键并单击，可依次调出隐含的工具。单击工具箱顶部的三角形符号，可以将工具箱形状在单长条和短双条之间变换。

1）选框工具组

选框工具组包含【矩形选框工具】【椭圆选框工具】【单行选框工具】【单列选框工具】，如图 6.14 所示。

选框工具组的工具用于创建规则选区。图像中用虚线表示选区。

图 6.14　选框工具组

【矩形选框工具】创建矩形选区。【椭圆选框工具】创建椭圆选区。【单行选框工具】创建一个像素宽的横线选区。【单列选框工具】创建一个像素宽的竖线选区。使用【矩形选框工具】或【椭圆选框工具】时,按住 Shift 键可以创建正方形或正圆形选区。按 Ctrl+D 键可以取消选区。用 Delete 键可以删除选区中的内容。

规则选框工具组各个工具的工具选项栏选项大致相同,包括选区模式、【羽化】【平滑边缘转换】【样式】【宽度】【高度】【选择并遮住】选项等。图 6.15 是矩形选框工具的工具选项栏。

图 6.15 矩形选框工具的工具选项栏

(1)选区的创建模式有以下 4 种。

【新选区】:创建一个新选区,之前的选区取消。

【添加到选区】:在已有选区的基础上绘制新选区,是所有选区的组合。

【从选区减去】:在已有选区基础上绘制新选区,合成的选区会删除相交的部分。如果没有相交的部分,则不能形成新选区。

【与选区交叉】:在已有选区基础上绘制新选区,合成的选区只留下相交的部分。如果没有相交的部分,则不能形成新选区。

(2)【羽化】可以将选区的边界进行柔化处理。羽化数值范围在选区范围的 50% 以内,范围越大,填充或删除选区时边缘就越模糊。

(3)【样式】是绘制选区的形状,包括正常、固定比例和固定大小。

(4)【选择并遮住】采用蒙版模式创建选区,可以在蒙版窗口用工具绘制选区,在属性面板上设置选区视图模式、透明度、边缘检测半径、平滑等参数。

(5)【平滑边缘转换】可以消除图像边缘方形像素点形成的粗糙的锯齿成像,使边缘看起来很平滑。

2)不规则选框工具组

不规则选框工具组用来创建不规则选区,如图 6.16 所示。

不规则选框工具组包括【套索工具】【多边形套索工具】【磁性套索工具】。

使用【套索工具】,可以用鼠标随意拖动,创建任意形状的选区。使用【多边形套索工具】,可以用鼠标单击多边形顶点,创建不规则

图 6.16 不规则选框
工具组

多边形选区。使用【磁性套索工具】，可以用鼠标在图像边缘拖动，自动捕捉具有颜色反差的边缘，创建选区。

不规则选框工具组各个工具的工具选项栏选项大致相同，包括选区模式、【羽化】【平滑边缘转换】【选择并遮住】选项，【磁性套索工具】选项栏中增加了【宽度】【对比度】【频率】【绘图板压力】选项等，如图 6.17 所示。

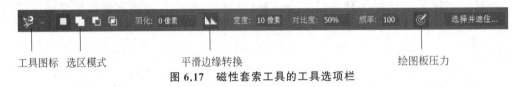

工具图标　选区模式　　　　　平滑边缘转换　　　　　　　　　绘图板压力

图 6.17　磁性套索工具的工具选项栏

（1）【对比度】可设置为 1%～100%，用于设置【磁性套索工具】的敏感度，数值越大，选区就会越不精确。

（2）使用【磁性套索工具】时，选区边缘会有小矩形标记，对选区进行固定。【频率】值越大，标记就越多，选区范围越精确。频率值可输入 1～100。

（3）选择【绘图板压力】选项，使用绘图板创建选区时，根据绘图笔压力自动改变宽度。

3）移动工具组

移动工具组包括【移动工具】和【画板工具】，如图 6.18 所示。

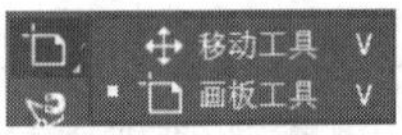

使用【移动工具】，可以将整个图像或选区中的部分图像移动到画布的任意位置或者其他文件窗口。移动工具的工具选项栏可以设置选择方式和内容、显示变换控件、对齐方式、分布方式、3D 模式等，如图 6.19 所示。

图 6.18　移动工具组

根据可见像素选择　　　　　　　　对齐方式　　　　对齐并分布　3D模式

选择组或图层　显示变换控件

图 6.19　移动工具的工具选项栏

（1）选择【根据可见像素选择】选项，用鼠标选择图形时，含有该图形的图层或组自动成为当前图层或当前组。

（2）选择【选择组或图层】选项，可以指定选择的是组还是图层。

（3）选择【显示变换控件】选项，选择图层时，当前图层的所有对象会自动进入变换状态，既可以移动又可以自由变换。

【画板工具】用于在一个文档中创建多个画板，可以分别进行绘图或图像处理。画板工具的工具选项栏可以添加新画板、设置画板大小、背景色、方向、对齐分布、画板选项等，如图 6.20 所示。

图 6.20　画板工具的工具选项栏

4）颜色范围选取工具组

颜色范围选取工具组包括【快速选择工具】和【魔棒工具】，如图 6.21 所示。

（1）【快速选择工具】可以将图像中鼠标经过的地方创建为选区。快速选择工具的工具选项栏如图 6.22 所示，可以设置选区模式、画笔选项、【从复合图像中进行颜色取样】、自动增强选区边缘、【选择主体】【选择并遮住】等选项。

图 6.21　颜色范围选取工具组

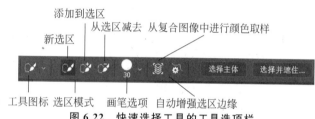

图 6.22　快速选择工具的工具选项栏

在【画笔选项】选项中可以设置使用的工具（统称为画笔）的大小、硬度和间距等。

选择【从复合图像中进行颜色取样】选项会在所有图层上进行选取。

选择【选择主体】选项自动从图像中最突出对象创建选区。

（2）【魔棒工具】能选取图像中颜色相同或相近的像素。在图像中某个颜色的像素上单击，系统自动按照工具选项栏的设置创建以该选取点为样本的选区。

魔棒工具的工具选项栏如图 6.23 所示，可以设置选区模式、【取样大小】【容差】【平滑边缘转换】【连续像素取样】【从复合图像中进行颜色取样】【选择主体】【调整边缘】等选项。

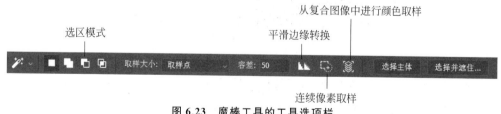

图 6.23　魔棒工具的工具选项栏

【容差】选项用来设置对相同或相近像素的选取范围，可输入范围 0～255。输入的数值越小，选取的颜色范围越小。

选择【连续像素取样】选项后，选取范围只能是颜色相近的连续区域；不选则是颜色相近的所有区域。

5）裁剪工具组

裁剪工具组包括【裁剪工具】【透视裁剪工具】【切片工具】【切片选择工具】，如图 6.24 所示。

图 6.24　裁剪工具组

（1）使用【裁剪工具】可以在图像中创建裁剪框，按 Enter 键或提交按钮，将裁剪框外的图像裁剪掉。裁剪工具的工具选项栏包括裁剪框的宽度、高度设置方式、【清除】【拉直】【裁剪工具叠加选项】【裁切选项】【是否删除裁剪框外的像素】【原始图像外内容识别填充区域】等选项，如图 6.25 所示。

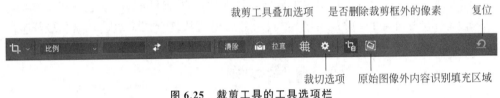

图 6.25　裁剪工具的工具选项栏

裁剪框的宽度、高度设置方式有按比例、按宽高分辨率、参考前面图像比例、新建裁剪预设等方式。

【清除】选项可以清除设置的裁剪框长宽比值。

【拉直】是在图像上画一条直线，参照这条直线旋转图像，实现倾斜的图像被拉直效果。

【裁剪工具叠加选项】选项中可以选择三等分、网格、对角等叠加方式，以及是否显示叠加。

【裁切选项】中可以选择是否显示裁剪区域、自动居中预览、启用裁剪屏蔽等。

（2）使用【透视裁剪工具】，裁剪掉裁剪框外的图像后会自动校正透视图像效果。

（3）【切片工具】可以将图像文件切分为多个小图片。

（4）【切片选择工具】可以选择已经创建的切片进行操作。

6）【图框工具】

【图框工具】可以绘制方形或圆形图框，可以放置图像、文本、形状等内容。绘制图框后，自动生成图框图层，包括画框缩览图和内容缩览图。画框中内容都是智能对象，可以无损缩放和操作。画框可以进行描边等操作。

7）【吸管工具】工具组

【吸管工具】工具组包括【吸管工具】【3D 材质吸管工具】【颜色取样器工具】【标尺工具】【注释工具】【计数工具】，如图 6.26 所示。

图 6.26　吸管工具工具组

（1）【吸管工具】可以从色板上吸取一种系统预置的颜色，也可以直接从工作区图像中吸取一种颜色。吸取的颜色可以作为前景色或背景色使用。

（2）【3D材质吸管工具】可以吸取3D材质纹理以及查看和编辑3D材质纹理。

（3）【颜色取样器】可以在图像中创建多个取样点，获得这些取样点的颜色信息值。

（4）【标尺工具】是一种非常精准地测量及修正图像的工具。

（5）【注释工具】可以在图像中添加注释。

（6）【计数工具】可以在需要标注的地方添加数字，随着鼠标单击数字自动递增。

8）修复工具组

修复工具组包括【污点修复画笔工具】【修复画笔工具】【修补工具】【内容感知移动工具】【红眼工具】，如图6.27所示。

（1）将【污点修复画笔工具】移到要修复的位置，拖动，会用修复区周围的像素融合进行修复。

污点修复画笔工具的工具选项栏如图6.28所示，可以设置【画笔选项】【模式】【类型】【绘图板压力】等选项。

图6.27 修复工具组

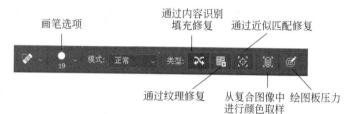

图6.28 污点修复画笔工具的工具选项栏

【模式】用来设置修复时的混合模式，指修复图像像素的纹理、光照、透明度、阴影与所修复图像边缘像素融合的方式。

【类型】有【通过内容识别填充修复】【通过纹理修复】【通过近似匹配修复】3个选项。【通过内容识别填充修复】选项为智能修复功能，鼠标涂抹过的位置，系统会自动使用画笔周围的像素对经过的位置进行填充修复。【通过纹理修复】选项是指没有为修复的污点创建选区时，自动采用污点外围的像素；如果创建了选区，则采用选区外围的像素。【通过近似匹配修复】选项是指用选区边缘的像素进行修复。

（2）使用【修复画笔工具】时，使用样本像素（或图案）在需要修复的位置涂抹，修复的同时可以把样本像素的纹理、光照、透明度、阴影与所修复的像素融合。

修复画笔工具的工具选项栏如图6.29所示，可以设置【画笔选项】【切换仿制源面板】【模式】【源】【对每个描边使用相同位移】【使用旧版修复画笔算法】【样本】【打开以在修复时忽略调整图层】【绘图板压力】【扩散】等选项。

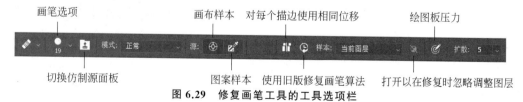

图6.29 修复画笔工具的工具选项栏

【切换仿制源面板】选项可以对仿制对象进行缩放、旋转、位移等设置,还可以设置多个取样点。

【源】中有【画布样本】和【图案样本】两个选项。【画布样本】选项是指按住 Alt 键单击获取样本像素并修复。【图案】选项可以在图案库中选择图案来修复目标。

【对每个描边使用相同位移】是修复时取样点和修复点同步位移。

【扩散】选项是修复时使用样本的扩散范围。

(3)【修补工具】会将样本像素的纹理、光照、阴影与所修复的像素融合,效果与【修复画笔工具】类似,只是操作方法不一样。使用【修补工具】要创建选区来修复目标或源。

修补工具的工具选项栏可以设置选区模式、【修补】【从目标修补源】【从源修补目标】【混合修补时使用透明度】【使用图案】【扩散】等选项,如图 6.30 所示。

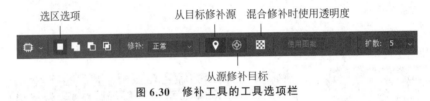

图 6.30　修补工具的工具选项栏

【从目标修补源】选项是指要修补的对象是现在选中的区域。【从源修补目标】选项是指现在的选区是样本,移动后到达的区域是要修补的区域。

不选择【混合修补时使用透明度】选项,则被修补的区域与周围图像只在边缘上融合,内部纹理保持不变,色彩与原区域融合;若选中该选项,则在被修补的区域边缘、内部纹理都做融合修补。

(4)【内容感知移动工具】用于智能修补选区内的图像或将选区内的图像复制到另一区域,与原图混合。

(5)【红眼工具】用于消除拍照时在图像上产生的红眼。

9) 绘制工具组

绘制工具组包括【画笔工具】【铅笔工具】【颜色替换工具】【混合器画笔工具】,如图 6.31 所示。

图 6.31　绘制工具组

(1)【画笔工具】可以将预设的笔尖图案绘制到当前图像中。【画笔工具】的工具选项栏包括【画笔预设】【切换画笔设置面板】【模式】【不透明度】【对不透明度使用压力】【流量】【喷枪样式】【平滑】【平滑选项】【对大小使用绘图板压力】【对称选项】等选项,如图 6.32 所示。

图 6.32　画笔工具的工具选项栏

选择【切换画笔设置面板】选项,会打开【画笔设置面板】,可以设置画笔笔尖形状、形状动态、散布、纹理、颜色动态、杂色等效果的详细参数。

【流量】设置图案绘制的流动速率,数值越大越浓。

【喷枪样式】设置图案具有喷枪喷绘的效果。

【对称选项】可以设置对称轴,绘制对称的图案。

(2)【铅笔工具】模拟铅笔绘制的曲线,边缘较硬且有棱角。铅笔工具的工具选项栏包括【画笔预设】【切换画笔设置面板】【模式】【不透明度】【对不透明度使用压力】【平滑】【平滑选项】【在前景色上绘制背景色】【对大小使用绘图板压力】【对称选项】选项,如图 6.33 所示。

图 6.33　铅笔工具的工具选项栏

【在前景色上绘制背景色】是铅笔工具特殊的功能。如果选择此项,则在与前景色颜色一致的区域拖动,所拖动的痕迹将以背景色填充;在与前景色颜色不一致的区域拖动,所拖动的痕迹将以前景色填充。

(3)【颜色替换工具】可以将图像中取样点区域按照设置的模式替换成前景色。颜色替换工具的工具选项栏包括【画笔预设】【模式】【取样连续】【取样一次】【取样背景色板】【限制】【容差】【消除锯齿】【对大小使用压力】等选项,如图 6.34 所示。

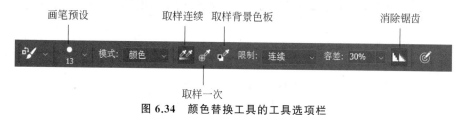

图 6.34　颜色替换工具的工具选项栏

【模式】可以选择按照前景色的色相、饱和度、颜色或明度进行替换。

【取样连续】方式是在拖动画笔过程中连续取样颜色进行替换。【取样一次】方式是在画笔落笔时取样要替换的颜色,拖动过程中不再取样。【取样背景色板】方式是在有背景色的位置才进行替换。

【限制】选项设置取样的颜色区域,包括不连续、连续、查找边缘。

(4)【混合器画笔工具】可以通过选定的不同画笔笔触描绘图案,产生实际绘画的艺术效果。

10)图章工具组

图章工具组包括【仿制图章工具】和【图案图章工具】,如图 6.35 所示。

图 6.35　图章工具组

（1）使用【仿制图章工具】时，按住 Alt 键单击选择选取点，到要仿制的地方拖动，便可进行仿制。

仿制图章工具的工具选项栏可以设置【画笔预设】【切换画笔设置面板】【切换仿制源面板】【模式】【不透明度】【对不透明度使用压力】【流量】【喷枪样式】【对每个描边使用相同位移】【仿制样本模式】【忽略调整图层】【对大小使用压力】等选项，如图 6.36 所示。

图 6.36 仿制图章工具的工具选项栏

【仿制样本模式】是设置选取样本的范围，包括当前图层、当前和下方图层、所有图层。

（2）【图案图章工具】将预设的图案或自定义的图案复制到当前文件。

图案图章工具的工具选项栏可以设置【画笔预设】【切换画笔设置面板】【模式】【不透明度】【对不透明度使用压力】【流量】【喷枪样式】【图案】【对每个描边使用相同位移】【印象派效果】【对大小使用压力】等选项，如图 6.37 所示。

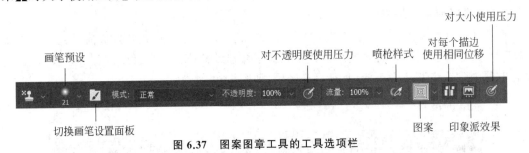

图 6.37 图案图章工具的工具选项栏

【图案】可以打开图案库，选择要被用来复制的源图案。

【印象派效果】使仿制的图案渲染具有印象派绘画风格的效果。

11）历史记录画笔工具组

历史记录画笔工具组包括【历史记录画笔工具】和【历史记录艺术画笔工具】，如图 6.38 所示。

【历史记录画笔工具】结合【历史记录】面板，可以恢复图像之前的任意操作。【历史记录艺术画笔工具】结合【历史记录】面板，可以恢复图像之前的任意操作，并加上艺术效果。

图 6.38 历史记录画笔工具组

历史记录画笔工具的工具选项栏包括【画笔预设】【切换画笔设置面板】【模式】【不透明度】【对不透明度使用压力】【流量】【喷枪样式】【对大小使用压力】选项。历史记录艺术画笔工具的工具选项栏中增加了【样式】【区域】【容差】选项，如图 6.39 所示。

图 6.39　历史记录艺术画笔工具的工具选项栏

【样式】用来控制艺术效果的风格。

【区域】用来控制艺术效果的范围。

12）橡皮擦工具组

橡皮擦工具组包括【橡皮擦工具】【背景橡皮擦工具】【魔术橡皮擦工具】，如图 6.40 所示。

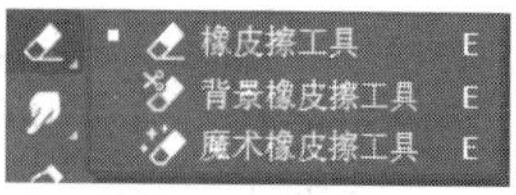

图 6.40　橡皮擦工具组

（1）【橡皮擦工具】对图像局部进行随意擦除，擦除部分会显示透明色或背景色。橡皮擦工具的工具选项栏包括【画笔预设】【切换画笔设置面板】【模式】【不透明度】【对不透明度使用压力】【流量】【喷枪样式】【平滑】【平滑选项】【抹到历史记录】【对大小使用压力】【对称选项】等选项，如图 6.41 所示。

图 6.41　橡皮擦工具的工具选项栏

【模式】用来设置橡皮擦擦除的方式，可以设置为画笔、铅笔和块。

【抹到历史记录】可以结合【历史记录】面板，按照之前的任意操作步骤进行擦除。

（2）【背景橡皮擦工具】可以在图像中擦除指定颜色的图像像素，擦除的部分变为透明色。擦除前先要取样要擦除的颜色。

背景橡皮擦工具的工具选项栏可以设置【画笔预设】【取样连续】【取样一次】【取样背景色板】【限制】【容差】【不抹除前景色】【对大小使用压力】等选项，如图 6.42 所示。

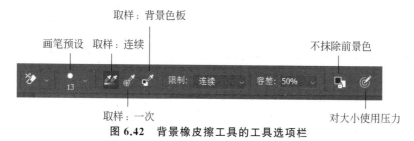

图 6.42　背景橡皮擦工具的工具选项栏

选择【不抹除前景色】，则图像中与前景色一致的颜色不会被擦除掉。

（3）【魔术橡皮擦工具】可以快速去掉图像中颜色区域。选择要清除的颜色范围，单击即可清除。

魔术橡皮擦工具的工具选项栏可以设置【容差】【平滑边缘转换】【只抹除连续像素】【使用合并数据确定擦除区域】【不透明度】等选项，如图 6.43 所示。

13）填充选区工具组

填充选区工具组包括【渐变工具】【油漆桶工具】和【3D 材质拖放工具】，如图 6.44 所示。

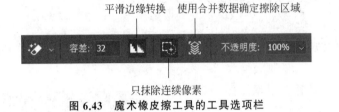

图 6.43　魔术橡皮擦工具的工具选项栏

图 6.44　填充选区工具组

（1）【渐变工具】可以在图像或选区内填充逐渐过渡的颜色效果。渐变工具的工具选项栏中包括渐变类型、渐变样式、【模式】【不透明度】【反向渐变】【仿色】【切换渐变透明度】等选项，如图 6.45 所示。

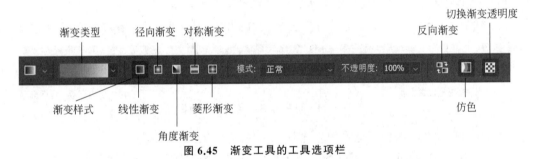

图 6.45　渐变工具的工具选项栏

渐变类型用于设置不同渐变样式填充的颜色变化，可以是颜色到颜色、颜色到透明的渐变。单击渐变类型图标，可以打开【渐变编辑器】对话框，在其中可以自定义渐变类型。【渐变编辑器】对话框如图 6.46 所示。

在【渐变编辑器】对话框中，可以直接选择预设的渐变类型。自定义渐变类型时，可以自定义名称、颜色色标颜色、颜色色标位置、不透明度色标不透明度的百分比、不透明度色标位置。颜色条下方单击可以增加色标，将色标拖离颜色条可以删除色标。

渐变样式包括线性渐变、径向渐变、角度渐变、对称渐变、菱形渐变。线性渐变是从起点到终点沿直线填充的渐变效果。径向渐变是从起点到终点呈放射状填充的渐变效果。角度渐变是以起点为旋转点，以起点到终点的直线做顺时针旋转填充的渐变效果。对称渐变是沿起点到终点直线填充，再做反方向对称直线渐变填充的渐变效果。菱形渐变是从起点到终点为菱形对角线填充的渐变效果。

【反向】使填充的渐变颜色按顺序反转，即起点和终点反向。

【仿色】可以使渐变颜色之间过渡更加柔和。

【切换渐变透明度】可以在图像中填充透明蒙版效果。

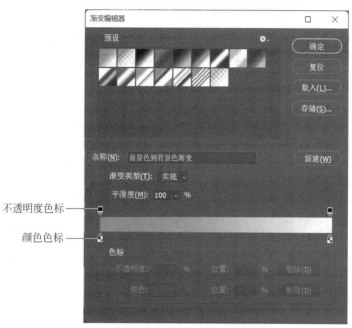

图 6.46 【渐变编辑器】对话框

（2）【油漆桶工具】可以在颜色相近的区域填充前景色或图案。油漆桶工具的工具选项栏包括【填充类型】【模式】【不透明度】【容差】【平滑边缘转换】【填充连续像素】【填充复合图像】等选项，如图 6.47 所示。

图 6.47 油漆桶工具的工具选项栏

【填充类型】中可以选择用前景色或者图案填充。

【填充复合图像】设置了填充范围是否应用到所有图层。

（3）【3D 材质拖放工具】可以利用 Photoshop 自有或者载入的纹理为 3D 模型添加纹理。

14）模糊工具组

模糊工具组包括【模糊工具】【锐化工具】【涂抹工具】，如图 6.48 所示。

（1）【模糊工具】可以对图像进行柔化处理，使其显得模糊。模糊工具的工具选项栏包括【画笔预设】【切换画笔设置面板】【模式】【强度】【从复合数据中取样仿制数据】【对大小使用压力】等选项，如图 6.49 所示。

图 6.48 模糊工具组

图 6.49　模糊工具的工具选项栏

【强度】用于设置对图像模糊的力度，数值越大，模糊越明显。

（2）【锐化工具】增加图像像素之间的反差，使其看起来更加清晰。锐化工具的工具选项栏与模糊工具的工具选项栏类似，【强度】选项用于设置锐化的力度。

（3）【涂抹工具】用于在图像上涂抹，将颜色混合，产生水彩般的效果。涂抹工具的工具选项栏包括【画笔预设】【切换画笔设置面板】【模式】【强度】【从复合数据中取样仿制数据】【用前景色手指绘画】【对大小使用压力】等选项，如图 6.50 所示。

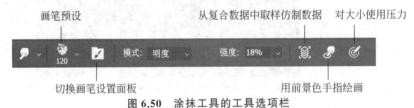

图 6.50　涂抹工具的工具选项栏

【强度】设置涂抹点的长短，数值越大，涂抹点越长。

【用前景色手指绘画】设置涂抹时的痕迹，是前景色与图像的混合效果。

15）减淡工具组

减淡工具组包括【减淡工具】【加深工具】【海绵工具】，如图 6.51 所示。

（1）【减淡工具】加亮图像中的像素，调整图像的亮调与暗调效果。【加深工具】使图像中的像素变暗，调整图像的亮调与暗调效果。

图 6.51　减淡工具组

（2）减淡工具和加深工具的工具选项栏类似，包括【画笔预设】【切换画笔设置面板】【范围】【曝光度】【喷枪样式】【防止色相偏移】【对大小使用压力】等选项。图 6.52 是减淡工具的工具选项栏。

图 6.52　减淡工具的工具选项栏

【范围】用于选取图像中进行减淡或加深的范围，包括阴影、中间调、高光区域。

【曝光度】用来控制图像的曝光强度，数值越大，曝光强度越明显。

【防止色相偏移】可以在操作时最小化对阴影和高光的修剪，防止颜色发生色相偏移。

（3）【海绵工具】可以精确地更改图像中某个区域的色相饱和度。增加色相饱和度时，色彩更加浓烈。海绵工具的工具选项栏包括【画笔预设】【切换画笔设置面板】【模式】【流量】【喷枪样式】【饱和色】【对大小使用压力】等选项，如图 6.53 所示。

图 6.53　海绵工具的工具选项栏

【模式】用于对图像进行加色或去色设置。

【饱和色】是最小化修剪以获得完全饱和色或不饱和色。

16）钢笔工具组

钢笔工具组包括【钢笔工具】【自由钢笔工具】【弯度钢笔工具】【添加锚点工具】【删除锚点工具】【转换点工具】，如图 6.54 所示。

（1）【钢笔工具】用以绘制路径。路径是一种贝塞尔曲线轮廓，可以是直线、曲线或者封闭的形状轮廓。可以通过操作路径上的锚点精确修改轮廓形状。

图 6.54　钢笔工具组

钢笔工具的工具选项栏包括【工具模式】【建立】【路径操作】【路径对齐】【路径排列】【钢笔路径选项】【自动添加/删除】【对齐边缘】等选项，如图 6.55 所示。

图 6.55　钢笔工具的工具选项栏

【工具模式】设置工具创建的对象类型，可以选择形状、路径或像素。

【建立】可以快速转换路径，将绘制的路径转换为选区，添加矢量蒙版，转换为形状。

【路径操作】用来运算路径，可以合并形状，减去顶层形状，与形状区域相交，排除重叠形状，合并形状组件。

【钢笔路径选项】设置路径粗细、颜色，选择采用橡皮带。橡皮带是用于绘制路径时在锚点间建立假想的线段，只有单击确认后才转换为路径。

【自动添加/删除】可以使钢笔工具具有自动添加或删除锚点的功能。钢笔工具移动到路径上时，右下角会带有"＋"或"－"，可以添加或删除锚点。

【对齐边缘】用来将矢量形状边缘与像素网格对齐。

（2）【自由钢笔工具】可以随意地在图像中绘制路径。自由钢笔工具的工具选项栏与

【钢笔工具】类似，增加了【磁性】选项，如图 6.56 所示。

图 6.56 自由钢笔工具的工具选项栏

【磁性】可以使工具自动寻找图像颜色反差较大的像素边缘，实现快速自动描绘路径。

（3）【弯度钢笔工具】绘制路径时，会自动根据锚点方向生成锚点间的曲线。

（4）【添加锚点工具】可以在路径上添加新的锚点。

（5）【删除锚点工具】可以删除路径中选择的锚点。

（6）【转换点工具】可以让锚点在平滑点和转换角点之间变换。

17）文字工具组

文字工具组包括【横排文字工具】【直排文字工具】【直排文字蒙版工具】【横排文字蒙版工具】，如图 6.57 所示。

图 6.57 文字工具组

（1）【横排文字工具】创建水平方向的横排文字。【直排文字工具】创建垂直方向的竖排文字。输入文字后，会自动在图层面板中创建一个文字图层。

横排文字工具和直排文字工具的工具选项栏相同，包括【文字方向】【字体】【字体样式】【字体大小】【字体边缘效果】【对齐方式】【文字颜色】【文字变形】【切换字符和段落面板】等选项，如图 6.58 所示。

图 6.58 横排文字工具的工具选项栏

【文字方向】可以在水平和垂直之间转换输入文字的方向。

【文字变形】可以选择对文字进行多种艺术化变形效果设置。

【切换字符和段落面板】可以显示或隐藏字符面板和段落面板。字符面板和段落面板中有更多字符和段落效果的样式设置。

（2）【直排文字蒙版工具】在垂直方向创建以文字轮廓为边缘的选区。【横排文字蒙版工具】在水平方向创建以文字轮廓为边缘的选区。横排文字蒙版工具和直排文字蒙版工具的工具选项栏与【横排文字工具】和【直排文字工具】的工具选项栏相同。

18）路径选择工具组

路径选择工具组包括【路径选择工具】和【直接选择工具】，如图 6.59 所示。

【路径选择工具】可以快速选择路径，或对路径进行移动、变换等操作。

【直接选择工具】可以选择路径上的锚点，拖动锚点改变路径的形状。

19）形状工具组

形状工具组包括【矩形工具】【圆角矩形工具】【椭圆工具】【多边形工具】【直线工具】【自定形状工具】，如图 6.60 所示。

图 6.59 路径选择工具组　　　　图 6.60 形状工具组

（1）【矩形工具】绘制矩形或正方形。【圆角矩形工具】绘制具有平滑边缘的矩形。【椭圆工具】绘制椭圆或正圆形。【多边形工具】绘制多边形形状。【直线工具】绘制直线或带箭头的指示线。【自定形状工具】可以绘制形状库中的预设形状。

（2）形状工具组中各工具的工具选项栏类似。图 6.61 是矩形工具的工具选项栏。

图 6.61 矩形工具的工具选项栏

在【工具模式】中可以选择创建形状、路径，或者以像素填充图形。

在【路径选项】中可以设置形状的约束比例、固定大小，或者以中心点为起点绘制形状等。

（3）圆角矩形工具的工具选项栏中多一个"半径"选项，可以调整圆角的圆弧度。多边形工具的工具选项栏中多一个"边"选项，可以设置多边形的边数。自定形状工具的工具选项栏中多一个"形状"选项，可以打开形状库进行形状选择。直线工具的工具选项栏中多一个"粗细"选项，可以设置直线的粗细。

20）其他工具组

工具箱底部有抓手工具组、缩放工具、编辑工具栏组、前景色图标、背景色图标、快速蒙版、更改屏幕模式、黑白图标、切换前景色和背景色工具，如图 6.62 所示。

（1）抓手工具组包括抓手工具和旋转视图工具。抓手工具可以移动打开窗口中的图像画布，使得图像超出文件窗口范围时，不用操作滚动条便将隐藏的部分显示在文件窗口中。旋转视图工具可以在 OpenGL 支持时旋转视图。

（2）缩放工具可以放大或缩小图像，调整显示比例。

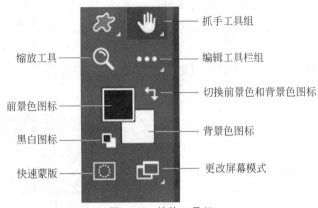

图 6.62　其他工具组

（3）单击【编辑工具栏组】图标，可以打开【自定义工具栏对话框】，设置工具栏上的工具。

（4）单击前景色图标或背景色图标，出现对应的【拾色器】对话框，可以在其中选定一种颜色，或者直接输入颜色的数值。【拾色器】对话框如图 6.63 所示。

图 6.63　【拾色器】对话框

（5）单击切换前景色和背景色图标，可以互换当前的前景色和背景色；单击黑白图标，可以恢复默认的前景色为黑色，背景色为白色。

（6）快速蒙版工具是在图像上创建一个半透明的图像，可以将选区作为蒙版编辑。

（7）更改屏幕模式可以切换屏幕显示模式，包括标准屏幕模式、带有菜单栏的全屏模式和全屏模式。

4. 控制面板

控制面板是一种浮动面板，可以放置在屏幕上的任意位置。在默认情况下，控制面板以组的方式叠在一起。通过【窗口】菜单中的选项,或者直接单击控制面板的标题栏,可以显示或隐藏该控制面板。

下面介绍 Photoshop CC 常用的图层、导航器、信息、颜色、色板、样式、通道、历史记录、路径、画笔等控制面板。

1)【图层】面板

【图层】面板是最重要的控制面板,用于管理图层。要对某一个图层中的内容进行编辑,必须首先在【图层】面板中选定该图层,否则所有的操作都会作用到其他图层中,得到错误的效果,或者所要进行的操作根本无法实现。【图层】面板中被选中的图层会有亮条显示。

各图层自下而上地排列,最下面一层为背景层,最后建立的图层在最上面。上面的图层会遮挡下面图层的内容。在图层面板中上下拖动图层,可以调整各图层的叠放顺序。但是背景层一般是不能移动的。如果需要移动背景层,只需双击背景层图标,重新命名为普通图层即可。

【图层】面板如图 6.64 所示。

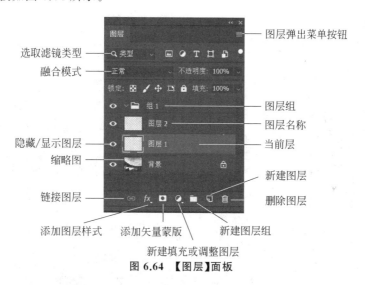

图 6.64　【图层】面板

(1)单击图层弹出菜单按钮,弹出的快捷菜单中有建立图层、删除图层、设定图层的透明度、可见性、添加图层蒙版、合并图层、锁定图层、创建图层组等图层操作命令。

(2)在【选取滤镜类型】下拉列表中可以选择图层分类。根据分类快速显示文件中的特色图层。在下拉列表中选择某种分类,右侧会对应显示该类的选项。

(3)融合模式控制当前图层与下层图层之间图像的融合效果。

(4)不透明度设置当前图层的不透明度。

(5)锁定中有锁定透明像素、锁定图像像素、锁定位置、防止画板和画框内外自动嵌套、锁定全部 5 种方式。在锁定透明像素方式下,图层中的透明像素区域不能进行编辑。锁定图像像素方式下,图像可以移动和变换,但是图像内容不能进行编辑。在锁定位置方式下,图层中的图像位置不能改变，但是内容可以编辑。在锁定全部方式下，图层不能进行操作。

（6）填充可以设置当前图层图像的透明程度，不影响图层样式。

（7）单击隐藏/显示图层的眼睛图标，可以控制图层图像是否在窗口中可见。

（8）单击图层组图标，可展开图层组，图层组可以包含若干图层。

（9）图层名称用以给图层命名，以方便管理图层。双击图层名称，可以重命名图层。

（10）当前层是当前选中的图层，会有亮条背景。

（11）图层名称左边为缩览图图标，按住 Ctrl 键，同时单击该图标，可选中图层上的所有图像。

（12）单击链接图层按钮，可以将选择的多个图层链接在一起，一起移动和变换。

（13）单击添加图层样式按钮，可以在下拉列表中选择图层常用的发光、阴影、浮雕等样式效果。选择样式效果后会打开【图层样式】对话框，设置更多图层样式和参数。双击缩览图图标，也会打开【图层样式】对话框。【图层样式】对话框如图 6.65 所示。

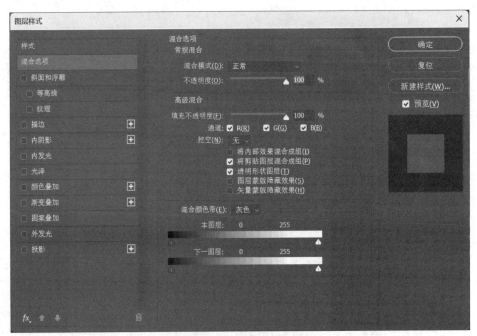

图 6.65　【图层样式】对话框

（14）单击新建图层蒙版按钮，可以为图层添加蒙版。图层蒙版是指对当前图层增加覆盖效果，在蒙版上绘制的黑色区域变为不透明，遮挡当前图层上的图像；绘制的白色区域变为透明，可以看到当前图层的图像；灰色使蒙版根据涂色的深浅呈现不同程度的透明度。

（15）单击新建填充或调整图层按钮，可以创建新的填充或调整图层。

（16）单击新建图层组按钮，创建新的图层组，可以拖动多个图层到图层组中。

（17）单击新建图层按钮，可以创建新的透明背景的图层。将选择的图层拖动到新建图层按钮上,可以创建该图层的副本。

(18)单击删除图层按钮,可以删除当前图层的图像。

2)【导航器】面板

【导航器】面板显示工作窗口的概览情况,如图 6.66 所示。

其中红色的粗线框表示当前窗口中所显示的图像部分;左下角的百分比数值表示当前图像的显示比例,拖动中间滑杆上的滑块,可以连续调整图像显示的百分比;滑杆左边的按钮是缩小显示比例按钮,右边的按钮是放大显示比例按钮,单击相应的按钮可以间断调整图像显示的百分比。

3)【信息】面板

【信息】面板显示当前光标位置的信息,如图 6.67 所示。

图 6.66 【导航器】面板

图 6.67 【信息】面板

左上角显示当前点的 RGB 色彩模式参数,右上角显示当前点的 CMYK 色彩模式参数,左下角显示当前点的直角坐标值,右下角显示当前选取区域的宽度和高度。

4)【颜色】面板

【颜色】面板用于设定当前的前景色和背景色,如图 6.68 所示。

单击面板中的前景色或背景色图标,然后在颜色条中选取要设定的颜色,即可将该颜色设定为前景色或背景色。

5)色板面板

【色板】面板提供颜色色块选择,如图 6.69 所示。

当把光标移到色块上时,光标显示为吸管的形状,并进行颜色提示,此时单击即可选定此颜色作为当前的前景色或背景色。单击创建新色板按钮,可以命名当前的前景色后将其添加到色板面板中。单击删除色板按钮,可以删除色板面板上选择的颜色图标。

图 6.68 【颜色】面板

6)【样式】面板

【样式】面板提供一些内置的样式,如图 6.70 所示。

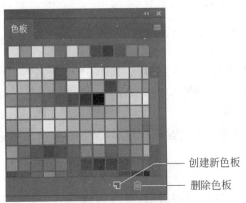

图 6.69 【色板】面板

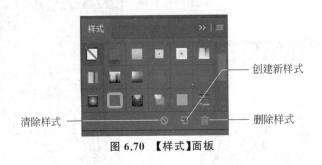

图 6.70 【样式】面板

单击某种样式按钮，即可在当前图层内应用该图层样式，产生图层特效。单击【清除样式】按钮，可以删除当前图层上应用的样式。单击【创建新样式】按钮，可以命名当前图层的混合效果后将其添加到样式面板中。单击【删除样式】按钮，可以删除在样式面板上选择的样式效果。

7)【通道】面板

【通道】面板记录图像通道信息，如图 6.71 所示。通道是存储不同类型信息的灰度图像。颜色通道是打开图像时自动创建的。Alpha 通道会将选区存储为灰度图像。

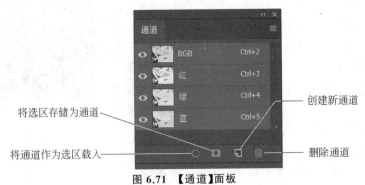

图 6.71 【通道】面板

单击【将选区存储为通道】或者【将通道作为选区载入】按钮,可以实现选区和通道的相互转换。

单击【创建新通道】按钮,将创建一个新的黑色 Alpha 通道。拖动【通道】面板的通道到【创建新通道】按钮上,会创建一个该通道的副本。

单击【删除通道】按钮,可以删除选择的通道。

8)【历史记录】面板

【历史记录】面板按时间的先后次序排列发生过的操作,如图 6.72 所示。

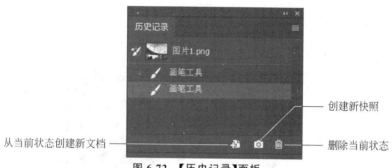

图 6.72 【历史记录】面板

要取消某些操作时,可在【历史记录】面板中选取想要恢复到的某一操作,使返回位置滑块位于该操作名称前。系统默认能够保存 20 次历史记录。

单击【从当前状态创建新文档】按钮,可以将当前选择的操作步骤的图像内容作为新文档窗口的内容。

单击【创建新快照】按钮,可以为当前图像的状态创建一个临时存储,放置在【历史记录】面板的顶部。

单击【删除当前状态】按钮,可以删除当前选择步骤的状态。

9)【路径】面板

【路径】面板用于进行与路径有关的操作,如图 6.73 所示。

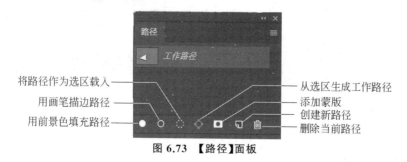

图 6.73 【路径】面板

单击【用前景色填充路径】按钮,可以以前景色填充当前路径区域。

单击【用画笔描边路径】按钮,可以用前景色描边当前路径。

单击【将路径作为选区载入】或者【从选区生成工作路径】按钮,可以实现选区和路径的相互转换。

单击【添加蒙版】按钮,可以在图层中添加一个图层蒙版,在路径面板中添加一个矢量蒙版。

单击【创建新路径】按钮,可以在【路径】面板中增加一个新的路径层,可以用钢笔工具绘制新路径。

单击【删除当前路径】按钮,可以将选择的路径删除。

10)【画笔设置】面板

【画笔设置】面板中可以设置画笔的样式、大小、笔触等详细参数,如图 6.74 所示。

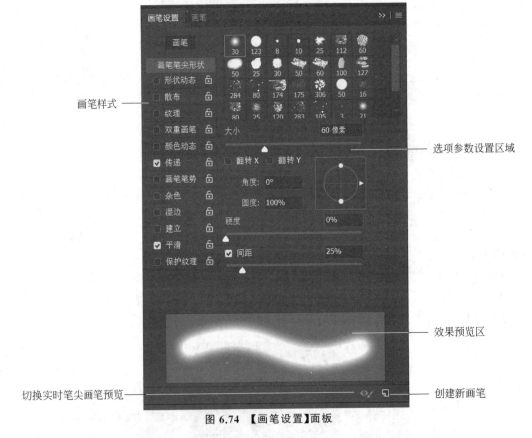

图 6.74 【画笔设置】面板

画笔样式区域有对画笔进行调整的各选项,如画笔笔尖形状、形状动态、散布等。选择某个选项后,在右侧选项参数设置区域可以对每一个选项进行更细致的参数设置。在效果预览区可以查看设置的笔触效果。

单击【切换实时笔尖画笔预览】按钮,可以在绘制时实时显示笔尖效果状态。

单击【创建新画笔】按钮,可以命名并保存设置的画笔,保存所有的设置参数。

6.1.2 Photoshop CC 应用实例

1. 实例一:撕开的照片

运用多边形套索、图层、自由变换操作,将照片图像撕开锯齿状缺口,效果如图 6.75 所示。

图 6.75 撕开的照片

(1)启动 Photoshop CC,选择【文件】菜单→【打开】选项,选择打开图片文件。

(2)双击图层面板中的"背景"图层,在弹出的对话框中命名为"照片",单击【确定】按钮,使背景图层变为普通图层。

(3)选择【图层】面板中的【新建图层】选项,添加一个新图层 1。设置前景色为白色,选择新图层 1,在【编辑】菜单中选择【填充】→【前景色】,使新图层 1 为白色。将新图层 1 放置在"照片"图层下面。

(4)选择"照片"图层,选择【编辑】菜单→【自由变换】命令,操作控制柄缩小图片。

(5)选择【多边形套索工具】,单击和拖动鼠标,画出锯齿状选区。

(6)选择【移动工具】,将选区移开。

(7)选择【编辑】菜单→【自由变换】选项,操作控制柄旋转图片。

(8)选择【文件】菜单→【存储】或【存储为】选项,保存文件。

2. 实例二:灰阶着色效果

为彩色照片中的一朵花替换颜色,变为灰色照片,再还原一朵花的图案色彩,效果如图 6.76 所示。

(1)启动 Photoshop CC,选择【文件】菜单→【打开】选项,选择打开图片文件。

(2)选择【磁性套索工具】,选择图像中一朵花的图案。

(3)选择【图像】菜单→【调整】→【替换颜色】选项,将选区内的图像颜色替换为前景色。

(4)选择【选择】菜单→【存储选区】,为新通道命名为 a→单击【确定】按钮。按 Ctrl+D 键取消选区。

图 6.76　灰阶着色效果

（5）打开【历史记录】面板，选择【替换颜色】步骤为历史记录画笔的源。

（6）选择【图像】菜单→【模式】→【灰度】选项，将图片转为灰度模式。

（7）选择【图像】菜单→【模式】→【RGB 颜色】选项，将图片转为 RGB 模式。

（8）选择【选择】菜单→【载入选区】，选择通道 a。

（9）选择【橡皮擦工具】，在工具选项栏勾选【抹到历史记录】选项。

（10）在选区中拖动，还原一朵花部分的图案色彩。

（11）选择【文件】菜单→【存储】或【存储为】选项，保存文件。

3. 实例三：立体球

运用渐变工具、径向渐变、线性渐变操作创建立体球体，效果如图 6.77 所示。

（1）启动 Photoshop CC，选择【文件】菜单→【新建】选项，设置宽度、高度、分辨率，选择 RGB 模式，选择白色背景，单击【确定】按钮。

（2）新建图层 1，选择【椭圆选框工具】，按 Shift＋Alt 键，在图层 1 中画出正圆选区。

（3）选择【渐变工具】，选择【渐变类型】选项，打开【渐变编辑器】，设置球体渐变色，单击【确定】按钮。

（4）在工具选项栏选择【径向渐变】选项，在球体选区内拖动填充渐变。

图 6.77　立体球

（5）按 Ctrl＋D 键取消选区。

（6）新建图层 2，拖动放置到图层 1 下面。

（7）选择【渐变工具】，选择【渐变类型】选项，打开【渐变编辑器】，设置背景渐变色，单击【确定】按钮。

（8）在工具选项栏选择【线性渐变】模式填充图层 2。

（9）新建图层 3，拖动到图层 1 和 2 之间。

（10）选择【椭圆选框工具】，在工具选项栏设置羽化值，绘制阴影区域。

（11）设置前景色为黑色，选择【编辑】菜单→【填充】→【前景色】，单击【确定】按钮，填充阴影区域。

（12）选择【文件】菜单→【存储】或【存储为】选项，保存文件。

4. 实例四：绘制彩虹

运用渐变编辑器、径向渐变、图层混合模式操作，在风景照上绘制彩虹，效果如图6.78所示。

图 6.78 绘制彩虹

（1）启动 Photoshop CC，选择【文件】菜单→【打开】选项，选择打开风景图片文件。

（2）选择【渐变工具】，打开【渐变编辑器】，设置彩虹渐变色条，注意两端色彩设为黑色。

（3）新建图层1，在工具选项栏选择【径向渐变】模式，填充图层1。

（4）将图层1的混合模式更改为"叠加"模式，再把不透明度调整到40%。

（5）选择【文件】菜单→【存储】或【存储为】选项，保存文件。

5. 实例五：分身特效

运用钢笔工具创建路径，再转换为选区，实现精确抠图，制作分身特效，效果如图6.79所示。

图 6.79 分身特效

（1）启动 Photoshop CC,选择【文件】菜单→【打开】选项,选择打开图片文件。

（2）选择【自由钢笔工具】,拖动,围绕人物轮廓创建封闭路径。

（3）选择【直接选择工具】,单击路径,调整路径上的锚点位置。

（4）选择【添加锚点】或【删除锚点】工具,调整路径,得到人物的精确轮廓。

（5）打开【路径面板】,拖动创建的【路径】层图标到面板下方的【将路径变为选区】按钮上,使路径变为虚线的选区。

（6）选择【图层】菜单→【新建】→【通过拷贝的图层】选项。

（7）选择【编辑】菜单→【自由变换】选项,变换和移动新图层上的图像。

（8）拖动人物图层到【创建新图层】按钮上,实现复制图层,选择【编辑】菜单→【自由变换】选项,变换和移动复制图层上的图像。

（9）在图层面板上选择【创建新的填充和调整图层】→【纯色】选项,选择一种颜色,得到背景图层,拖动到人物图层下方。

（10）选择【文件】菜单→【存储】或【存储为】选项,保存文件。

6. 实例六：彩带字

将彩色文字定义为画笔,作为涂抹工具的笔刷类型,效果如图 6.80 所示。

（1）启动 Photoshop CC,选择【文件】菜单→【新建】选项,设置宽度、高度、分辨率,选择 RGB 模式,选择白色背景,单击【确定】按钮。

（2）选择【横排文字工具】,输入文字,自动创建文字图层 1。

（3）选择【图层】菜单→【栅格化】→【文字】选项,将文字图层 1 转换为图像图层。

（4）按住 Ctrl 键,单击文字图层缩览图,出现文字选区。

（5）选择【渐变工具】,选择【渐变类型】选项,打开【渐变编辑器】对话框,设置渐变色,单击【确定】按钮。在图层中拖动,用渐变色填充文字选区。

（6）按 Ctrl+D 键取消选区。拖动文字图层 1 到【新建图层】按钮上,复制文字图层。

（7）按住 Ctrl 键的同时单击文字图层 1 的缩览图,选择文字选区。

图 6.80　彩带字

（8）选择【编辑】菜单,选择【定义画笔预设】命令,单击【确定】按钮。

（9）按 Ctrl+D 键取消选区。

（10）选择【涂抹工具】,选择笔刷类型为新定义的画笔,设置大小,强度选择为 100% ,不要选择【用前景色手指绘画】。

（11）拖动鼠标,画出彩带图案。

（12）选择【文件】菜单→【存储】或【存储为】选项,保存文件。

7. 实例七：霓虹灯文字

运用文字蒙版、渐变工具、图层混合模式制作霓虹灯文字,效果如图 6.81 所示。

（1）启动 Photoshop CC,选择【文件】→【新建】选项,设置宽度、高度、分辨率,选择 RGB 模式,选择黑色背景,单击【确定】按钮。

（2）单击【图层】面板的【新建图层】按钮,新建图层 1。选择【横排文字蒙版工具】,设置字体、字号,在图层中输入文字,出现文字选区。

（3）选择【选择】菜单→【修改】选项→【羽化】选项,设置羽化值。

（4）选择【渐变工具】,选择【渐变类型】选项,打开【渐变编辑器】对话框,选择彩虹渐变色。

（5）在工具选项栏选择【线性渐变】模式,拖动填充选区。

（6）选择【选择】→【修改】→【扩展】选项,设置扩展值。

（7）设置前景色为红色,选择【编辑】菜单→【描边】选项,选择"前景色""居外"选项描边文字。按 Ctrl+D 键取消选择。

（8）在【图层】面板中选择图层 1 的【混合模式】为"溶解"选项。

（9）单击【图层】面板的【新建图层】按钮,新建图层 2,选择【矩形选框工具】,在工具选项栏设置羽化值,绘制矩形框。

（10）设置前景色为白色,选择【编辑】菜单→【描边】选项,选择"前景色""居中"选项描边文字。按 Ctrl+D 键取消选择。

（11）在【图层】面板中选择图层 2 的【混合模式】为"溶解"选项。

（12）选择【文件】→【存储】或【存储为】选项,保存文件。

8. 实例八：多面立方体纸盒

将多张图片自由变换,制作多面立方体纸盒,效果如图 6.82 所示。

图 6.81　霓虹灯文字

图 6.82　多面立方体纸盒

（1）启动 Photoshop CC,选择【文件】菜单→【打开】选项,打开多张图片文件,出现多个图片文件窗口。

（2）选择【移动工具】,将所有图片拖入 1 个图像窗口内,每张图片自动放在一个图层上。

（3）双击背景图片的图层图标，将其改为普通图层。

（4）新建图层1，设置背景色为白色，按 Ctrl＋Delete 键，用背景色填充图层1，拖动到所有图层的最下面。

（5）单击最上面的图片图层，再按住 Shift 键选择最下面的图片图层，选择所有图片图层。

（6）单击【图层】面板左下角的【链接图层】选项，链接所有图片图层。

（7）选择【编辑】菜单→【自由变换】选项，调整所有图片大小。

（8）选择【图层】面板左下角的【链接图层】选项，取消链接。

（9）依次处理每个图层。选择图层左侧的眼睛选项，隐藏暂时不处理的图片图层。

（10）选中将要处理的图片图层，选择【编辑】菜单→【变换】选项，选择某种变换操作，将图片变形，并移动到合适位置。

（11）重复对所有图片的变换。

（12）选择【文件】菜单→【存储】或【存储为】选项，保存文件。

9. 实例九：发光物体

使用图层样式给物体增加外发光，效果如图 6.83 所示。

（1）启动 Photoshop CC，打开一张图片。

（2）选择【套索工具】或【磁性套索工具】，选择图片中的物体。

（3）选择【图层】菜单→【新建】选项→【通过剪切的图层】，将选区内的图像剪切到一个新的图层里。

（4）设置前景色为黑色，按 Alt＋Delete 键，将背景层填充为黑色。

（5）选择物体图层，选择【图层】菜单→【图层样式】选项→【外发光】选项，设置外发光效果的参数。

（6）选择【文件】→【存储】或【存储为】选项，保存文件。

10. 实例十：海市蜃楼效果

运用图层蒙版和渐变工具制作海市蜃楼，效果如图 6.84 所示。

图 6.83　发光物体

图 6.84　海市蜃楼

（1）启动 Photoshop CC,打开海面图片和建筑物图片。

（2）用【移动工具】将建筑物图片拖动到海面图片文件窗口中。

（3）选择【编辑】→【自由变换】选项,将建筑物图片变换为合适大小。

（4）选择【矩形选框工具】,设置羽化值选项,在建筑物图片上建立矩形选区。

（5）选择【选择】→【反选】选项,按 Delete 键删除选区外的图像,按 Ctrl＋D 键取消选择。

（6）双击海面图片图层,将背景图层转换为普通图层,拖动到最上面。

（7）单击【图层】面板的新建图层按钮,新建图层 2。设置前景色为白色,按 Alt＋Delete 键填充前景色。拖动图层 2 放在所有图层最下面。

（8）选中海面图片图层,单击【图层】面板的【添加蒙版】按钮。

（9）选择【渐变工具】,编辑渐变色为两边浅色中间深色。在工具选项栏中选择【线性渐变】模式,在海面图片的蒙版图层上拖动,使下面的建筑物图层透出。

（10）选择【画笔工具】,设置前景色为白色,在蒙版图层边缘擦除柔化边缘。

（11）选择【文件】菜单→【存储】或【存储为】选项,保存文件。

11. 实例十一：制作星空

将旋转扭曲、球体、镜头光晕滤镜结合在一起制作星空,效果如图 6.85 所示。

（1）启动 Photoshop CC,选择【文件】菜单→【新建】选项,设置宽度、高度、分辨率,选择 RGB 模式,选择黑色背景,单击【确定】按钮。

（2）新建图层 1,选择【画笔工具】,用深蓝和浅蓝色相间绘制水平线条。

（3）选择【滤镜】菜单→【扭曲】→【旋转扭曲】选项,设置角度参数。

（4）选择【滤镜】菜单→【扭曲】→【球面化】选项,设置数量参数。

图 6.85　制作星空

（5）选择【椭圆选框工具】,按 Shift＋Alt 键,选出圆形球体部分选区。

（6）选择【选择】菜单→【反选】选项,按 Delete 键删除球体外部分。

（7）按 Ctrl＋D 键取消选择,移动球体到合适位置。

（8）新建图层 2,前景色为黑色,选择【渐变工具】,在工具选项栏选择【前景色到透明渐变】类型,选择【线性渐变】模式,在图层 2 上拖动填充为夜空渐变效果。

（9）选择图层 2,选择【滤镜】菜单→【渲染】→【镜头光晕】选项,设置相关参数,单击【确定】按钮。重复执行多次,设置不同亮度、位置、镜头大小的光晕。

（10）选择【文件】菜单→【存储】或【存储为】选项,保存文件。

12. 实例十二：制作水波纹

运用波纹滤镜,结合渐变工具、画笔工具制作水波纹,效果如图 6.86 所示。

（1）启动 Photoshop CC,选择【文件】菜单→【新建】选项,设置宽度、高度、分辨率,选择 RGB 模式,选择白色背景,单击【确定】按钮。

（2）将前景色和背景色分别设为深浅不同的两种蓝色。

（3）选择【渐变工具】,在工具选项栏选择【前景色到背景色】→【线性渐变】模式,拖动填充背景层。

（4）选择【画笔工具】,设置前景色为白色,随意绘制水的线条。

（5）选择【滤镜】菜单→【扭曲】→【波纹】选项,设置相关参数。

（6）选择【文件】菜单→【存储】或【存储为】选项,保存文件。

13. 实例十三：花影朦胧

运用动感模糊、模糊、风滤镜实现花影朦胧效果,如图 6.87 所示。

图 6.86　水波纹

图 6.87　花影朦胧

（1）启动 Photoshop CC,打开一张花朵图片。

（2）使用合适的选区工具创建花朵选区。

（3）选择【编辑】菜单→【复制】→【粘贴】3 次,得到新增加的 3 个图层。

（4）双击背景图层,转换为普通图层后填充为黑色。

（5）选择【编辑】菜单→【自由变换】选项,将 3 个花朵图层中的图像进行变换,再用移动工具排列。

（6）对下面的 2 个花朵图层,选择【滤镜】菜单→【模糊】→【动感模糊】选项,设置相关参数。选择【滤镜】菜单→【风】选项,设置风的方向和大小。

（7）分别设置 3 个花朵图层不同的透明度。

（8）选择【文件】菜单→【存储】或【存储为】选项,保存文件。

14. 实例十四：制作溶洞

运用云彩、风、高斯模糊、光照效果滤镜,结合色相/饱和度完成溶洞制作,效果如图 6.88 所示。

（1）启动 Photoshop CC,选择【文件】菜单→【新建】选项,设置宽度、高度、分辨率,选择 RGB 模式,选择白色背景,单击【确定】按钮。

（2）将前景色和背景色恢复到默认黑白色。选择【滤镜】菜单→【渲染】→【云彩】选项。

（3）选择【滤镜】菜单→【渲染】→【分层云彩】选项，反复应用该滤镜多次。

（4）选择【滤镜】菜单→【风格化】→【风】选项，设置相关参数。

（5）选择【图像】菜单→【图像旋转】→【逆时针90度】选项。

（6）选择【滤镜】菜单→【模糊】→【高斯模糊】选项，设置模糊半径。

（7）重复前4～6步，目的是增强纹理效果。

（8）选择【滤镜】菜单→【渲染】→【光照效果】选项，设置相关参数。

（9）选择【图像】菜单→【调整】→【色相/饱和度】选项，设置相关参数。

（10）选择【文件】菜单→【存储】或【存储为】选项，保存文件。

15. 实例十五：制作烧焦的图片

通过在蒙版上运用晶格化、高斯模糊滤镜及内阴影样式制作烧焦的图片，效果如图6.89所示。

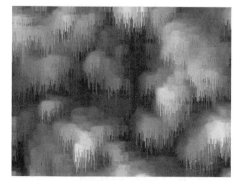

图6.88 溶洞

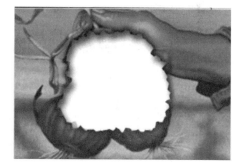

图6.89 烧焦的图片

（1）启动Photoshop CC，选择【文件】菜单→【打开】选项，打开图片文件。

（2）选择【套索工具】，在图片中创建随意选区。

（3）单击工具箱底部【快速蒙版】选项，进入快速蒙版模式。

（4）选择【滤镜】菜单→【像素化】→【晶格化】选项，设置相关参数。

（5）选择工具箱底部的【快速蒙版】选项，返回标准编辑模式。

（6）新建图层1，设置背景色为白色，按Ctrl+Delete键填充选区为白色。按Ctrl+D键取消选区。

（7）双击图层1缩览图，在【图层样式】对话框中选择"内阴影"，设置相关参数。

（8）新建图层2，移动到图层1之下，而在背景层之上。

（9）选择图层2，按Ctrl键单击图层1，在图层2中载入图层1的选区。

（10）选择【选择】菜单→【修改】→【扩展】选项，设置相关参数。

（11）设置前景色为黑色，按Ctrl+Delete键填充黑色。按Ctrl+D键取消选择。

（12）选择图层2，选择【滤镜】菜单→【模糊】→【高斯模糊】选项，设置相关参数。

（13）选择【文件】菜单→【存储】或【存储为】选项，保存文件。

6.2　Microsoft Clipchamp 的应用

6.2.1　Microsoft Clipchamp 基础

Microsoft Clipchamp 是 Windows 11 系统自带的视频制作工具，简单易学，可以在个人计算机上创建、编辑和分享制作的电影。Microsoft Clipchamp 通过简单的拖放操作实现电影画面编排，并且可以为视频添加一些特殊效果、音乐和旁白。下面介绍常用命令及操作。

1. 开始屏幕

Microsoft Clipchamp 启动后，出现开始屏幕，如图 6.90 所示。

图 6.90　Microsoft Clipchamp 开始屏幕

开始屏幕上包括导航栏、【创建新视频】【使用 AI 创建视频】、模板区。导航栏上有主页、品牌套件、模板、添加文件夹选项。模板区提供丰富的视频模板。选择【创建新视频】，可以进入空白视频的编辑窗口。选择某个模板后，单击【使用这个模板】按钮，可以进入具有模板视频的编辑窗口。

2. 编辑窗口

Microsoft Clipchamp 编辑窗口包括导航栏、内容窗格、时间线/情节提要、工具栏、预览监视器、控制面板、视频项目名称、导出按钮，如图 6.91 所示。

（1）导航栏包括【您的媒体】【录像和创建】【模板】【音乐和音效】【文字】【图形】【库存视频】【库存图像】【转换】【品牌套件】选项卡。

（2）选择导航栏上的不同选项卡，内容窗格中显示对应的内容缩略图列表。

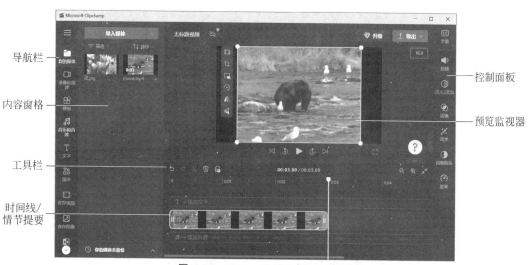

图 6.91　Microsoft Clipchamp 窗口

（3）时间线/情节提要是视频的时间顺序组织区域和操作区域。

（4）工具栏包括对视频编辑操作的常用命令按钮。

（5）控制面板提供对不同素材操作时的设置选项。

（6）预览监视器可以设置视频显示效果、预览视频播放效果。

（7）单击【视频项目名称】可以重命名项目。

（8）单击【导出】按钮，可以将视频导出为 MP4 格式视频文件，可以选择导出的视频分辨率。

3. 选项卡

1）【您的媒体】选项卡

选择【您的媒体】选项卡，在内容窗格中会显示已经导入的媒体素材缩略图列表、【导入媒体】【筛选】【排序】下拉按钮，如图 6.92 所示。

（1）单击【导入媒体】下拉按钮，可以选择浏览导入本地媒体素材，也可以选择从 OneDrive 等云空间导入媒体素材。Clipchamp 支持的媒体类型包括图像、音频、视频文件。鼠标移到媒体素材缩略图上，会出现【添加到时间线】和【删除资产】按钮。

（2）单击【筛选】下拉按钮，在弹出的下拉列表中可以筛选内容窗格显示的媒体类型。

（3）单击【排序】下拉按钮，可以根据日期或名称，对媒体素材进行升序或降序排列。

2）【录像和创建】选项卡

选择【录像和创建】选项卡，内容窗格中会显示录

图 6.92　【您的媒体】选项卡

制屏幕、录制相机、文字转语音按钮，可以录制视频、生成音频媒体文件，如图 6.93 所示。

3）【模板】选项卡

选择【模板】选项卡，内容窗格中会显示片头/片尾、社交媒体广告、游戏等视频模板分类列表。单击分类名称，可以查看该分类下的视频模板，可以搜索模板、查看视频模板的信息、使用模板、添加到用户媒体、添加到时间线，如图 6.94 所示。

图 6.93 【录像和创建】选项卡

图 6.94 【模板】选项卡

4）【音乐和音效】选项卡

选择【音乐和音效】选项卡，内容窗格中会显示音乐和音效分类列表。单击分类名称旁的【查看更多】按钮，可以查看该分类下的音乐或音效文件列表，可以播放音频、搜索音频、添加到用户媒体、添加到时间线，如图 6.95 所示。

5）【文字】选项卡

选择【文字】选项卡，内容窗格会显示纯文本、标题、字幕等文字视频列表。可以播放文字视频、添加到时间线，如图 6.96 所示。

图 6.95 【音乐和音效】选项卡

图 6.96 【文字】选项卡

6)【图形】选项卡

选择【图形】选项卡,内容窗格会显示图形形状视频列表。可以播放图形形状视频、添加到时间线,如图 6.97 所示。

7)【库存视频】选项卡

选择【库存视频】选项卡,内容窗格会显示内置的视频列表。可以播放视频、搜索视频、添加到用户媒体、添加到时间线,如图 6.98 所示。

8)【库存图像】选项卡

选择【库存图像】选项卡,内容窗格会显示内置的图像列表。可以查看图像、搜索图像、添加到用户媒体库、添加到时间线,如图 6.99 所示。

9)【转换】选项卡

选择【转换】选项卡,内容窗格会显示转场效果列表。可以查看转场效果、拖动转场效果到时间线上的剪辑之间应用,如图 6.100 所示。

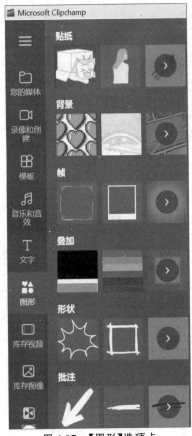

图 6.97 【图形】选项卡

图 6.98 【库存视频】选项卡

4. 时间线/情节提要

时间线/情节提要中有时间线、轨道区和播放头，如图 6.101 所示。

轨道区分为文字、视频、音频轨道。预览监视器中呈现 3 条轨道内容叠加的效果，上面轨道的内容显示在预览监视器的前面，下面轨道的内容显示在预览监视器的后面。拖动播放头或在轨道区上单击可以设定当前播放时间点。可以拖动轨道区的剪辑调整顺序。选择剪辑右击，弹出的快捷菜单中有复制、粘贴、分割、删除、音频静音、音频分离选项。剪辑间存在空隙时，对应的时间线区域以斜线填充，预览监视器上显示黑屏。时间线上当前选择的媒体剪辑有绿色轮廓线。

5. 工具栏

工具栏包括对视频编辑操作的撤销、恢复、分割、删除、复制、当前播放时间点、视频总时长、缩小、放大、缩放到合适大小按钮，如图 6.102 所示。

单击【分割】按钮，可以将时间线上的视频在当前播放时间点切分为两段。缩小、放大、缩放到合适大小按钮可以调整时间线上视频查看的时间精度。

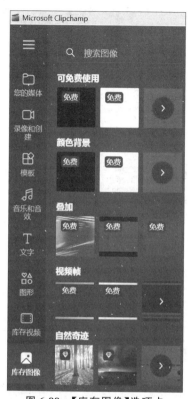

图 6.99 【库存图像】选项卡

图 6.100 【转换】选项卡

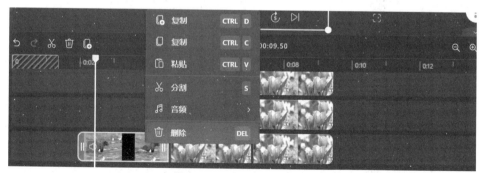

图 6.101 时间线/情节提要

6. 控制面板

控制面板包括字幕、音频、淡入/淡出、滤镜、效果、调整颜色、速度几种面板,用于对时间线上当前选择的媒体剪辑设置效果。

字幕面板用于打开自动字幕,根据视频中的语音生成字幕、隐藏字幕、下载字幕,如图 6.103

图 6.102　工具栏

所示。

　　音频面板用于设置音量、从视频剪辑中分离出音频，如图 6.104 所示。

　　淡入/淡出面板用于设置剪辑淡入/淡出效果的持续时间，如图 6.105 所示。

图 6.103　字幕面板

图 6.104　音频面板

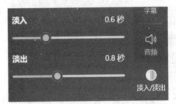

图 6.105　淡入/淡出面板

　　滤镜面板用于在剪辑上添加不同光线下的色调变化效果，如图 6.106 所示。

　　效果面板用于在剪辑上添加旋转、绿幕、模糊等特效效果，如图 6.107 所示。

图 6.106　滤镜面板

图 6.107　效果面板

调整颜色面板用于设置剪辑的曝光度、对比度、饱和度、色温、透明度、混合模式等参数，如图 6.108 所示。

速度面板用于调整剪辑的速度倍速，可以设置 0.1x、1x、2x、4x、16x，如图 6.109 所示。

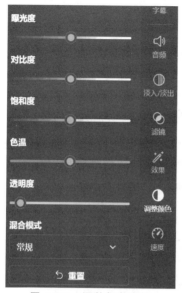

图 6.108 调整颜色面板

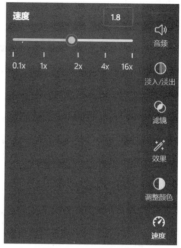

图 6.109 速度面板

7. 预览监视器

预览监视器显示当前播放时间点的视频画面，可以设置视频显示效果，如图 6.110 所示。

图 6.110 预览监视器

预览监视器下方是播放控制器，可以控制视频的播放进度。可以单击【画面比例】，在弹出的下拉列表中选择视频画面的长宽比例。选择预览监视器上的画面，左侧会出现填充、裁剪、画中画、旋转、水平翻转、垂直翻转按钮，可以对当前视频剪辑做相应的操作。

6.2.2 Microsoft Clipchamp 应用实例

组织图片、视频、音频素材，创建一个介绍自然风光的视频，加上片头、片尾和解说字幕、特效等。效果如图 6.111 所示。

图 6.111 自然风光视频

1. 创建视频

启动 Microsoft Clipchamp，在开始屏幕上选择【创建新视频】，或者选择一种视频模板创建视频。

2. 导入媒体

(1) 收集和视频项目主题相关的图片、音频、视频等媒体素材。

(2) 选择【您的媒体】选项卡→【导入媒体】选项，选择媒体素材文件，导入项目中。

3. 制作片头

(1) 选择【文字】选项卡，在内容窗格选择一种文字视频，添加到时间线。

(2) 选择时间线上的文字视频，打开【文字】控制面板，设置文字的内容、字体、大小、颜色、背景等。

(3) 可以打开其他控制面板，为片头设置淡入/淡出、效果、调整颜色参数。

(4) 拖动片头视频两端箭头，调整视频时长。

(5) 可以在预览监视器中播放片头视频，查看后进行调整。

4. 制作视频内容

(1) 将图片、视频、音频等媒体素材添加到时间线。

(2) 选择每段视频剪辑素材，拖动调整位置，拖动两端箭头，调整视频时长。

(3) 选择每段视频剪辑素材，分别设置淡入/淡出、滤镜、效果、调整颜色、速度、转场、旋转、翻转、裁剪、画中画等效果。

（4）可以在预览监视器中播放视频，查看后进行调整。

5. 添加字幕

（1）选择【文字】选项卡，在内容窗格选择一种【字幕】文字视频，添加到时间线。

（2）选择时间线上的字幕视频，打开【文字】控制面板，设置文字的内容、字体、大小、颜色、背景等。拖动两端箭头，调整字幕视频时长。

（3）可以打开其他控制面板，为字幕设置淡入/淡出、效果、调整颜色参数。

6. 制作片尾

（1）选择【文字】选项卡，在内容窗格选择一种【简介/结尾】文字视频，添加到时间线。

（2）选择时间线上的片尾视频，打开【文字】控制面板，设置文字的内容、字体、大小、颜色、背景等。拖动两端的箭头，调整片尾视频时长。

（3）可以打开其他控制面板，为片尾设置淡入/淡出、效果、调整颜色参数。

7. 添加音频

（1）选择【音乐和音效】选项卡，在内容窗格中选择一种音频，添加到时间线。

（2）选择时间线上的音频片段，拖动两端箭头，调整音频时长。

（3）选择时间线上的音频片段，打开【音频】控制面板，设置音量。

8. 完成电影

单击【导出】按钮，选择视频分辨率，生成 MP4 格式视频文件。

6.3　本章小结

Photoshop 是 Adobe 公司开发的平面图形图像处理软件。本章介绍了 Photoshop 的基础知识和 15 个应用实例。

Microsoft Clipchamp 是 Windows 系统自带的视频制作工具。本章介绍了 Microsoft Clipchamp 的基础知识和自然风光视频制作的实例。

6.4　思考与探索

1. 什么是多媒体和多媒体技术？

在计算机领域，"媒体"有以下两个含义：

（1）存储信息的实体，如磁盘、光盘、磁带、半导体存储器等。

（2）传递信息的载体，如数字、文字、声音、图形、图像、动画、视频等。

多媒体技术中的"媒体"指的是"传递信息的载体"，就是指多种信息载体的表现形式和传递方式。多媒体技术是将计算机技术与视频、音频和通信等技术融为一体而形成的技术。

多媒体技术的发展改变了计算机的使用领域，使计算机由办公室、实验室中的专用品变成了信息社会的普通工具，广泛应用于工业生产管理、学校教育、公共信息咨询、商业广告、军事指挥与训练,甚至家庭生活与娱乐等领域。关于多媒体技术及多媒体系统,多媒体技术课程中将深入讲解。

2. 多媒体技术中涉及的关键技术有哪些?

多媒体技术需要硬件和软件的支持,涉及的关键技术如下:

(1) 超大规模集成电路制造技术 VLSI:VLSI 技术使性能强大的数字信号处理芯片成为可能,为多媒体技术的普遍应用创造条件。

(2) 数据压缩及编码技术:多媒体信息的数据量通常是非常大的,尤其是视频数据量,采用数据压缩及编码技术进行处理,使多媒体文件减小,便于存储和传输。

(3) 音频技术:包括音频数字化、语音处理、合成及识别。

(4) 视频技术:包括视频信号数字化和视频编码。

(5) 图形图像技术:图形是计算机绘制的画面。图像是指输入设备捕捉实际场景画面所产生的数字图像。数字图像有位图和矢量图两种形式。

(6) 网络与通信技术:实现语音压缩、图像压缩及多媒体的混合传输。

(7) 虚拟现实(Virtual Reality,VR)技术:通过计算机图像、模拟与仿真、传感器、显示系统等技术和设备,给用户提供一个真实反映操作对象变化与相互作用的三维图像环境所构成的虚拟世界。

多媒体的各项关键技术都有对应的研究方向,涉及面很广。本科阶段涉及的课程主要有数字电路技术、计算机网络、多媒体技术等。有些技术的学习和研究,如数据编码、数字音频技术、数字图像处理技术、数字视频处理技术等课程,要到研究生和博士生阶段进行。

3. 如何实现数据压缩? 数据压缩的方法有哪些?

多媒体数据之间往往具有很大的相关性和冗余性,具有很大的压缩潜力。在允许一定限度失真的前提下,可以对多媒体数据进行压缩。

数据压缩包括编码过程和解码过程。编码过程是将原始数据经过编码进行压缩,以便存储与传输;解码过程是对编码数据进行解码,还原为可以使用的数据。

按解码后的数据与原始数据的一致性分类,分为无损压缩和有损压缩。

(1) 无损压缩编码方法。

使用无损压缩编码方法,解码后的数据将进行重构,和原来的数据完全相同。无损压缩是完全可恢复的或没有偏差的,如磁盘文件压缩。常用的无损压缩方法主要是基于统计的编码方案,如游程编码(Run-length)、霍夫曼(Huffman)编码、算术编码等。无损压缩法一般用于文本数据的压缩,它能保证完全恢复原始数据,但这种方法压缩比低。

(2) 有损压缩编码方法。

使用有损压缩编码方法,将解码后的数据进行重构,与原数据有所不同,但不影响人对原始资料表达信息的理解。有损压缩适用于重构信号不一定要和原始信号完全相同的场合,如图像和声音。在计算机图像和声音数据中,包含的信息往往多于人类能感知的信息。丢掉部分数据,对声音或图像表达的意思没有影响,但可大大提高压缩比。常用的有损压缩方法有 PCM(脉冲编码调制)、预测编码、小波变换压缩等。

关于数据压缩和编码的方法,多媒体技术、数据编码课程中将深入讲解。

4. 为什么视频、音频会有很多种格式,有什么区别吗?

视频、音频文件的格式不同,本质就是采用的编码方式不同。各种编码格式的区别就是压缩比的高低和还原比的优劣。

数据压缩编码标准分为音频压缩技术标准(MPEG)、静止图像压缩编码标准(JPEG)、数字声像压缩标准(MPEG-1)、通用视频图像压缩编码标准(MPEG-2)、低比特率音视频压缩编码标准(MPEG-4)、视频会议压缩编码标准(H.261)等。更先进的编码技术不断出现,可以在更高压缩比的情况下提供优质音画效果。

关于数据压缩编码标准,多媒体技术、数据编码课程中将深入讲解。

6.5 实践环节

(1) 利用 Photoshop 处理素材 1.jpg 和 2.jpg,制作图 6.112 所示的图片效果。

图 6.112 实践 1 效果图

提示:

① 利用通道制作底图背景效果。

② 利用扩展、描边、渐变填充制作文字及边框。

③ 利用动感模糊、外发光制作灯光效果。

④ 利用动作制作图片下半部分的白色细线。

⑤ 利用滤镜/风格化在通道里制作蓝色火焰。

(2) 利用 Photoshop 处理素材 3.jpg 和 4.jpg,制作图 6.113 所示的图片效果。

提示:

① 利用色阶调整"女孩"图片色彩。

② 应用仿制图章,结合色相和饱和度工具去除围巾上的白字。用钢笔工具勾选白色人物外形。

③ 利用圆形框选工具制作背景圆形图案,并添加纹理。

图 6.113 实践 2 效果图

④ 利用彩色半调制作由大到小的圆。

⑤ 利用渐变工具、高斯模糊工具制作"瓢虫"透明球按钮。

⑥ 利用路径面板工具调整文字节点,制作"青春无限"的笔画变化。在文字工具里创建变形文本"青春无限"成半弧形。

（3）利用 Photoshop 处理素材 5.jpg,制作图 6.114 所示的图片效果。

图 6.114 实践 3 效果图

提示:

① 去掉素材图片左上方和右上方的标志,并利用魔棒工具将图片下方的蓝色区域改为白色。

② 利用修复画笔工具去除衣服上的白字。

③ 使用滤镜纹理化图片。

④ 利用填充工具、滤镜云彩效果、龟裂等效果制作相片相框。

⑤ 通过图层的混合选项给相框添加"描边"和"斜面和浮雕"效果。

⑥ 利用文字工具输入"星星工作室",并设置内发光和投影效果。

（4）利用 Microsoft Clipchamp 制作一个学校招生宣传视频,包括片头、片尾、配乐、字幕、图片、视频及特效等。

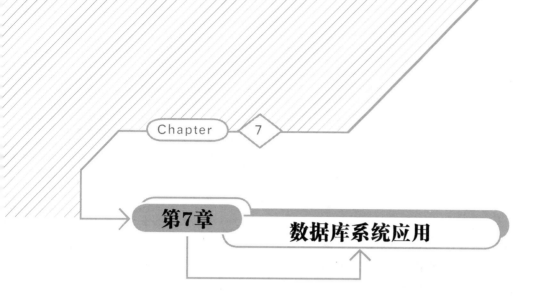

Chapter 7

第7章　数据库系统应用

本章学习目标
- 了解数据库系统的基础知识
- 了解 MySQL 8.0 基础应用

本章先介绍数据库系统的基础知识,再介绍 MySQL 8.0 的基础操作。

7.1　数据库系统基础

7.1.1　数据库系统的基本概念

1. 数据库

数据库(Database,DB)是数据的集合,具有统一的结构形式并存放于统一的存储介质内,是多种应用数据的集成,并可被各个应用程序所共享。

2. 数据库管理系统

数据库管理系统(Database Management System,DBMS)是一种系统软件,包括对数据库中的数据进行组织、操纵、维护、控制、保护及数据服务等功能。

3. 数据库系统

数据库系统(Database System,DBS)是指引进了数据库技术后的计算机系统。数据库系统中包括支持数据库系统的计算机硬件系统、操作系统、数据库、数据库管理系统以及基于数据库管理系统开发的用户应用程序。

4. 数据模型

任何一个数据库管理系统都是基于某种数据模型的,能够反映数据之间的联系。数据库管理系统支持的数据模型有层次模型、网状模型、关系模型和非关系模型。20 世纪 80 年代以来,关系模型逐步替代网状和层次模型,成为当今最流行的数据库模型。随着云计算、大数据技术的发展，非关系型数据库也日渐成熟，得到越来越多的应用。

在关系型数据库管理系统中，数据间的逻辑结构以二维表文件的形式存储。表中的一列称为字段，表中的一行称为记录。能够唯一确定记录的字段或字段组合，称为关键字。对表中的数据进行操作称为关系运算。目前的关系型数据库管理系统都支持结构化查询语言（Structured Query Language，SQL）实现关系运算。当前流行的关系型数据库管理系统有Oracle、SQL Server、MySQL等。

在非关系型数据库管理系统中，数据存储可以不需要固定的表模式，支持列式存储、键值存储、文档存储、图形存储等类型。非关系型数据库管理系统不使用SQL作为查询语言，在复杂数据查询时性能不高，但是具有水平扩展特性，支持超大规模数据存储。典型的非关系型数据库管理系统有Redis、MongoDB、HBase等。

随着云计算、大数据技术的发展，数据库被部署到虚拟云计算环境中，提供云数据库服务。云数据库是一种新型的共享基础架构的方法，具有高可扩展性、高可用性、支持资源有效分发等特点。云数据库产品有Google Cloud SQL、Microsoft SQL Azure、百度云数据库、腾讯云数据库等。

5. SQL基础

SQL是关系型数据库管理系统的标准语言，主要功能是同各种数据库建立联系，进行关系运算。

下面介绍常用的SQL语句语法。在SQL语句的语法格式中，大写的单词是关键字，不可或缺；其余单词是参数，一般是用户定义的名称；[]内是可选项；{}是可重复出现；|是"或"的含义。SQL语句以";"结束。

1）创建数据库语句CREATE DATABASE

用于创建新的数据库。语法格式如下：

```
CREATE DATABASE Database_Name;
```

其中的参数Database_Name是数据库名。

2）选择当前数据库语句USE

用于选择数据库作为当前数据库进行操纵。语法格式如下：

```
USE Database_Name;
```

3）创建表语句CREATE TABLE

用于创建数据库中的表。语法格式如下：

```
CREATE TABLE Table_Name(
Column1_Name Domain [DEFAULT Default_value] [NOT NULL | IDENTITY]
[,Column2_Name Domain [DEFAULT Default_value] [NOT NULL | IDENTITY]]
...
[,PRIMARY KEY (Column_Name[,Column_Name]...)]
[,FOREIGN KEY (Column_Name[,Column_Name]...)
```

```
REFERENCES Table_Name((Column_Name[,Column_Name]...)
[,CHECK (Condition)];
```

其中的关键字 DEFAULT 用于设置默认值；NOT NULL 用于设置字段值不能为空；IDENTITY 用于设置字段值必须唯一；PRIMARY KEY 用于设置表中的主键；FOREIGN KEY 用于设置关联表的主键；REFERENCES 用于引用关联表的主键，CHECK 用于设置约束条件。

其中的参数 Table_Name 是表名，Column1_Name、Column2_Name 是字段名，Domain 是字段类型和长度，Default_value 是字段默认值，Condition 是条件表达式。

4）插入数据语句 INSERT

用于向表中添加新的记录。语法格式如下：

```
INSERT [INTO] {Table_Name | [(Column_List)] | DEFAULT VALUES | Values_List | Select
_Statement};
```

其中的参数 Column_List 是字段列表；Values_List 是字段值列表；Select_Statement 是查询语句返回记录集。

5）查询语句 SELECT

用于对数据库进行查询，并返回满足查询条件的结果数据。语法格式如下：

```
SELECT [ALL| * | DISTINCT] Column1_name [,Column_name,...]
FROM Table_name
[WHERE Condition]
[ORDER BY Column_Name ASC | DESC];
```

其中的关键字 WHERE 用于设置查询条件；ORDER BY 用于排序；ASC 是升序，DESC 是降序。

6）修改数据语句 UPDATE

用于修改符合条件的记录的值。语法格式如下：

```
UPDATE Table_Name
SET Column1_Name=expression | Select_Statement
[Column1_Name=expression | Select_Statement]...
[WHERE Condition];
```

其中的参数 expression 是值表达式。如果不设置条件，则所有记录对应的字段值都进行修改。

7）删除数据语句 DELETE

用于删除表中符合条件的记录。语法格式如下：

```
DELETE [FROM] | Table_Name [WHERE Condition];
```

如果不设置条件，则所有记录都删除。

8）删除表语句 DROP TABLE

用于删除表。语法格式如下：

```
DROP TABLE Table_Name;
```

9）删除数据库语句 DROP DATABASE

用于删除数据库。语法格式如下：

```
DROP TABLE Database_Name;
```

10）查看数据库语句 SHOW DATABASES

用于查看 MySQL 数据库管理系统中的数据库列表。语法格式如下：

```
SHOW DATABASES;
```

11）查看表语句 SHOW TABLES

用于查看当前数据中的表名称列表。语法格式如下：

```
SHOW TABLES;
```

12）查看表结构语句 DESC

用于查看当前数据库指定的表结构。语法格式如下：

```
DESC Table_Name;
```

7.1.2 MySQL 8.0 基础操作

MySQL 8.0 是一款功能强大的关系型数据库管理系统，可以轻松管理数据库，进行基于数据库管理系统的应用程序开发。

安装 MySQL 8.0 和安装一般的应用程序类似。在安装过程中，需要设置 MySQL 数据库服务器的访问账号、密码、端口，在后期访问数据库时需要使用。

下面的实例，实现在 MySQL 8.0 中创建学生数据库 user。在数据库中创建信息表 info，表中有字段 id 记录学号，字段 name 记录姓名，然后对表的数据进行增加、查询、修改、删除等基本操作。

1. 启动 MySQL 8.0

在 Windows 系统应用中选择【MySQL 8.0 Command Line Client】，单击，启动 MySQL 命令行窗口，出现输入登录密码界面，如图 7.1 所示。

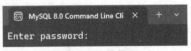

图 7.1　登录界面

2. MySQL 8.0 版本声明

登录成功后，会出现 MySQL 的版本声明，如图 7.2 所示。

3. 创建数据库

输入创建数据库 user 的命令语句，结果如图 7.3 所示。

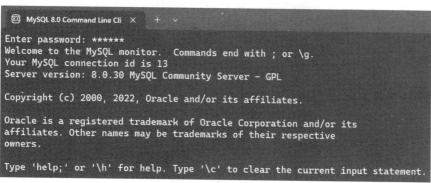

图 7.2　版本声明

```
CREATE DATABASE user;
```

4. 查看数据库

输入查看数据库的命令语句,结果如图 7.4 所示。

```
SHOW DATABASES;
```

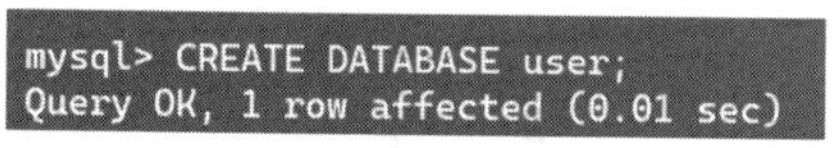

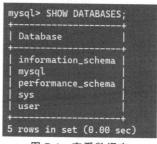

```
mysql> CREATE DATABASE user;
Query OK, 1 row affected (0.01 sec)
```
图 7.3　创建数据库

图 7.4　查看数据库

5. 设置当前数据库

输入设置当前数据库的命令语句,结果如图 7.5 所示。

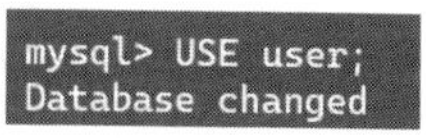

```
mysql> USE user;
Database changed
```
图 7.5　设置当前数据库

```
USE user;
```

6. 创建表

创建 info 表,设置字段 id 数据类型为 int(整型)、主键;字段 name 数据类型为 varchar(字符串型),长度为 20。输入创建表命令语句如下:

```
CREATE TABLE info(
id int primary key,
name varchar(20));
```

结果如图 7.6 所示。

```
mysql> CREATE TABLE info(
    -> id int primary key,
    -> name varchar(20));
Query OK, 0 rows affected (0.01 sec)
```

图 7.6　创建表

7. 查看表和表结构

输入查看当前数据库中表的命令语句，再输入查看指定表结构的命令语句，结果如图 7.7 所示。

```
SHOW TABLES;
DESC info;
```

```
mysql> show tables;
+----------------+
| Tables_in_user |
+----------------+
| info           |
+----------------+
1 row in set (0.00 sec)

mysql> desc info;
+-------+-------------+------+-----+---------+-------+
| Field | Type        | Null | Key | Default | Extra |
+-------+-------------+------+-----+---------+-------+
| id    | int         | NO   | PRI | NULL    |       |
| name  | varchar(20) | YES  |     | NULL    |       |
+-------+-------------+------+-----+---------+-------+
2 rows in set (0.00 sec)
```

图 7.7　查看表和表结构

8. 添加数据

输入添加数据的命令语句，添加 3 条记录，结果如图 7.8 所示。

```
INSERT INTO info (id,name) values('1','a');
INSERT INTO info (id,name) values('2,'b');
INSERT INTO info (id,name) values('3','c');
```

```
mysql> insert into info (id,name) values('1','a');
Query OK, 1 row affected (0.01 sec)

mysql> insert into info (id,name) values('2','b');
Query OK, 1 row affected (0.01 sec)

mysql> insert into info (id,name) values('3','c');
Query OK, 1 row affected (0.01 sec)
```

图 7.8　添加数据

9. 查询数据

输入查询全部记录的命令语句：

```
SELECT * FROM info;
```

输入条件查询命令语句查询部分数据,例如,查询 id 字段值为 1 的记录,命令语句如下:

SELECT * FROM info WHERE id=1;

结果如图 7.9 所示。

图 7.9 查询数据

10. 修改数据

输入修改数据的命令语句,例如,在 id 为 3 的记录中修改 name 值为 cc,语句如下:

UPDATE info SET name='cc' WHERE id=3;

可以用 SELECT 命令语句查看修改后的结果,如图 7.10 所示。

图 7.10 修改数据

11. 删除数据

输入删除数据的命令语句,例如,删除 id 为 3 的记录,语句如下:

DELETE FROM info WHERE id=3;

输入命令语句删除所有记录:

DELETE FROM info;

可以用 SELECT 语句查看删除后的结果,如图 7.11 所示。

```
mysql> delete from info where id=3;
Query OK, 1 row affected (0.01 sec)

mysql> select * from info;
+----+------+
| id | name |
+----+------+
|  1 | a    |
|  2 | b    |
+----+------+
2 rows in set (0.00 sec)

mysql> delete from info;
Query OK, 2 rows affected (0.01 sec)

mysql> select * from info;
Empty set (0.00 sec)
```

图 7.11　删除数据

12. 删除表

输入删除表的命令语句:

```
DROP TABLE info;
```

可以用 SHOW TABLE 命令语句查看删除后的结果,如图 7.12 所示。

```
mysql> drop table info;
Query OK, 0 rows affected (0.01 sec)

mysql> show tables;
Empty set (0.00 sec)
```

图 7.12　删除表

13. 删除数据库

输入删除数据库的命令语句:

```
DROP DATABASE user;
```

可以用 SHOW DATABASES 命令语句查看删除后的结果,如图 7.13 所示。

```
mysql> drop database user;
Query OK, 0 rows affected (0.00 sec)

mysql> show databases;
+--------------------+
| Database           |
+--------------------+
| information_schema |
| mysql              |
| performance_schema |
| sys                |
+--------------------+
4 rows in set (0.00 sec)
```

图 7.13　删除数据库

7.2 本章小结

数据库是数据的集合,具有统一的结构形式,并存放于统一的存储介质内。数据库管理系统是一种系统软件,包括对数据库中的数据进行组织、操纵、维护、控制、保护及数据服务等功能。数据库系统是指引进了数据库技术后的计算机系统。

数据模型有层次模型、网状模型、关系模型和非关系模型。关系模型是当今最流行的数据库模型。随着云计算、大数据技术的发展,非关系型数据库也得到越来越多的应用。

SQL语言是关系型数据库管理系统的标准语言,主要功能是同各种数据库建立联系,进行关系运算。本章介绍了在 MySQL 8.0 中采用 SQL 命令语句进行数据库和表的基本操作实例。

7.3 思考与探索

1. Excel 软件是数据库管理系统吗?

不是。Excel 能够以表格形式存储数据,有对数据进行搜索、筛选、排序、计算、可视化等数据处理、数据分析功能,但是不具备数据共享、编程应用、数据安全保护等数据管理功能,所以不是数据库管理系统。关于数据库技术中的概念,数据库技术课程中将深入讲解。

2. 现实世界中的事物具备很多复杂的数据和联系,怎么才能正确转换为数据库系统中的数据呢?

人类对现实世界中的事物及联系采用概念模型进行抽象描述。概念模型包括实体、属性、联系。例如,一个学生是实际事物,在概念模型中称为实体。学生具有学号、姓名、性别等信息,在概念模型中称为属性。一门课程是一个实体。课程具有课程号、课程名、学分等属性。学生实体和课程实体的联系是选课。一个学生可以选择多门课程,一门课程可以有多个学生,选课是多对多的联系。

在数据库技术中,为了正确分析实体、属性和联系,采用实体关系(Entity-Relationship,E-R)图来描述概念模型,再通过概念模型转换为逻辑模型,例如关系模型,就可以对应设计数据库系统中的数据了。关于 E-R 图的分析和建立,数据库技术课程中将深入讲解。

3. 设计关系型数据库中的表时,有什么规范吗?

关系型数据库用表来描述数据和数据之间的联系。如果数据库中的关系模式设计得不合适,会造成数据冗余、更新异常、插入异常、删除异常等问题。好的关系模式必须满足一定的规范化要求。满足不同程度的要求就构成了不同级别的范式。关系模式有第一范式(1NF)、第二范式(2NF)、第 3 范式(3NF)、修正的第 3 范式(BCNF)、第四范式(4NF)和第五范式(5NF)。关于关系的范式,数据库技术课程中将深入讲解。

7.4 实践环节

（1）在 MySQL 8.0 中，创建"学生成绩管理系统"数据库，完成以下操作。

① 创建"成绩信息表"，包含"学号""课程名""成绩"字段，设计各字段的类型和属性。其中"学号"是主键。

② 在"成绩信息表"中添加至少 5 条记录。

③ 查询"成绩信息表"中学号为"1"的学生的成绩。

④ 修改"成绩信息表"中学号为"1"的学生的成绩。

⑤ 删除"成绩信息表"中学号为"1"的学生的成绩。

⑥ 查询所有学生的成绩。

（2）查找资料，了解其他数据库管理系统的功能和特点，撰写学习报告。

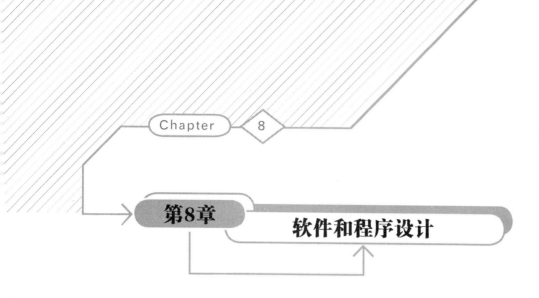

Chapter 8

第8章　软件和程序设计

本章学习目标
- 掌握程序设计的基本步骤
- 了解程序设计中涉及的关键技术

本章先介绍程序设计的基本步骤,再介绍程序设计中的关键技术。

8.1　程序设计基础

8.1.1　程序设计的步骤

软件是程序和文档的集合。不论是系统软件还是应用软件,程序都是其中最核心的部分。程序设计是编写解决特定问题程序的过程。程序设计往往以某种程序设计语言为工具,分析问题,找出算法,编写代码,调试代码,发布程序,解决问题。

(1) 分析问题:对问题进行分析,研究所要处理的数据、给定的条件、要达到的目标,寻找解决问题的规律,选择解题方法。

(2) 找出算法:根据解题方法设计解题步骤和实现流程。

(3) 编写代码:根据算法选择编程语言,利用编程语言编写源代码。

(4) 调试代码:将源代码转换为机器上可以运行的目标代码,根据运行结果修改程序排除故障。

(5) 发布程序:已经调试成功可用的程序可以发布提供给用户,以解决问题,除了程序代码外,还要编写程序文档,以便用户使用。

对于计算机专业的学生,至少要熟练掌握一门编程语言,熟悉程序设计的基本方法,培养计算思维能力,能够具有利用计算思维分析问题和解决问题的能力。

1. 编程语言

编程语言是人与计算机交流的工具。根据对问题的分析，将解决问题的方法和步骤用具体的编程语言描述出来，能够在计算机上运行，便能利用计算机的强大能力解决问题。

编程语言分为机器语言、汇编语言和高级语言。机器语言和汇编语言是面向机器底层的编程语言，编程者需要了解机器的硬件结构，程序指令可以直接操作硬件。高级语言是接近人类自然语言的编程描述语言，不需要了解不同机器的硬件结构，编写更容易，有较高的可读性和可维护性。现在使用的编程语言通常是高级语言，在嵌入式和一些涉及硬件底层的环境中也会用到汇编语言。

下面举例对一些编程语言作对比介绍。

1）机器语言

机器语言是根据机器的硬件结构，用1或0的组合描述对硬件发出的控制。例如，8086 CPU中有很多寄存器。想要让其中两个寄存器中的数3和5相加，需要给寄存器电路和运算器电路发控制信号完成操作。一个16位的二进制机器指令0000000111011000代码如图8.1所示：其中第10～15位的000000会通过控制器产生运算器电路做加法的控制信号，第9位的0、第8位的1和第3～5位的011会通过电路产生访问第3个寄存器的控制信号，第6～7位的11和第0～2位的000会通过电路产生访问第0个寄存器的控制信号。寄存器电路和运算器电路在控制信号控制下完成运算功能。

```
位号  15 14 13 12 11 10 9 8 7 6 5 4 3 2 1 0
       0  0  0  0  0  0  0 1 1 0 1 1 0 0 0
```

图8.1　二进制机器指令代码

2）汇编语言

机器语言的二进制串不容易书写、维护，容易出错。用助记符描述指令中的信息，便于书写维护。例如，在8086 CPU中，用符号命名第0个寄存器为AX，给第3个寄存器命名为BX，用ADD表示要操作运算器做加法运算，制定指令格式为先写要完成的操作（操作码），再写要操作的数据或硬件名称。则两个寄存器相加的指令描述为ADD AX,BX。汇编语言采用了助记符，虽然比机器语言方便了，但是编程者必须了解机器的硬件结构，而且不同机器的硬件结构不一样，汇编语言的程序也不同。汇编语言编写的源程序必须转换成机器语言的程序，才能真正地控制硬件工作。汇编语言源程序经过汇编、连接操作，转换为机器语言的目标程序。

3）高级语言

高级语言采用自然语言中的符号来表达要完成的操作。比如3和5相加，直接写成"X=3+5"，很容易理解。高级语言编写的源程序必须转换为机器语言的程序，才能真正地控制硬件工作。完成转换的方法有编译和解释。

（1）Fortran语言。

Fortran语言是世界上最早的高级语言，广泛应用于科学和工程计算领域。下面是一个

用 Fortran 语言编写 Hello World! 的例子。

```
program main
Implicit none
write(*,*) "Hello World"!
end
```

（2）Pascal 语言。

Pascal 语言是最早的结构化编程语言，常用于算法和数据结构的描述。下面是一个用 Pascal 语言编写 Hello World!的例子。

```
program Hello;    {程序首部}
begin{程序开始}
    writeln('Hello World! ');{程序执行}
end.{结束程序}
```

从以上的例子可以看出，Pascal 程序由程序首部、程序开始、程序执行和程序结束部分组成。

（3）BASIC 语言。

BASIC 语言相对其他编程语言来说简单易用，具有"人机会话"功能，在程序格式和语法上也不太严格，比较适合初学者。下面是一个用 BASIC 语言编写 Hello World!的例子。

```
10  PRINT "Hello World!"
20  END
```

（4）Cobol 语言。

Cobol 语言是最接近自然语言的高级语言之一，它使用了 300 多个英文保留字，语法规则严格，程序通俗易懂。常用于商业数据处理领域。

下面是一个商业计算的例子。终端上接受操作员用键盘输入的商品数量值，然后将数量乘以单价得出总价，最后在显示屏幕上显示总价。Cobol 语言的部分程序段如下。

```
ACCEPT  QUANTITY
MULTIPLY  QUANTITY  BY  PRICE  GIVING
TOTAL-PRICE
DISPLAY  TOTAL-PRICE
```

（5）C 语言。

C 语言兼顾高级语言与汇编语言的特点，灵活性好，效率高，常用来开发比较底层的软件。下面是一个用 C 语言编写 Hello World! 的例子。

```
#include <stdio.h>
int main(void)
{
    printf("Hello World!");
```

```
    return 0;
}
```

（6）C++语言。

C++在 C 语言基础上加入了面向对象的特性，既支持结构化编程，又支持面向对象编程。其应用领域十分广泛，是现在使用较多的语言之一。可以声明一个全局的类的实例，这样，在 main 函数执行之前会调用这个类的构造函数，结束之后则会调用析构函数。下面是一个用 C++语言编写 Hello World!的例子。

```cpp
#include <iostream.h>
class say
{
    public:
    say()
    {
        cout<<"Hello";
    }
    ~say()
    {
        cout<<"World!";
    }
}h;
void main()
{
    cout<<"o";
    return;
}
```

（7）Java 语言。

Java 语言是非常流行的一种编程语言，具有平台无关性、安全性、面向对象、分布式、健壮性等特点。Java 本身也是一个平台，分为 3 个体系（Java SE、Java EE、Java Me），适合企业应用程序和各种网络程序的开发。下面是在图形界面下用 Java 语言编写 Hello World!的例子。

```java
import java.awt.*;
import java.awt.event.*;
    class HelloWorld extends Frame
    {
        public static void main(String args[])
        {
            HelloWorld Hello= new HelloWorld();
            Label lbl= new Label("Hello World");
            Hello.setTitle("Hello World");
            Hello.setSize(300,200);
            Hello.setBackground(new Color(224,224,224));
```

```
        Hello.add(lbl);
        lbl.setAlignment(1);
        lbl.setFont(new Font("Arial",Font.PLAIN,24));
        Hello.setLocation(260,180);
        Hello.show();
        Hello.addWindowListener(new WindowAdapter()
    {
        public void windowClosing(WindowEvent wet)
        {
            System.exit(0);
        }
    });
    }
}
```

(8) Delphi 语言。

Delphi 语言以 Pascal 语言为基础，扩充了面向对象的能力，并加入了可视化的开发手段，用于开发 Windows 环境下的应用程序。下面是用 Delphi 语言编写 Hello World!程序的例子。

在程序界面上拖一个 Button 控件，一个 Label 控件，在 Button 的单击事件中编写如下代码。

```
procedure TForm1.Button1Click(Sender: TObject);
begin
    label1.Caption := 'Hello World! ';
end;
procedure TForm1.FormCreate(Sender: TObject);
begin
end;
end.
```

(9) C♯语言。

C♯语言是微软发布的一种面向对象的、运行于.NET Framework 之上的高级程序设计语言，充分借鉴了 C++、Java、Delphi 的优点，是现在微软.NET 平台上的主角。下面是用 C♯语言编写 Hello World!程序的例子。

```
using System;
class TestApp
{
    public static void Main()
    {
        Console.WriteLine("Hello World!");
        Console.ReadKey();
    }
}
```

（10）标记语言。

标记语言主要用来描述网页的数据和格式,没有传统编程语言提供的控制结构和复杂的数据结构定义。如超文本标记语言 HTML 和可扩展标记语言 XML。下面是用 HTML语言在网页上显示 Hello World!的例子。

```
<html>
<head></head>
<body>
Hello World
</body>
</html>
```

（11）脚本语言。

脚本语言是为了缩短传统语言程序的编写—编译—链接—运行过程而创建的计算机编程语言。脚本语言一般作为其他语言应用程序的补充。假定已经存在一系列由其他语言写成的有用的组件,脚本语言把组件连接在一起,实现特定功能。如 Python、VBScript、JavaScript、InstallshieldScript、ActionScript 等。下面是用 JavaScript 脚本语言在 HTML 文档中显示 hello World 的代码。

```
<script language="JavaScript">
    function sayHello(){
        document.write("Hello World");
    }
    sayHello();
</script>
```

2. 软件开发环境

软件开发环境是指在基本硬件的基础上,为支持软件的工程化开发和维护而使用的一组软件。软件开发环境包括软件工具和系统环境机制。软件工具用以支持软件开发的相关过程、活动和任务。系统环境机制为工具集成和软件的开发、维护及管理提供统一的支持。

集成开发环境是用于提供程序开发环境的应用程序,一般包括代码编辑器、编译器、调试器和图形用户界面工具。集成开发环境和编程语言并不是一对一的,一个集成开发环境可能支持多种编程语言,一种编程语言也可能被多个集成开发环境所支持。

比较成熟的集成开发环境有微软的 Visual Studio 系列、Borland 的 C++ Builder、Delphi系列等。Java 语言流行后,Eclipse 以插件结构以及在功能和用户交互上的创新赢得 Java 用户的好评。随着.NET 口号的提出,微软发布了 Visual Studio .NET,引入了建立在.NET 框架上的托管代码机制以及一门新语言 C♯。

3. 数据结构

Pascal 语言之父、结构化程序设计的先驱、著名的瑞士科学家沃思（Niklaus Wirth）认为：算法＋数据结构＝程序。在程序设计时,适合的数据结构可以带来更高的运行或存储效率。数据结构是数据在计算机内存储、组织的方式。

1）数据元素的结构关系

数据元素的结构关系包括逻辑结构、存储结构和运算结构。

（1）数据的逻辑结构是指数据元素之间的逻辑关系，指前后件关系，与存储位置无关。有集合、线性结构、树状结构、图状结构关系。

（2）数据的存储结构是指数据元素在计算机内存储空间中的存放形式。有顺序、链接、索引、散列等多种方式。不同的存储方式对算法的时间性能、空间性能等有较大的影响。

（3）数据的运算结构是指选择数据的存储结构之后，访问数据实现运算。即使是相同的存储结构，也可能存在不同的算法实现。

2）数据的操作

不同的数据逻辑结构，其对应的运算集也可能不同，常用的操作如下。

（1）创建操作：建立数据的存储结构。

（2）销毁操作：对已经存在的存储结构，将释放其所有空间。

（3）插入操作：在数据存储结构的适当位置加入一个新的数据元素。

（4）删除操作：将数据存储结构中某个满足指定条件的数据元素删除。

（5）查找操作：在数据存储结构中查找满足指定条件的数据元素。

（6）修改操作：修改数据存储结构中某个数据元素的值。

（7）遍历操作：对数据存储结构中的每一个数据元素，按某种路径访问一次且仅访问一次。

3）数据结构举例

工厂中有订单数据表，如表 8.1 所示。

表 8.1　订单数据表

订单号	物料编码	物料名称	开工时间	完工时间	数量	制单人
00010	12100	长针	2016-7-1	2016-8-1	300	张三
00010	12100	长针	2016-9-1	2016-9-10	60	李四
00011	12400	盘带	2016-7-5	2016-7-15	35	张三
00011	12400	盘带	2016-7-13	2016-7-30	250	李四

现在要查找某个制单人的订单。如果找到，就显示其制作的所有订单；如果没有找到，就给出找不到订单的提示。订单数据存放到计算机的存储器中。

（1）第 1 种存储结构。

直接按照表中的订单数据结构顺序存放到计算机中。采用这种存储结构时，要查找某个制单人的信息，如"张三"，需要从第一个订单到最后一个订单逐一比较制单人姓名是否是张三，若找到，则可显示订单记录，一直到所有订单比较完。若找遍整个表也没有找到，则显示未找到提示。这种算法在订单数不多时可行，但订单数很多时就不实用了。

（2）第 2 种存储结构。

将订单表数据按顺序存放到计算机中，另外再按制单人姓名顺序建立一张索引表，记录每个制单人订单的存放地址，如表 8.2 所示。

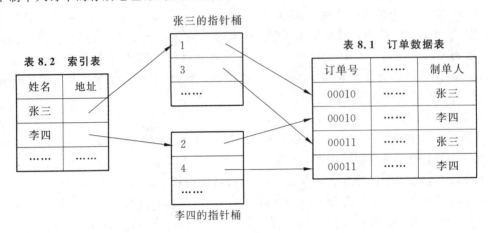

表 8.2　索引表

姓名	地址
张三	
李四	
……	……

张三的指针桶

1
3
……

李四的指针桶

2
4
……

表 8.1　订单数据表

订单号	……	制单人
00010	……	张三
00010	……	李四
00011	……	张三
00011	……	李四

采用第 2 种存储结构查找"张三"的信息，只要首先在索引表中查找姓名列，然后根据索引表中的地址去订单表中查找记录即可，查找速度比第 1 种快很多。

4. 算法

算法是解决一个问题或实现某一目标的逐步实现过程。使用特定的可以在计算机上执行的程序来描述算法，就是向计算机发送一系列命令来描述所要解决问题的各个对象和处理规则。没有好的算法，计算机完成一件工作可能需要很长时间；而有好的算法，完成一件工作可能仅需几秒。

1）算法的设计方法

算法的设计方法有分治策略、动态规划、贪心算法、回溯法、分支限界、概率算法等。对同一问题，可能存在多种算法。衡量一个算法好坏的依据是正确性、可读性、健壮性、效率。设计算法的时候，要综合考虑算法的使用频率和所使用机器的软硬件环境等因素。

2）算法的复杂度

算法的复杂度是算法运行所需要的计算机资源的量，包括时间复杂性和空间复杂性。对于任意给定的问题，设计复杂度尽可能低的算法是用户追求的一个重要目标。

（1）算法的时间复杂度。

算法的时间复杂度反映了算法执行时间的长短，而算法的执行时间受到算法策略、处理的数据个数、采用的语言工具、编译的机器代码质量、执行指令的硬件速度、程序运行的软件环境等因素影响。

算法的时间复杂度 $T(n)$ 定义为：$T(n)=O(f(n))$ 当且仅当存在正常数 c 和 N，对所有的 $n(n \geqslant N)$ 满足 $0 \leqslant T(n) \leqslant c \times f(n)$。

函数 $f(n)$ 是 $T(n)$ 取值的上限，随着问题规模 n 的增长，算法执行时间的增长率和 $f(n)$

的增长率相同。一般地,如果 $f(n)=a_m n^m + a_{m-1}n^{m-1}+\cdots+a_1 n^1+a_0$,且 $a_i \geqslant 0$,则 $f(n)=O(n^m)$。计算函数时只考虑函数中大的数据,而那些不显著改变函数级的部分都忽略掉,这种算法时间复杂度也称为渐近时间复杂度。

假设一个算法由 n 条指令构成,则

$$算法的执行时间 = \sum_{i=1}^{n} 指令序列(i)的执行次数 \times 指令序列(i)的执行时间$$

可以通过计算程序中每条语句重复执行的次数之和来估算一个算法的执行时间。

(2) 算法的空间复杂度。

算法的空间复杂度是度量算法所需存储空间的量度。程序运行时,需要的存储空间包括固定空间和可变空间。固定空间主要包括算法本身的程序代码、常量、变量所占的空间。可变空间是程序运行中输入和处理数据所需的额外空间。

空间复杂 $S(n)=O(f(n))$,其中 n 为问题的规模。

3) 算法举例

给定一个整数序列 $A_1,A_2,\cdots,A_n$(可能有负数)。求 $A_1 \sim A_n$ 的一个子序列 $A_i \sim A_j$,使得 A_i 到 A_j 的和最大。比如,整数序列 -2、11、-4、13、-5、2、-5、-3、12、-9 的最大子序列和是 $A_2 \sim A_9$ 的和 21。

(1) 算法 1:穷举法。

采用穷举所有子序列的方法,利用三重循环,依次求出所有子序列的和,再取和最大的那个。算法如下:

```
1    Public static int maxsub(int[] sequence){
2    int max=0;                              //求出子序列和中最大值
3    int n=sequence.length;                  //整数序列数据个数
4    int sum=0;                              //子序列求和初值
5        //第一重循环计算长度为 i 的所有子序列的和的最大值
6    for(int i=1;i<=n;i++);                  //子序列长度
7        for(int j=0;j<n;j++){               //子序列元素起始编号
8            sum=0;                          //子序列和初值为 0
9            for(int k=j;k<j+i && k<n;k++)   //子序列中元素编号
10               Sum+ =sequence[k];          //子序列中每个元素累加
11           If(sum>max);                    //如果有大的子序列累加和出现,放到 max 中
12               Max=sum;
13           }
14    Return max;
15    }
```

该算法中的关键操作是第 10 行的加法运算,这行语句重复执行的次数为

$$\sum_{i=1}^{n} i \times (n-i+1) = O(n^3)$$

因此,算法的时间复杂度为 $O(n^3)$。这种方法在 n 较大时就不可行了。

(2) 算法 2：动态规划法。

```
1    public static int maxsub(int[ ] sequence){
2        int max=0;                        //求出子序列和中最大值
3        int n=sequence.length;            //整数序列数据个数
4        int sum=0;                        //子序列求和初值
5        for(int i=0;i<n;i++){;            //整数序列中扫描数据编号
6            sum+=sequence[i];             //累加新的数据
7            if (sum>max)                  //如果有新的大的子序列和出现
8                max=sum;                  //更新最大子序列和
9            else if(sum<0)                //若扫描到负数 sum 减小
10               sum=0;                    //放弃之前扫描的子序列
11           }
12       return max;
```

此算法只要对数组扫描一遍即可。在从左到右的扫描过程中记录当前子序列的和 sum,若这个和不断增加,那么最大子序列和 max 也不断增加,则需要不断更新 max;若往前扫描到负数,那么当前子序列的和将会减少,此时 sum 会小于 max,则 max 不更新。若 sum 降到 0,说明前面扫描的那一段可以抛弃了,这时将 sum 置 0,然后 sum 将从后面对剩下的子序列进行求和分析。这样一趟扫描得到结果,算法的时间复杂度是 $O(n)$。

可以看到,对一个具体问题的求解,会有多种算法。设计效率良好的算法是算法分析与设计的根本任务。

5. 程序结构

一般的编程语言,程序设计中都有 3 种基本形式的控制结构。这 3 种基本控制结构是顺序结构、分支结构和循环结构。

顺序结构是指程序中的各操作语句按照出现的先后顺序逐条执行。

分支结构是程序执行时根据给定的条件进行判断,按照判断的结果选择对应的语句执行。不同的条件判断结果决定了程序执行的流程。

循环结构是程序在某条件成立的时候反复执行某个或某些操作,直到条件不成立才终止重复。

解决实际问题时,三种结构在程序中经常是穿插、嵌套使用的。

6. 编译和解释

高级语言源程序需要转换为二进制机器代码程序才能执行。高级语言源程序转换为二进制机器代码程序的过程分为编译和解释。解释是对源程序边转换边执行,不生成最终的二进制目标程序。编译是得到转换后的目标程序后再执行。

编译程序的工作过程相当复杂,从数据加工的角度来看,编译可以分为 4 个逻辑阶段：词法分析、语法分析、语义分析(中间代码产生)、目标代码生成。

1) 编译的 4 个阶段

(1) 词法分析。

执行词法分析任务的程序称为词法分析器。词法分析器的功能是将字符串形式的单词转换为编码形式的单词内部码(二元式),转换的依据是编程语言的构词规则。

(2) 语法分析。

执行语法分析任务的程序称为语法分析器。语法分析器的功能是检查源程序的语法结构是否正确,检查的依据是编程语言的语法规则。

(3) 语义分析。

语义分析的主要工作是语义正确性检查和语义翻译。语义翻译包括说明语句的翻译、执行语句的翻译。执行语义分析任务的程序称为语义分析器或中间代码产生器。语义分析的任务是建立符号表和常数表,记录源程序中标识符属性和常数值,根据语言的语义规定生成中间代码。分析的依据是编程语言的语义内涵。

① 中间代码是结构简单、意义明确的记号系统,非常接近机器指令,但又独立于具体机器。常用的中间代码有三元式和四元式。

② 符号表用于记录源程序中出现的标识符,一个标识符往往具有一系列的语义值,它包括标识符的名称、标识符的种属、标识符的类型、标识符值的存放地址等。每个标识符在符号表中有一项记录,用于记录标识符的各种语义值,而在四元式中填写的是标识符在符号表中的记录地址,通常称为符号表入口。

③ 常数表用于记录在源程序中出现的常数。

(4) 目标代码生成。

执行目标代码生成的程序称为目标代码生成器。目标代码生成器的任务是将中间代码转换为目标代码(机器指令或汇编语言)。转换的依据是目标机器的系统结构。

2) 编译举例

下面以算术表达式 $3+abc*128$ 为例,来说明编译程序工作过程。

(1) 词法分析。

设计单词内部码二元式格式如下:

(单词种别,单词值)

① 单词种别:用整数码表示(为直观起见用字符表示),语法分析时用。

② 单词值:在本书中用字符串表示,语义分析时用。当一个单词种别中可能有多个单词时,单词的值才有意义。为了便于输入处理,无意义的单词值用 NUL 表示。

本示例的二元式编码如表 8.3 所示。

表 8.3　二元式编码

单词	单词种别(字符形式)	单词值(字符串形式)
+	+	NUL
−	−	NUL
*	*	NUL

单词	单词种别(字符形式)	单词值(字符串形式)
/	/	NUL
(	(	NUL
)	)	NUL
……	……	……
标识符	i	字符串形符号名
整常数	x	字符串形式数字
实常数	y	字符串形式数字
……	……	……

经词法分析后,算术表达式 3+abc＊128 的单词内部码(二元式)如下:

('x',"3") ('+ ',"NUL") ('i',"abc") ('＊', "NUL") ('x',"128")

(2) 语法分析。

在语法分析时,算术表达式 3+abc＊128 的语法结构应表示为 x+i＊x,语法分析器最终应识别出这是一个算术表达式,识别过程相当于建立一棵语法树,如图 8.2 所示。

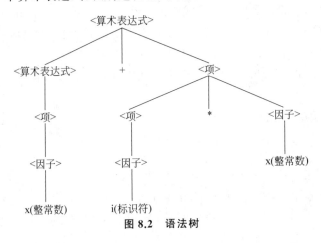

图8.2 语法树

(3) 语义分析。

① 表达式 3+abc＊128 可译成如下四元式:

(＊,&abc,&128,&T1)
(+ ,&3,&T1,&T2)

其中,&abc 表示标识符 abc 在符号表中入口;T1 和 T2 是在翻译过程中由编译程序引入的临时变量;而 &128 表示常数 128 在常数表中的地址。

② 符号表的结构如表 8.4 所示。

表 8.4　符号表的结构

内存地址	符号名	种属	类型	……	……
未分配	abc	简单变量	整型	……	……
未分配	T1	简单变量	整型	……	……
未分配	T2	简单变量	整型	……	……

③ 假定每个整常数在常数表中占 2B,每个实常数在常数表中占 4B。常数表的结构如表 8.5 所示。

（4）目标代码生成。

上述算术表达式最终形成的汇编语言程序示意如下：

表 8.5　常数表的结构

常数的二进制值
00000000-00000011(3)
00000000-01000000(128)

```
Load    R0, abc
Mul     R0, 128
Store   R0, T1
Load    R0, 3
Add     R0, T1
Store   R0, T2
```

7. 程序的运行和测试

运行可执行程序,能够得到运行结果。运行结果正确并不意味着程序完全正确,没有缺陷。在现实的软件开发中,由于程序设计者没有完全遵循设计及需求定义,以及运行的软件、硬件、中间件、网络环境、使用程序的用户等因素,都可能造成程序执行的各种故障发生。例如,用户的误操作,网络反应时间过慢造成数据不一致等。一般来讲,每个系统投入使用前都残留一些不致命的缺陷、错误,系统投入使用后就会显现出来。要确保软件的质量,就必须进行软件测试。

要去除所有缺陷是非常困难的。软件测试的目标是通过测试设计、执行测试活动尽可能多地发现程序中存在的错误并修正。

按照测试过程是否在实际应用环境中进行,软件测试分为静态分析和动态测试两种。

测试的方法分为测试的分析方法和测试的非分析方法两种。测试的分析方法是通过分析程序的内部逻辑来设计测试用例,包括白盒法和静态分析法。测试的非分析方法是根据程序的功能来设计测试用例,又叫黑盒法。

8. 编写程序文档

程序文档是指与程序研制、维护和使用有关的材料,它描述软件设计的细节,说明软件的功能、软件的操作说明等。软件文档的质量对于软件的开发、分发、管理、维护、转让、使用等都有重要的作用,对充分发挥软件产品的作用具有重要意义。

8.1.2　程序设计实例

用 C++ 编写一个程序,实现从键盘输入 4 个整数,对数据排序并输出的功能。

1. C++ 开发环境

支持 C++ 程序开发的环境很多,其中 Dev C++ 是一个轻量级的 C++ 集成开发环境,集源程序的编写、编译、连接、调试、运行以及应用程序的文件管理于一体。

启动 Dev C++,如图 8.3 所示。

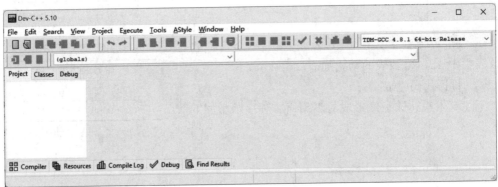

图 8.3　Dev C++ 窗口

2. 编写程序

在 Dev C++ 中开发应用程序,以项目文件形式进行管理。下面介绍用 Dev C++ 开发本实例应用的过程。

1) 创建项目文件

(1) 选择【File】菜单→【New】选项→【Project】选项,在【New Project】对话框中选择【Console Application】选项卡,选择【C++ Project】选项,在【Name】输入框中输入工程项目名,单击【OK】按钮。【New Project】对话框如图 8.4 所示。

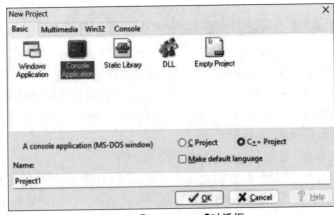

图 8.4　【New Project】对话框

（2）选择项目的保存位置，单击【保存】按钮，项目文件扩展名为 dev。接着出现源程序开发窗口，其中已有源程序主函数 main() 的基本框架代码，如图 8.5 所示。

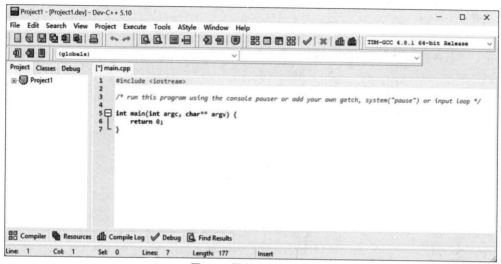

图 8.5　源程序开发窗口

2）编辑源代码

输入源代码如下。

```
#include <iostream>                    //预处理命令包含头文件
int main(int argc, char** argv) {      //主函数
int a,b,c,d,t;                         //变量声明
scanf("%d %d %d %d",&a,&b,&c,&d);      //输入 4 个数据
if(a>b){t=a;a=b;b=t;}                  //数据比较排序
if(a>c){t=a;a=c;c=t;}
if(a>d){t=a;a=d;d=t;}
if(b>c){t=b;b=c;c=t;}
if(b>d){t=b;b=d;d=t;}
if(c>d){t=c;c=d;d=t;}
printf("%d %d %d %d",a,b,c,d);         //输出排序结果
    return 0;
}
```

输入源代码窗口如图 8.6 所示。

本实例程序采用变量存储数据。如果需要排序的数据是 100 个，本实例程序的数据采用变量存储数据，就需要定义 100 个变量名称，存储和访问效率都很低下，此时可以考虑用数组这种存储结构。本实例程序采用分支判断语句，依次对数据进行比较，在数据量大的时候效率低下。可以考虑采用循环语句，采用冒泡排序、插入排序等算法。

3. 编译项目文件

（1）选择【Execute】菜单→【Compile】选项，开始编译文件。【Compile】菜单如图 8.7 所示。

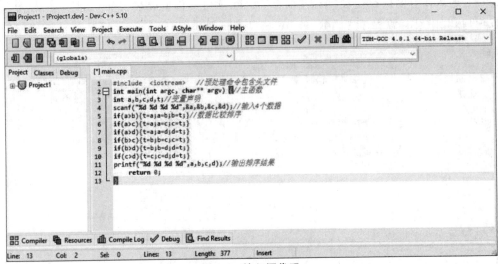

图 8.6　输入源代码

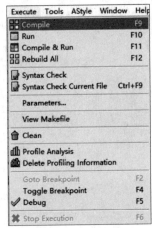

图 8.7　编译项目

（2）如果程序有错，会显示编译错误，需要根据具体错误修改源程序，再编译至无错为止。编译正确可以生成目标文件和可执行文件。目标文件扩展名为 o；可执行文件扩展名为 exe。编译正确结果如图 8.8 所示。

4. 运行程序

选择【Execute】菜单→【Run】选项，运行程序，如图 8.9 所示。

5. 测试程序

分析本实例程序，设计时没有考虑输入的数据有效性，比如输入实数或者字符串之类。所以设计实数或字符串测试用例进行测试，程序运行会出错。此时需要修改程序，增加输入数据的有效性检查，才能解决这个缺陷。

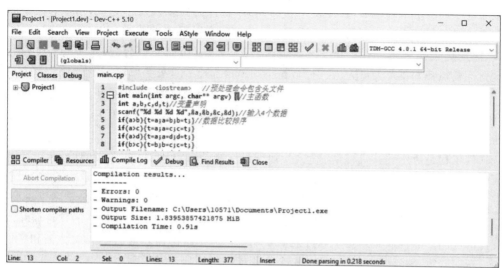

图 8.8　编译正确结果

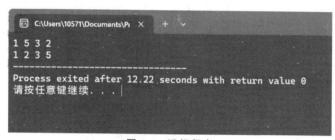

图 8.9　运行程序

8.2　本章小结

软件是程序和文档的集合。不论是系统软件还是应用软件,程序都是其中最核心的部分。程序设计是编写解决特定问题程序的过程。程序设计往往以某种程序设计语言为工具,分析问题,找出算法,编写代码,调试代码,发布程序,解决问题。

对于计算机专业的学生,至少要熟练掌握一门编程语言,熟悉程序设计的基本方法,提高计算思维能力,能够具有利用计算思维分析问题和解决问题的能力。

8.3　思考与探索

1. 在软件开发中,个人编程能力是不是最重要的?

在软件开发中,个人编程能力不是最重要的。

早期的程序开发完全凭借个人经验和技术独立进行,个人编程能力确实很重要。

随着软件需求量的增加，软件复杂度的提升，软件需要多人协作完成，形成作坊式的开发方式。但是这种方式效率低，软件质量差。如 IBM 公司 20 世纪 60 年代开发的 OS/360 系统，耗资几千万美元，用了 5000 多人，拖延几年才交付，而交付后，每年发现近 100 个错误。软件系统开发花费大量人力、财力，结果却半途而废。这就是"软件危机"。

"软件危机"产生的原因是由于软件的研制和维护本身是工程性的任务，但是"作坊式"的开发并未能工程化。为了解决这个问题，20 世纪 60 年代末至 70 年代初，"软件工程"技术逐渐发展起来。

软件工程是应用计算机科学、数学及管理科学等原理，借鉴传统工程的原则、方法来创建软件，从而达到提高软件质量、降低开发成本的目的。计算机科学和数学用于构造模型、分析算法。工程科学用于制定规范，明确风格，评估成本，确定权衡。管理科学用于进度、资源、质量、成本等的管理。软件工程的目标就是研制开发与生产出具有良好的软件质量和费用合算的产品。软件质量是指该软件能满足明确的和隐含的需求能力的有关特征和特性的总和。费用合算是指软件开发运行的整个开销能满足用户要求的程度。

关于软件工程的管理过程，软件工程课程中将深入讲解。

2. 软件测试在软件开发中占的时间、成本比例是不是最少？

软件测试在软件开发过程中占有重要地位，测试阶段占用的时间、成本占的比例很大，并且直接影响软件的质量。一般来说，软件测试到运行要花费全体工程 25%～50% 的时间。与软件开发的上游工程所对应的测试包括单元测试、结合测试、系统测试、运行测试。在当今的软件工程中，一般结合测试和系统测试要占全体工程 30% 的工时，再加上系统运行所需全体工程的 20% 工时。要去除软件中的错误，确保软件质量并不是容易的事。如果测试环节草率，系统运行时出现故障，将会造成损害或返工的后果。

关于软件测试的方法和过程，软件测试课程中将深入讲解。

3. 这么多高级语言，应该选择哪种学习？

随着计算机科学的发展和应用领域的扩大，编程语言不断更新，编程思想不断发展。每个时期都有一些主流编程语言，也有一些编程语言出现和消亡。每种语言都有优点和缺点，适用的应用领域也不同。学习编程语言时，不仅要掌握某种语言本身，更重要的是要掌握编程的思想，培养良好的编程习惯。计算机科学课程体系会涉及多种编程语言的学习和程序设计实践。就业后也需要不断学习新的编程思想和语言，才能跟上计算机学科的发展趋势。

4. 典型的数据结构有哪些？

典型的数据结构有线性表、栈、队列、树、图等。

(1) 线性表中数据元素之间的关系是一对一的关系，除了第一个和最后一个数据元素，其他数据元素都是首尾相接的。线性表在计算机中可以用顺序存储和链式存储两种存储结构表示。

(2) 栈是计算机中的一个动态存储区域。栈中的数据元素按照先进后出的规则进行访问，插入和删除数据只能在栈的一端进行。栈是一种特殊的线性表。

(3) 队列是一种特殊的线性表，只允许在表的前端进行删除操作，在表的后端进行插入操作。因此队列又称为先进先出的线性表。

（4）树是一种非线性结构。树由一个集合以及在该集合上定义的一种关系构成。集合中的元素称为树的节点,所定义的关系称为父子关系。父子关系在树的节点之间建立了一个层次结构。

（5）图是一种复杂的数据结构。在图状结构中,每个数据元素都可以和其他任意的数据元素相关。图由顶点集和边集组成。

关于数据结构的类型和操作,数据结构课程中将深入讲解。

5. 编译程序的功能就是将高级语言源程序翻译成目标程序吗?

编译程序除了将高级语言源程序翻译成目标程序这个基本功能外,还具备语法检查、调试措施、修改手段、覆盖处理、目标程序优化、不同语言合用以及人—机联系等功能。

（1）语法检查:检查源程序是否合乎语法。对于不符合语法的代码,编译程序要指出语法错误的位置、性质和有关信息。

（2）调试措施:在编译出的目标程序中安置一些输出指令,以便根据运行时的信息检查源程序是否符合设计者的意图。

（3）修改手段:为用户提供简便的修改源程序的手段。

（4）覆盖处理:在一些处理程序长、数据量大的大型程序中,设置一些程序段和数据共用某些存储区,其中只存放当前要用的程序或数据,其余程序和数据在辅存中,待需要时再调入。

（5）目标程序优化:提高目标程序的质量。

（6）不同语言合用:此功能有助于用户利用多种程序设计语言编写应用程序或套用已有的不同语言书写的程序模块。

（7）人—机联系:便于用户在编译和运行阶段及时了解系统运行情况。

关于编译程序的原理、方法,编译原理课程中将深入讲解。

6. 软件开发就是完成代码编写,对吗?

软件开发不只有代码编写一个环节。

软件生命周期(Software Life Cycle,SLC)是指软件从构思之日起,到报废或停止使用的生命周期。软件生命周期内有问题定义、可行性分析、需求分析、系统设计、编码和单元测试、综合测试、验收与运行、维护升级到废弃等阶段。

（1）问题定义:对项目软件的性质、目标和规模进行分析定义。

（2）可行性分析:估计项目软件的成本和效益。

（3）需求分析:确定项目软件必须具备的功能,得出经过用户确认的系统逻辑模型。

（4）系统设计:制定项目软件实施方案的详细计划,设计软件的结构,确定软件的模块组成、模块之间的关系以及软件层次结构。

（5）编码和单元测试:选用程序设计语言书写项目软件程序,测试每个模块。

（6）综合测试:将模块集成后通过各种类型的测试使软件达到预定的要求。

（7）验收与运行:在用户参与下对项目软件进行验收,还可以通过现场测试或平台运行等方法进一步测试检验。

（8）维护升级：改正错误、完善程序等必要的维护活动，使系统持久地满足用户需要。

在软件开发过程中，需要按照软件工程思想原则采用合适的软件过程模型，对软件开发过程的每个阶段都要有定义、过程、审查，并形成文档，才能制作完成质量较高、易于维护的软件产品。

关于软件生命周期和过程模型的知识，软件工程课程中将深入讲解。

8.4　实践环节

（1）你曾接触过哪种高级编程语言？撰写报告，介绍这种编程语言的特点、开发环境、程序设计的步骤。

（2）选择一个程序运行，尝试使用不同的数据、操作等方式，找出程序中存在的缺陷。

（3）选择一个你不熟悉的程序，通过阅读程序的帮助文档学习该程序的使用，了解程序文档的重要性。

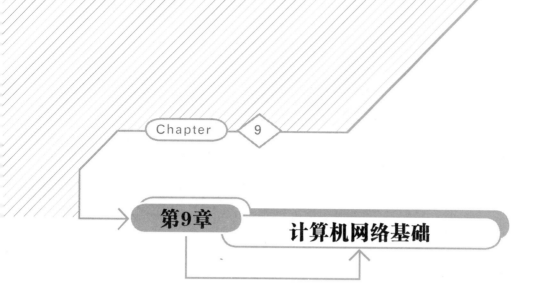

本章学习目标
- 了解计算机网络的基本组成
- 熟练掌握计算机网络的软件、硬件基本操作
- 了解网络安全技术

本章先介绍计算机网络的软件、硬件基本组成,再介绍网络的基本操作,最后介绍网络安全技术的基础知识。

9.1 计算机网络组成

计算机网络是将地理位置不同的具有独立功能的多台计算机及其外部设备,通过通信线路连接起来,在网络操作系统、网络管理软件及网络通信协议的管理和协调下实现资源共享和信息传递的系统。一个完整的计算机网络系统由计算机网络硬件系统和网络软件系统构成。

9.1.1 计算机网络硬件系统

网络硬件系统包括数据处理终端和数据通信设备两大部分。数据处理终端完成网络数据信息的收集、存储、处理任务,如计算机系统、网络打印机等。数据通信设备包括传输介质、网络互联设备。按照节点的连接形式分类,网络硬件系统有总线型、环状、星状、树状、网状。计算机网络硬件系统结构如图 9.1 所示。

1. 计算机系统

计算机系统提供网络资源,并进行网络资源共享操作。根据在网络中的用途,计算机系统可分为个人计算机、工作站、服务器。

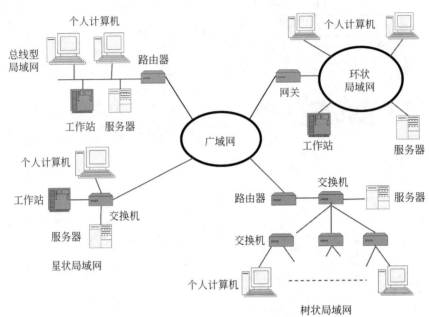

图 9.1　计算机网络硬件系统结构

（1）服务器是网络系统的核心，主要负责数据处理和通信控制，并向系统内的其他各种网络设备提供服务。

（2）个人计算机和工作站是负责网络操作及人机交互的工具。工作站比个人计算机性能强大，一般用于处理特定的数据或有专业的用途。

2. 传输介质

传输介质是传输网络信号的物理通道。有线传输介质包括双绞线、同轴电缆、光纤。无线传输介质包括无线电波、卫星通信、激光通信等。

1）双绞线

双绞线是由两条相互绝缘的导线按照一定的规格互相缠绕在一起制成的网络传输介质。双绞线可以用来传输数字信号，也可以传输模拟信号。双绞线支持各种类型的网络拓扑结构，抑制共模干扰能力强，可靠性高。计算机的网卡通过 RJ-45 连接器（俗称水晶头）与双绞线相连。

双绞线包括非屏蔽双绞线（Unshielded Twisted Pair，UTP）和屏蔽双绞线（Shielded Twisted Pair，STP）。

（1）非屏蔽双绞线。

非屏蔽双绞线由一对或几对双绞线甚至几十对双绞线加一塑料护套组成，如图 9.2 所示。

（2）屏蔽双绞线。

屏蔽双绞线由一对或几对双绞线组成，外面由屏蔽材料包裹，最外层是一个塑料护套，如图 9.3 所示。

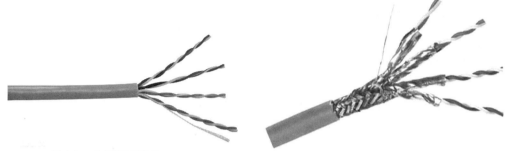

图 9.2　非屏蔽双绞线（UTP）　　　　　　　　图 9.3　屏蔽双绞线（STP）

非屏蔽双绞线和屏蔽双绞线内部使用的材料相同,特性相当。由于屏蔽层的作用,屏蔽双绞线的信号传输距离比非屏蔽双绞线远,抗干扰能力也强一些。屏蔽双绞线的成本比非屏蔽双绞线贵,安装也麻烦,必须配有支持屏蔽功能的特殊连接器。屏蔽双绞线具有较高的传输速率,100m 内可达 155Mbps,最大使用距离限制在几百米内。

2）同轴电缆

同轴电缆的中心有根导线,导线外面是绝缘层,绝缘层的外面是屏蔽金属层。屏蔽金属层可以是网状的,也可以是密集型的,用于屏蔽电磁干扰和辐射。电缆的最外层是一层绝缘材料。同轴电缆如图 9.4 所示。

同轴电缆可分为基带同轴电缆和宽带同轴电缆两种,目前常用的是基带同轴电缆。计算机通过网卡上的卡扣配合型连接器（Bayonet Nut Connector,BNC）与 T 型头连接器相接,连接到同轴电缆上。

3）光纤

光纤是由石英玻璃、塑料或晶体等对光透明的材料制成的能传输光波的纤维。光纤内部是双层同心圆柱体的纤芯。在纤芯外围再加一层包层,便形成裸光纤。光纤如图 9.5 所示。

图 9.4　同轴电缆

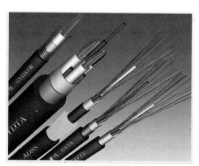

图 9.5　光纤

光纤分为多模光纤和单模光纤。在多模光纤结构中,光可以从发射机到接收机之间选择几种路径方式通过。单模光纤有一个极小的芯,通过这个芯,光信号从一端到另一端只能选择一条路径通过。单模光纤需要既小又精确的光源,只适用于一个传输模式的光纤类型。

4) 无线电波

无线电波以 10～100m 的电磁波进行信号传输,工作频率范围为 3～30MHz。短波通信可以通过地表以地波形式传播,也可以通过电离层的反射以天波形式传播。短波通信广泛应用于电话、电报、传真、广播等业务。

微波通信使用频率在 300MHz～10GHz 的微波信号进行通信。微波通信沿直线进行信号传播,并且不能穿透障碍物。微波通信超过视距后需要中继站转发。

5) 卫星通信

卫星通信是利用人造卫星进行中转的通信方式。卫星通信如图 9.6 所示。

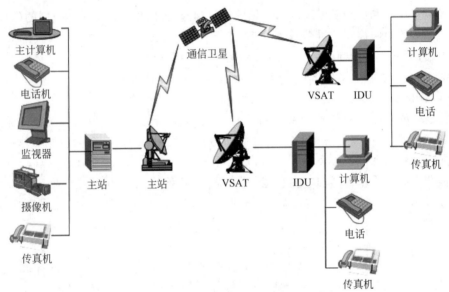

图 9.6　卫星通信示意图

卫星通信的频率是 1～10GHz 的微波频段。现代卫星通信技术与计算机技术相结合,实现 VSAT 小型智能化地球站。卫星通信覆盖范围广,通信容量大。同一信道可用于不同方向或不同区间,同时可在多处接收,能经济地实现广播、多址通信,缺点是传输时延较大,费用较高。

6) 激光

激光通信是利用激光束作为信息载体进行的通信方式。与微波空间通信相比,激光空间通信波长较短,具有高度的相干性和空间定向性,通信容量大,低功耗、体积小、高度保密以及建造成本低等特点。

3. 网络互联设备

网络互联设备用来实现网络中主机与主机、网络与网络间的连接、数据信号的转换以及路由选择等。常见的网络互联设备有网卡、网桥、交换机、路由器、网关等。

1）网卡

网卡是局域网中连接计算机和传输介质的接口，如图 9.7 所示。

网卡不仅能实现计算机与局域网传输介质之间的物理连接和电信号匹配，还涉及帧的发送与接收、帧的封装与拆封、介质访问控制、数据的编码与解码以及数据缓存的功能等。

2）交换机

交换机是一种用于网络中计算机连接的主要设备，如图 9.8 所示。

图 9.7　网卡

图 9.8　交换机

（1）交换机有多个端口，每个端口都具有桥接功能，可以连接一个局域网或一台高性能服务器或工作站。交换机内部的 CPU 会将网卡的媒体访问控制地址（Media Access Control，MAC）（又称为物理地址）和端口对应，形成一张 MAC 表。在通信过程中，发往某MAC 地址的数据包将仅送往其对应的端口，而不是所有的端口。

（2）按网络覆盖范围，交换机分为广域网交换机和局域网交换机。广域网交换机主要用于电信城域网、互联网接入等广域网中。局域网交换机用于局域网络，用于连接终端设备。

（3）按传输介质和传输速度，交换机分为以太网交换机、快速以太网交换机、千兆以太网交换机、10 千兆以太网交换机。以太网交换机是带宽在 100Mbps 以下的以太网使用的交换机，价格便宜，应用范围广。快速以太网交换机用于 100Mbps 快速以太网，目前主要以10/100Mbps 自适应型为主。千兆以太网交换机用于千兆以太网中，带宽可达 1000Mbps，一般用于大型网络的骨干网段。10 千兆以太网交换机主要为了适应 10 千兆以太网络的接入，一般应用于骨干网段上，采用的传输介质为光纤。

（4）目前交换机是应用最广泛的集线设备，在大型网络中，可以利用交换机的虚拟局域网（Virtual Local Area Network，VLAN）功能划分广播域，减少网络风暴对整个网络的影响。

图 9.9　路由器

3）路由器

路由器用来连接不同的网段或网络，如图 9.9 所示。路由器根据信道的情况自动选择和设定路由，以最佳路径，按前后顺序发送信号。路由器通常用于节点众多的大型企业网络环境，与交换机和网桥相比，在实现骨干网的互联方面，路由器，特别是高端路由器有着明显的优势。路由器具有高度的智能化，对各种路由协议、网络协议和网络接口的广泛支持，还有其独具的安全性和访问控制等功能和特点，是网桥和交换机等其他互联设备不具备的。

(1) 路由器按性能可分为高、中、低端路由器。低端路由器主要适用于小型网络的Internet 接入或企业网络远程接入，端口数量、类型、包处理能力都非常有限。中端路由器适用于较大规模的网络，具有较高的包处理能力，具有较多的网络接口，适应于较复杂的网络结构。高端路由器主要应用于大型网络，拥有非常高的包处理性能，端口密度高，类型多，能适应复杂的网络环境。

(2) 路由器按结构分为模块化结构路由器和非模块化结构路由器。模块化结构路由器有若干插槽，可以插入不同的接口卡，进行灵活升级和变动，可扩展性好。非模块化结构路由器提供固定的端口，可扩展性较差，一般价格比较便宜。通常中高端路由器为模块化结构，低端路由器为非模块化结构。

(3) 路由器按应用分为骨干级(核心层)路由器、企业级(分布层)路由器、接入级(访问层)路由器。骨干级(核心层)路由器实现企业级网络互联，位于网络中心，要求快速的包交换能力和高速的网络接口。企业级路由器连接许多终端系统，系统相对简单，数据流量较小。接入级路由器主要应用于连接家庭或小型企业的局域网。

企业级路由器用于连接多个逻辑上分开的网络，主要是连接企业局域网与广域网。一般来说，企业异种网络互联、多个子网互联，都应当采用企业级路由器完成。

常用的企业级路由器一般具有 3 层交换功能，提供千/万(Mbps)端口的速率、服务质量(Quality of Service, QoS)、多点广播、强大的虚拟专用网络(Virtual Private Network, VPN)、流量控制，支持互联网协议第 6 版(Internet Protocol Version6, IPv6)、组播以及多协议标记转换(Multi-protocol Label Switching, MPLS)技术等特性，满足企业用户对安全性、稳定性、可靠性的要求。

无线路由器是带有无线覆盖功能的路由器，将宽带网络信号通过天线转发给附近的无线网络设备，如笔记本计算机、支持无线保真(Wireless-Fidelity, WiFi)的手机等。

9.1.2　计算机网络软件系统

计算机网络软件系统包括网络操作系统、网络管理软件、网络服务器软件、网络应用软件、网络协议等。

1) 网络操作系统

网络操作系统是为网络计算机提供通信和资源共享的操作系统，是负责管理整个网络资源和网络用户的软件的集合。网络操作系统运行在服务器之上，因此被称为服务器操作系统。常见的网络操作系统有 Windows Server 2003、UNIX、NetWare、Linux 等。

2）网络管理软件

网络管理软件能够配置网络节点，收集并管理网络信息等操作，以保障网络能正常、可靠地运行。

3）网络服务器软件

网络服务器软件运行于特定的网络操作系统之上，提供所需的网络服务。Web 服务器软件有 IIS、Apache 等，FTP 服务器软件有 Serv-U 等。

4）网络应用软件

网络应用软件能够与服务器进行通信，直接为用户提供访问网络服务的手段，例如用于网页浏览的 IE 浏览器、用于上传或下载文件的 CuteFTP 等。

5）网络协议

网络协议是网络上所有设备之间通信规则的集合。网络协议规定了通信时信息必须采用的格式和这些格式的意义。网络协议包括语法、语义和同步。常见的网络协议有传输控制协议/因特网互联协议（Transmission Control Protocol/Internet Protocol，TCP/IP）、分组交换/顺序分组交换（Internetwork Packet Exchange/Sequences Packet Exchange，IPX/SPX）等。

9.2 计算机网络基本操作

9.2.1 网络硬件基本操作

1. 双绞线的制作

1）做线标准

美国电子工业协会（Electronic Industries Association，EIA）/美国通信工业协会（Telecommunications Industries Association，TIA）568 国际综合布线标准中制定了双绞线做线标准 568A 和 568B 标准。

（1）EIA/TIA 568A 标准线序定义依次为绿白、绿、橙白、蓝、蓝白、橙、棕白、棕，如表 9.1 所示。

表 9.1 EIA/TIA 568A 标准

1	2	3	4	5	6	7	8
绿白	绿	橙白	蓝	蓝白	橙	棕白	棕

（2）EIA/TIA 568B 标准线序定义依次为橙白、橙、绿白、蓝、蓝白、绿、棕白、棕，如表 9.2 所示。

表 9.2 EIA/TIA 568B 标准

1	2	3	4	5	6	7	8
橙白	橙	绿白	蓝	蓝白	绿	棕白	棕

2) 做线方法

双绞线可以做成直通线、交叉线和反转线。

(1) 直通线的应用最广泛,用于路由器和交换机、个人计算机和交换机等不同设备之间的连接。双绞线的两端都使用 EIA/TIA 568A 或 EIA/TIA 568B 标准定义的针脚做线。

(2) 交叉线一般用于路由器和路由器、个人计算机和个人计算机等相同设备之间的连接。交叉线的一端使用 EIA/TIA 568A 标准定义的针脚做线,另一端使用 EIA/TIA 568B 定义的针脚做线。

(3) 反转线常用于连接路由器 Console 端口进行路由器配置。反转线两端的线序排列顺序完全相反。

3) 做线步骤

(1) 剥线:使用压线钳的剥线部分将双绞线一端的外层剥离。

(2) 排线:根据做线方法确定线序,将内部信号线摆平排列。

(3) 剪线:保持线缆平整,使用压线钳将线缆头剪齐,线缆信号线长度不超过 1.2cm。

(4) 插线:把剪好的电缆插入水晶头。插入的时候要注意水晶头的把子朝下,水晶头接口面向上,线序保持不变,用力均匀,完整地插到水晶头的底部,确保保护套也被插入插头。

(5) 压线:把水晶头放入压线钳下面对应的压线口下,使用压线钳压线。

(6) 测试:将做好的线缆两头分别插入测线仪,观察测线仪指示灯闪动情况,判断线缆是否制作成功。

2. 企业级路由器的配置

1) 连接到路由器

将个人计算机连接到路由器的局域网(Local Area Network,LAN)口,路由器的广域网(Wide Area Network,WAN)口连接网络宽带进线(或者调制解调器)。

2) 登录 AR Web 管理平台

(1) 打开浏览器,在地址栏输入 192.168.1.1,如果已经连接成功,会弹出路由器设置登录窗口。输入用户名和密码,完成登录。一般默认的账户和密码是 admin,具体可以查看路由器说明书。路由器设置登录窗口如图 9.10 所示。

图 9.10 AR Web 管理平台

（2）登录后进入路由器设置，由于路由器不同，设置界面也不同。华为 AR1220-S 路由器设置窗口包括设备概览、快速向导、基础配置、安全配置和系统管理功能选项卡。【设备概览】窗口如图 9.11 所示。

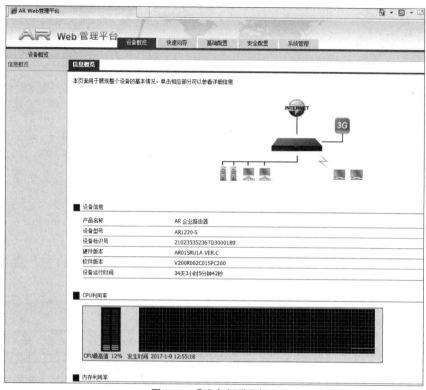

图 9.11　【设备概览】窗口

3）快速向导

（1）【快速向导】窗口。

运用快速向导可以设置上网所需的基本网络参数。【快速向导】窗口如图 9.12 所示。

（2）宽带连接配置。

选择宽带连接配置，设置连接模式、WAN 口，是否启用 VLAN、IP 地址、域名系统（Domain Name System，DNS）服务器等信息。宽带连接配置窗口如图 9.13 所示。

WAN 是广域网，指作用范围几十千米到几千千米的网络。

VLAN 是虚拟局域网，是从逻辑上将局域网设备划分网段的技术。

IP 地址是为了实现网络通信，给网络中的每台计算机分配的全球唯一的标识地址。

DNS 是域名系统，是实现域名与 IP 地址相互映射的一个分布式数据库。DNS 由域名解析器和域名服务器组成。

（3）局域网配置。

局域网配置包括设置 VLAN、IP 地址、动态主机配置协议（Dynamic Host Configuration

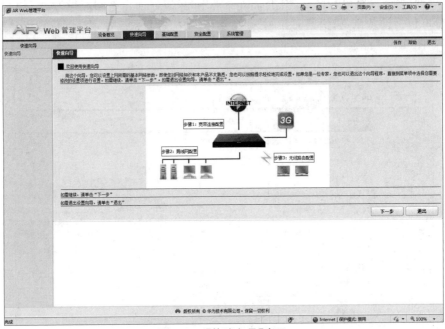

图 9.12　【快速向导】窗口

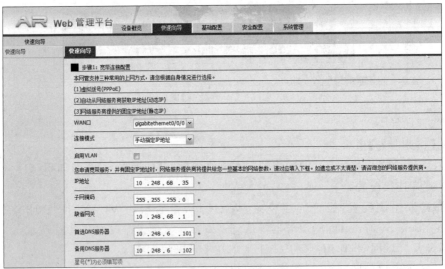

图 9.13　宽带连接配置窗口

Protocol,DHCP)服务等,如图 9.14 所示。

DHCP 是动态主机配置协议,通常被应用在大型的局域网络环境中,主要作用是集中地管理、分配 IP 地址,使网络环境中的主机动态地获得 IP 地址、DNS 服务器地址等信息,并提升地址的使用率。

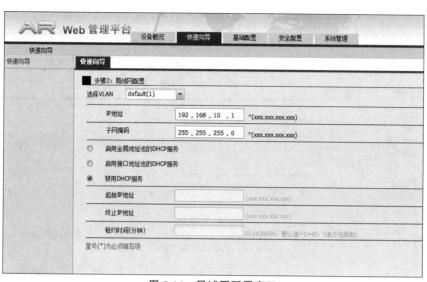

图 9.14 局域网配置窗口

（4）完成快速向导。

完成快速向导可以看到配置的参数，如图 9.15 所示。此时，操作系统任务栏托盘区域显示网络连接图标，表示可以正常上网了。

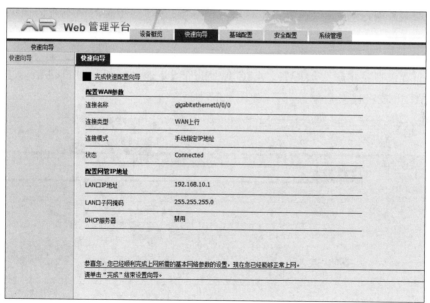

图 9.15 完成快速向导

4）基础配置

基础配置包括 WAN 接口配置、LAN 接口配置、WLAN 接口配置、3G 接口配置、网络配置、VPN 配置、QoS 配置、远程管理配置，【基础配置】窗口如图 9.16 所示。

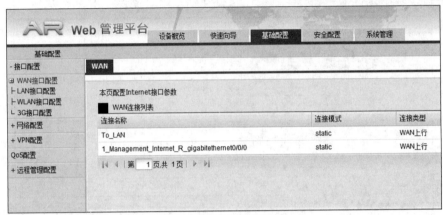

图 9.16 【基础配置】窗口

LAN 是局域网，指在某一区域内由多台计算机互联成的计算机组。局域网的覆盖范围一般是几千米以内。

WLAN 是无线局域网，是一种利用射频技术进行数据传输的系统。

VPN 是虚拟专用网络，功能是在公用网络上建立专用网络，进行加密通信，在企业网络中有广泛应用。

QoS 是服务质量，指一个网络能够利用各种基础技术，为指定的网络通信提供更好服务的能力。

5）安全配置

安全配置包括基本防火墙配置、MAC 地址过滤、防地址解析协议（Address Resolution Protocol，ARP）攻击，【安全配置】窗口如图 9.17 所示。

图 9.17 【安全配置】窗口

MAC 地址是硬件地址，由每张网卡设定唯一的硬件编号来确定网络设备的位置。

ARP 是地址解析协议，是根据 IP 地址获取物理地址的一个 TCP/IP。

6）系统管理

系统管理包括设备重启、用户管理、一键恢复、配置维护、软件升级、故障诊断工具、时钟设置、日志管理，【系统管理】窗口如图9.18所示。

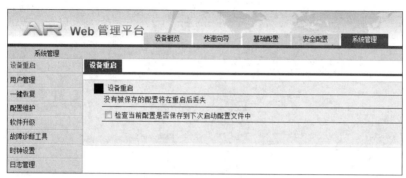

图9.18　【系统管理】窗口

3. 无线路由器的配置

1）连接到路由器

将个人计算机连接到路由器的LAN口，路由器的WAN口连接网络宽带进线（或者调制解调器）。

2）拨号协议配置

（1）打开浏览器，在地址栏输入192.168.1.1，如果已经连接成功，会弹出路由器设置登录窗口。输入用户名和密码，完成登录。一般默认的账户和密码是admin，具体可以查看路由器说明书。路由器设置登录窗口如图9.19所示。

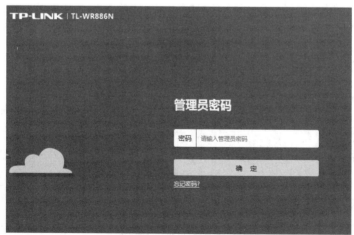

图9.19　路由器设置登录

（2）登录后进入路由器设置窗口，由于路由器不同，设置也不同。TP-LINK、TL-WR886N路由器设置界面中包括TP-LINK ID、上网设置、无线设置、LAN口设置、DHCP服务

器设置、软件升级、修改管理员密码等选项。选择【上网设置】的【基本设置】选项，如图 9.20
所示。

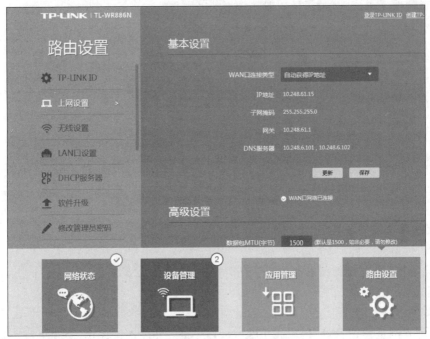

图 9.20　【基本设置】窗口

（3）选择【上网设置】的【高级设置】选项，如图 9.21 所示。

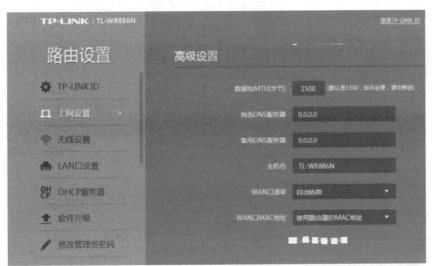

图 9.21　【高级设置】窗口

（4）【无线设置】窗口如图 9.22 所示。

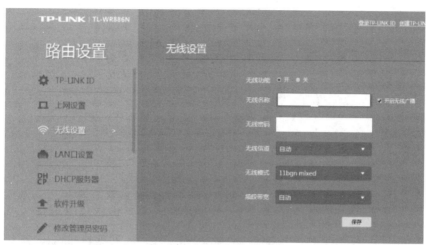

图 9.22　【无线设置】窗口

（5）【LAN 口设置】窗口如图 9.23 所示。

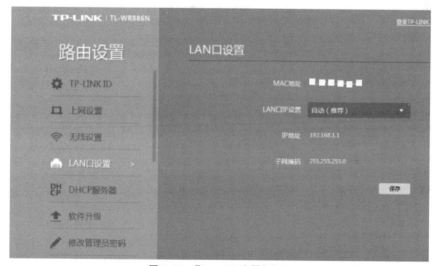

图 9.23　【LAN 口设置】窗口

（6）【DHCP 服务器】窗口如图 9.24 所示。

4. 设置共享打印机

（1）选择【开始】菜单→【设备和打印机】选项，打开【设备和打印机】窗口，如图 9.25 所示。

（2）选择要共享的打印机名称，右击，在弹出的快捷菜单中选择【打印机属性】，打开打印机属性对话框，如图 9.26 所示。

（3）在打印机属性对话框中选择【共享】选项卡，勾选【共享这台打印机】复选框，并取一个共享名称，单击【确定】按钮即可。【共享】选项卡如图 9.27 所示。

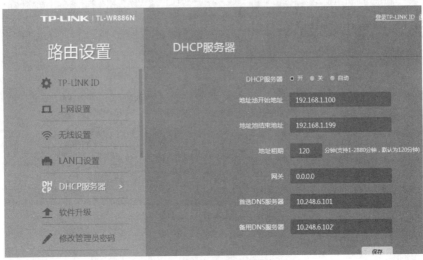

图 9.24 【DHCP 服务器】窗口

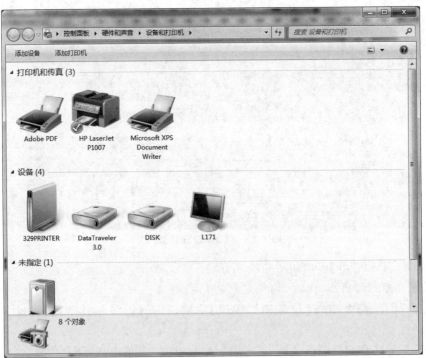

图 9.25 【设备和打印机】窗口

图 9.26　打印机属性对话框

图 9.27　打印机【共享】选项卡

9.2.2 网络软件基本操作

1. 创建新的网络连接

（1）选择【控制面板】→【网络和 Internet】→【网络和共享中心】→【设置新的连接或网络】选项。【网络和共享中心】窗口如图 9.28 所示。

图 9.28 【网络和共享中心】窗口

（2）在弹出的【设置连接或网络】对话框中选择【连接到 Internet】选项，如图 9.29 所示。

图 9.29 【设置连接或网络】对话框

（3）在弹出的【连接到 Internet】对话框中选择连接方式，如图 9.30 所示。PPPoE（Point to Point Protocol，over Ethernet）是基于以太网的点对点协议，是以太网和拨号网络之间的一个中继协议。ISDN（Integrated Services Digital Network）是综合业务数字网，是一个数字电话网络国际标准，是一种典型的电路交换网络系统。

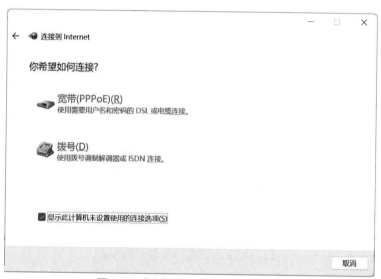

图 9.30　【连接到 Internet】对话框（1）

（4）在【连接到 Internet】对话框中输入 Internet 服务提供商提供的账号和密码，单击【连接】按钮，新的网络创建成功，如图 9.31 所示。

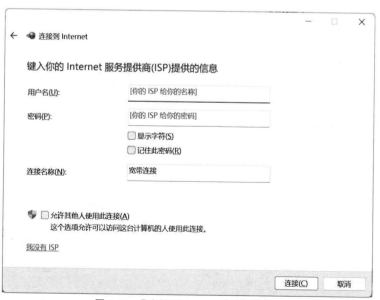

图 9.31　【连接到 Internet】对话框（2）

2. 添加网络协议

（1）选择【控制面板】→【网络和 Internet】→【网络和共享中心】→【更改适配器设置】选项，打开【网络连接】对话框，如图 9.32 所示。

图 9.32　【网络连接】对话框

（2）右击【本地连接】，在弹出的快捷菜单中选择【属性】，打开【WLAN 属性】对话框，如图 9.33 所示。

（3）单击【安装】按钮，弹出【选择网络功能类型】对话框，如图 9.34 所示。

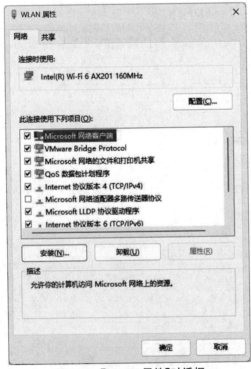

图 9.33　【WLAN 属性】对话框

图 9.34　【选择网络功能类型】对话框

（4）选择【协议】选项，单击【添加】按钮，打开【选择网络协议】对话框，如图 9.35 所示。选择需要安装的网络协议，单击【确定】按钮，就可以安装该协议。

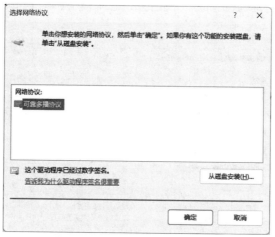

图 9.35 【选择网络协议】对话框

3. 配置 IP 地址和子网掩码

（1）选择【控制面板】→【网络和 Internet】→【网络和共享中心】→【更改适配器设置】选项，右击【本地连接】，在弹出的快捷菜单中选择【属性】选项，选择【Internet 协议版本 4（TCP/IPv4）】选项。【Internet 协议版本 4（TCP/IPv4）】选项如图 9.36 所示。

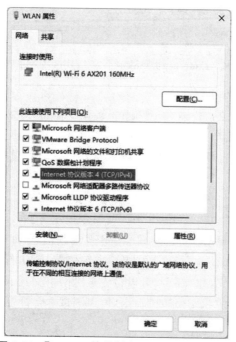

图 9.36 【Internet 协议版本 4（TCP/IPv4）】选项

（2）单击【属性】按钮，打开【Internet 协议版本 4（TCP/IPv4）属性】对话框，选择【使用下面的 IP 地址】单选框，在下面的输入栏中输入相应的 IP 地址、子网掩码和默认网关。如果网络支持自动指派 IP 地址，就选择【自动获得 IP 地址】单选框。【Internet 协议版本 4（TCP/IPv4）属性】对话框如图 9.37 所示。

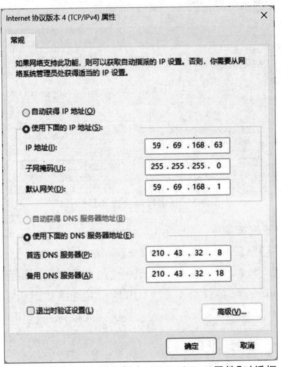

图 9.37 【Internet 协议版本 4（TCP/IPv4）属性】对话框

4. 设置计算机名及工作组

（1）在 Windows 桌面搜索栏输入"系统"命令，打开【系统＞系统信息】窗口，选择【高级系统设置】选项，打开【系统属性】对话框，如图 9.38 所示。

（2）单击【更改】按钮，打开【计算机名/域更改】对话框，在其中输入计算机名和工作组名，如图 9.39 所示。

5. 测试网络连通性

（1）在【开始】→搜索栏中输入"cmd"，打开【命令提示符】窗口，如图 9.40 所示。

（2）输入"ipconfig/all"命令，可以查看 TCP/IP 详细信息，如图 9.41 所示。

（3）输入"ping 127.0.0.1"命令，可以检查网卡工作情况，如图 9.42 所示。

（4）输入"ping 本机 IP 地址"命令，可以检测本机网络配置情况，如图 9.43 所示。

（5）输入"ping 其他计算机 IP 地址"命令，可以测试本台计算机与其他计算机的网络连接情况，如图 9.44 所示。

图 9.38 【系统属性】对话框

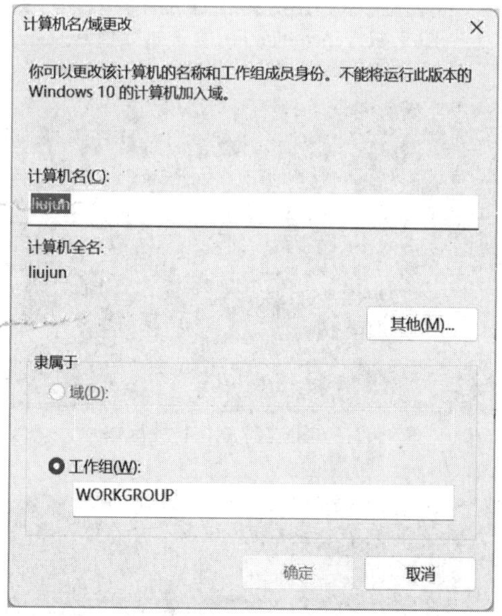

图 9.39 【计算机名/域更改】对话框

图 9.40 【命令提示符】窗口

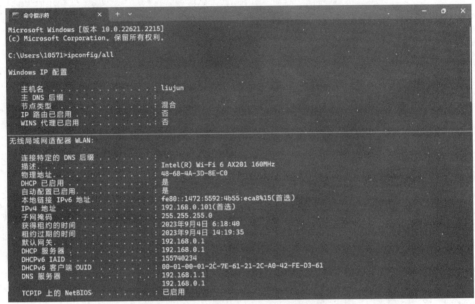

图 9.41　ipconfig/all 命令执行信息

```
C:\Users\10571>ping 127.0.0.1

正在 Ping 127.0.0.1 具有 32 字节的数据:
来自 127.0.0.1 的回复: 字节=32 时间<1ms TTL=64
来自 127.0.0.1 的回复: 字节=32 时间<1ms TTL=64
来自 127.0.0.1 的回复: 字节=32 时间<1ms TTL=64
来自 127.0.0.1 的回复: 字节=32 时间<1ms TTL=64

127.0.0.1 的 Ping 统计信息:
    数据包: 已发送 = 4, 已接收 = 4, 丢失 = 0 (0% 丢失),
往返行程的估计时间(以毫秒为单位):
    最短 = 0ms, 最长 = 0ms, 平均 = 0ms
```

图 9.42　ping 127.0.0.1 执行信息

```
C:\Users\10571>ping 192.168.0.101

正在 Ping 192.168.0.101 具有 32 字节的数据:
来自 192.168.0.101 的回复: 字节=32 时间<1ms TTL=64
来自 192.168.0.101 的回复: 字节=32 时间<1ms TTL=64
来自 192.168.0.101 的回复: 字节=32 时间<1ms TTL=64
来自 192.168.0.101 的回复: 字节=32 时间<1ms TTL=64

192.168.0.101 的 Ping 统计信息:
    数据包: 已发送 = 4, 已接收 = 4, 丢失 = 0 (0% 丢失),
往返行程的估计时间(以毫秒为单位):
    最短 = 0ms, 最长 = 0ms, 平均 = 0ms
```

图 9.43　ping 本机 IP 地址执行信息

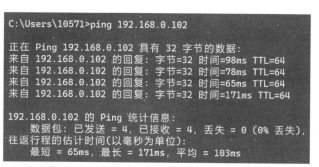

图 9.44　ping 其他计算机 IP 地址执行信息

6. 设置共享文件夹

（1）选择要共享的文件夹，右击，在弹出的快捷菜单中选择【属性】选项，打开文件夹属性对话框，如图 9.45 所示。

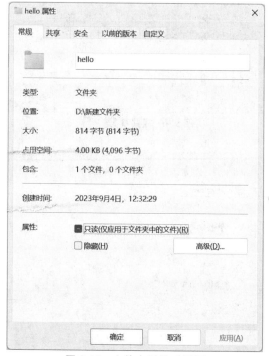

图 9.45　文件夹属性对话框

（2）选择【共享】选项卡，如图 9.46 所示。

（3）单击【高级共享】按钮，弹出【高级共享】对话框，设置共享名和共享用户数量限制，如图 9.47 所示。

（4）设置共享文件夹成功后，在【开始】→搜索栏中输入"计算机管理"，打开【计算机管理】窗口，可以在【共享文件夹】→【共享】选项卡中查看共享的情况，如图 9.48 所示。

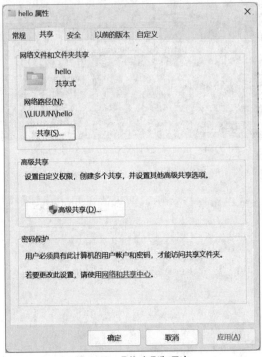

图 9.46 【共享】选项卡

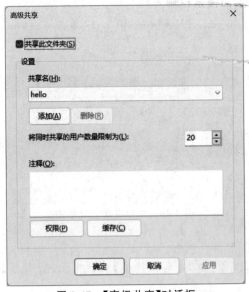

图 9.47 【高级共享】对话框

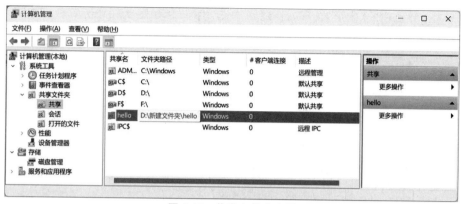

图 9.48 共享文件夹查看

9.3 网络安全技术

计算机连入互联网后,容易受到来自网络的攻击。利用网络安全技术做好计算机的网络安全防范工作至关重要。下面介绍常用的网络安全技术。

1. 操作系统权限设置

登录操作系统时,默认的权限是管理员,这样便给病毒和黑客留下了攻击的后门。对账户权限进行设置,可以提高系统的安全性。

(1) 在 Windows 11 桌面搜索栏输入"设置"命令,打开【设置】窗口,如图 9.49 所示。

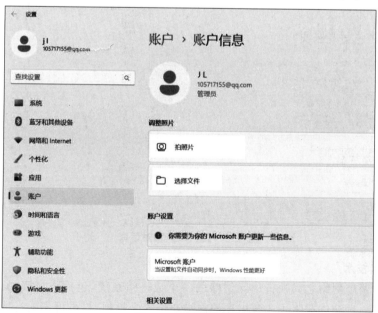

图 9.49 【设置】窗口

（2）选择导航栏的【账户】选项，打开【账户设置】窗口，如图 9.50 所示。

图 9.50 【账户设置】窗口

（3）选择【登录选项】，打开【登录选项】对话框，可以为账户设置多种登录方式，如图 9.51 所示。

图 9.51 【登录选项】对话框

2. 防火墙技术

防火墙是两个网络之间执行访问策略的一个或一组系统，包括防火墙硬件和软件。防火墙遵循的是一种允许或阻止业务来往的网络通信安全机制，提供可靠的过滤网络通信，只允许授权的网络连接,保护网络不被侵扰。

屏蔽路由器结构是一种防火墙硬件结构,由厂家专门生产的路由器实现。路由器上安装报文过滤软件,实现报文过滤功能。

Windows 防火墙是一种防火墙软件实现。在 Windows 操作系统中,可以通过设置打开防火墙,设置防火墙入站、出站规则,使用防火墙技术来保护计算机。第 3 章已经介绍过防火墙的设置操作。

3. 入侵检测系统

入侵检测系统为网络安全提供实时的入侵检测及相应的防护手段。

1) 入侵检测系统类型

根据检测对象的不同,入侵检测系统分为主机型、网络型和混合型。

(1) 主机型入侵检测系统就是以系统日志、应用程序日志等作为数据源,对主机收集信息进行分析。主机型入侵检测系统保护的一般是所在的系统,用以监测系统上正在运行的进程是否合法。

(2) 网络型入侵检测系统的数据源是网络上的数据包,对数据包进行信息收集和判断,保护整个网段的安全。往往将一台计算机的网卡设成混杂模式,对所有本网段内的数据包进行信息收集,并进行判断。

(3) 混合型入侵检测系统是前两种的结合,既可以发现网络中的攻击信息,也可以从系统日志中发现异常情况。

2) 入侵检测的主要技术

入侵检测系统常用的检测方法有特征检测、统计检测、专家系统。

(1) 特征检测是对已知的攻击或入侵方式作出确定性的描述,当被审计的事件与已知的入侵事件模式相匹配时,给出报警信息。目前,基于对包特征描述的模式匹配应用较为广泛。但是这种方法对无经验知识的入侵和攻击行为无能为力。

(2) 统计检测常用于异常检测。通过审计事件的数量、间隔时间、资源消耗情况,如果该事件不符合用户的使用习惯,则可能是入侵。

(3) 专家系统是通过建立知识库,针对有特征的入侵行为进行检测。检测的有效性取决于知识库的完备性。

4. 数字证书

数字证书是由证书授权(Certificate Authority,CA)中心发行的,能提供在 Internet 上进行身份认证的一种权威性电子文档。数字证书是标志网络用户身份的一系列数据,为网上进行电子交易、安全事务处理提供权威的身份证明。数字证书具有身份可鉴别性、信息保密性、信息完整性、信息的不可抵赖性特征。

5. 数字水印

数字水印将一些电子标识信息直接嵌入数字载体中,但不影响原载体的使用价值,也不容易被人的知觉系统察觉。数字水印技术具有安全性、隐蔽性、稳健性特征。

9.4　本章小结

一个完整的计算机网络系统由计算机网络硬件系统和网络软件系统构成。网络硬件系统包括数据处理终端和数据通信设备两大部分。数据处理终端完成网络数据信息的收集、存储、处理任务，如计算机系统、网络打印机等。数据通信设备包括传输介质、网络互联设备。计算机网络软件系统包括网络操作系统、网络管理软件、网络服务器软件、网络应用软件、网络协议等。

本章介绍了双绞线制作、企业级路由器配置、无线路由器配置的网络硬件基本操作，以及添加网络协议、配置 IP 地址和子网掩码、设置计算机名及工作组、测试网络连通性的网络软件基本操作。

计算机连入互联网后，容易受到来自网络的攻击。常用的网络安全技术有操作系统登录权限设置、防火墙技术、入侵检测系统、数字证书、数字水印等。

9.5　思考与探索

1. 计算机的网络 IP 地址是怎么分配的？

IP 地址是为了实现网络通信，给连入网络的每台计算机分配的一个全球唯一的标识地址。现在通用的 IPv4 地址由 32 位二进制数构成。为了直观显示，按照 8 位划分为一字节，转换为对应的十进制方式来书写。所以，32 位的 IP 地址被划分为 4 字节，每字节之间用实心小圆点表示。IP 地址描述为十进制方式，范围为 0.0.0.0～255.255.255.255。

IP 地址由 Internet NIC(Internet 网络信息中心)统一负责全球地址的规划管理，同时由 Inter NIC、APNIC、RIPE 三大网络信息中心具体负责地址分配。通常每个国家需要成立一个组织，统一向有关国际组织申请 IP 地址，然后再分配给客户。

由于 IPv4 地址短缺，设计了 IPv6 地址，采用 128 位地址长度，可以有 $2^{128}-1$ 个地址。

关于 IP 地址的知识，计算机网络课程中将深入讲解。

2. TCP/IP 是什么意思？

TCP/IP(Transmission Control Protocol/Internet Protocol)的中文名称是"传输控制协议/因特网互联协议"，又叫网络通信协议。这个协议是 Internet 最基本的协议，是目前异种网络通信使用的唯一协议体系。

TCP/IP 是一个 4 层的分层体系结构，包括网络接口层、网际层、传输层、应用层。高层为传输控制协议，负责聚集信息，或把文件拆分为更小的包。低层是网际协议，处理每个包的地址部分。

(1) 网络接口层负责接收比特流，并把比特流发送到指定的网络上。

(2) 网际层是整个 TCP/IP 体系结构的关键部分，用于解决两个不同 IP 地址计算机之间的通信问题。该层的核心协议是 IP 协议。

(3) 传输层的功能是使源端和目标端主机上的对等实体进行会话。这一层有面向连接的传输控制协议 TCP 和面向无连接的用户数据报协议 UDP(User Datagram Protocol)。

(4) 应用层的协议有远程终端通信协议 Telnet、文件传输协议 FTP、简单邮件传送协议 SMTP(Simple Mail Transfer Protocol)、域名服务 DNS 等。

关于 TCP/IP 协议体系,计算机网络课程中将深入讲解。

3. 除了 TCP/IPv4 和 TCP/IPv6 外,还有哪些网络通信协议?

由于节点之间的联系具有复杂性,制定协议的时候,通常将协议进行分层。不同层次的协议完成不同的任务,各层次之间协调工作,以实现网络通信。

ISO/OSI 模型和 TCP/IP 模型是典型的分层模型。ISO/OSI 模型分为物理层、数据链路层、网络层、传输层、会话层、表示层、应用层共 7 个层次体系结构,是全球网络设计的指导标准。TCP/IP 模型分为网络接口层、网际层、传输层、应用层共 4 个层次体系结构,是互联网发展过程中形成的事实标准。为了便于学习计算机网络体系结构,人们综合这两种模型,提出了五层体系结构:物理层、数据链路层、网络层、传输层、应用层。

物理层负责传输比特流,是同级层之间直接进行信息交换的唯一一层,不需要使用协议。

在数据链路层,常见的协议有点对点协议(Point to Point Protocol,PPP);以太网的点对点协议(Point to Point Protocol over Ethernet,PPPoE);点对点隧道协议(Point to Point Tunneling Protocol,PPTP);第二层隧道协议(Layer 2 Tunneling Protocol,L2TP);串行线路网际协议(Serial Line Internet Protocol,SLIP)等。

在网络层,常见的协议有 IP 协议、ARP 协议、反向地址解析协议(Reverse Address Resolution Protocol,RARP);IPX 协议;数据报传送协议(Datagram Delivery Protocol,DDP);路由信息协议(Routing Information Protocol,RIP);内部网关协议(Interior Gateway Routing Protocol,IGRP)等。

传输层有 TCP、UDP。

应用层有超文本传输协议(HyperText Transfer Protocol,HTTP);FTP 协议;SMTP 协议;邮局协议(Post Office Protocol,POP);DHCP 协议;Telnet 协议;实时传输协议(Real-time Transport Protocol,RTP)等。

关于网络通信协议的知识,计算机网络课程中将深入讲解。

9.6 实践环节

(1) 设置操作系统 Administrator 账户的密码。

(2) 开启 Windows 操作系统的防火墙。

(3) 为计算机中的程序设置入站规则和出站规则。

(4) 在操作系统的【网络和共享中心】中查看网络的连接状态、计算机的 IP 地址、子网掩码、DNS 服务器地址等信息。

(5) 采用 ping 命令检测网卡工作情况、本机网络连接情况、与其他计算机的连接情况。

(6) 在局域网内实现文件和打印机的共享。

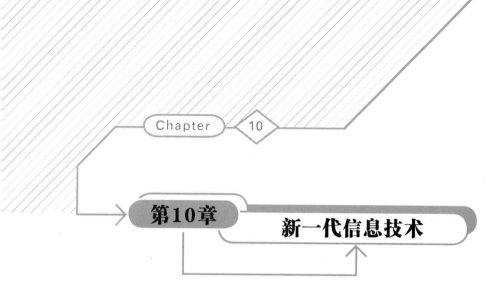

Chapter 10

第10章　新一代信息技术

本章学习目标
- 了解大数据技术的概念和关键技术
- 了解云计算技术的概念和关键技术
- 了解物联网技术的概念和关键技术
- 了解人工智能技术的概念和关键技术
- 了解虚拟现实技术的概念和关键技术
- 了解区块链技术的概念和关键技术

本章介绍新一代信息技术中的大数据、云计算、物联网、人工智能、虚拟现实、区块链等技术的概念和关键技术。

10.1　大数据技术基础

10.1.1　大数据概述

1. 大数据的定义

计算机技术和网络通信技术的结合,促进了电子商务、社交网络、移动互联网等行业的发展,人类社会进入了数字信息时代,数据以前所未有的速度不断增长和累积。大数据(Big Data)是指无法在一定时间内用常规软件工具捕捉、管理和处理的数据集合。大数据技术是指从海量数据中快速分析出有价值的信息,用于社会生活、生产等方面,实现更强的决策、更精准的管理,以及新兴产业的创新布局。

2. 大数据的特征

大数据具有规模宏大、种类繁多、速度快、数据价值密度低的特点。

大数据采用全样分析,数据规模和容量远远超出传统数据的测量尺度。目前大数据的规模已达拍字节(PetaBytes,PB)级。1PB=1024TB。每年的数据都按指数级增长。

大数据既包括能够使用关系数据模型处理的结构化数据,也包括没有固定结构的非结构化数据,例如文档、图形、音频、视频等数据。企业中80%的数据都是非结构化数据。

大数据的速度快,是指数据产生和数据处理的速度快。在网络应用领域,例如论坛、电子商务、搜索引擎等,每分钟都产生上万次,甚至百万次的点击、浏览数据量。基于快速生成的数据进行快速处理,得到实时的分析结果,尽快应用于决策、生产,才能发挥数据的价值。例如,在电子商务应用中,根据商品的点击量实时推送推荐商品;在短视频应用中,根据用户浏览时长实时推送符合用户爱好的作品等。

大数据具有价值,但是价值的密度较低。数据的价值隐藏在数据中,大量的无用数据掩盖了数据的价值。例如,监控系统中视频数据连续不断产生,但是真正有用的数据只是很小的几段镜头。

3. 大数据的应用

大数据的应用无处不在,已经给生产生活带来了天翻地覆的变化。

在互联网行业中,大数据技术用于分析客户行为,进行产品推荐、针对性广告投放等。

在金融行业中,大数据应用于交易频率、信贷风险分析,针对客户行为提供个性化金融服务等。

在制造行业中,利用工业大数据提升制造业水平,包括产品故障诊断与预测、分析工艺流程、改进生产工艺、优化生产过程能耗、工业供应链分析与优化、生产计划与排程等。

在餐饮行业中,利用大数据技术实现O2O(Online to Offline)模式,彻底改变传统餐饮的经营方式。

在能源行业中,对智能电网中的大数据分析,电力公司可以掌握海量的用户用电信息,分析用户用电模式,改进电网运行,合理设计电力需求响应系统,确保电网运行安全。

在物流行业中,利用大数据优化物流网络,提高物流效率,降低物流成本,提高工作效率。

在城市管理部门,利用大数据实现智能交通、环保监测、城市规划和智能安防等。

在生物医学领域,大数据可以实现流行病预测、智慧医疗、健康管理等。

10.1.2 大数据的关键技术

大数据分析包括数据采集、数据清洗、数据存储、数据处理和分析、数据可视化等环节。

1. 数据采集

数据采集又称为大数据获取,是通过各种技术手段对数据进行提取、转换、加载的过程。数据采集的数据源包括传感器数据、互联网数据、日志数据和数据库数据等。

传感器数据是指由传感设备收集和测量的数据。在生产实践中,经常使用温度传感器、湿度传感器、压力传感器、气体检测传感器等测量和获取生产环境或设备的工作数据。例如,智慧城市中使用的交通传感器阵列,可以收集车辆流量、速度、方向等信息。

互联网数据是指从网络上抓取的针对性、行业性的数据。一般采用网络爬虫技术,按照一定规则和筛选标准对互联网上的数据进行抓取和归类。目前常用的网页爬虫系统有 Apache Nutch、Scrapy 等框架。

日志数据是企业业务平台日志系统产生的大量数据。处理这些日志需要特定的日志采集系统。常见的日志采集系统有 Flume、Logstash、Scribe 等。

数据库数据是指企业业务数据库中的数据。有些企业业务平台使用传统的关系型数据库存储数据，如 MySQL、Oracle 等；也有些采用非关系型数据库存储数据，如 Redis、MongoDB。

2. 数据清洗

从数据源采集的数据，存在不完整、不一致、无效值、错误值、重复值等情况，称为"脏"数据。需要对"脏"数据进行预处理，就是数据清洗。数据清洗的任务是过滤掉不符合要求的数据。数据清洗技术一般包括数据清理、集成、归约、变换。常用的数据清洗工具有 OpenRefine、FineDataLink、Kettle 等。

3. 数据存储

大数据的特征，使得大数据的存储和一般数据的存储有很大的区别。大数据存储需要非常高性能、高吞吐率、大容量的基础设备，至少得依赖磁盘阵列。此外，还需要采用有效的存储方式，将不同区域、类别、级别的数据存放于不同的磁盘阵列中。

分布式存储方式主要有分布式文件系统、分布式键值系统、NoSQL 数据库、NewSQL 数据库。

分布式文件系统将一个文件系统扩展到多个节点中，每个节点可以分布在不同的地点，通过网络进行节点间的通信和数据传输。Hadoop 框架的分布式文件系统（Distributed File System，HDFS）是高度容错性系统，适用于批量处理，能够提供高吞吐量的数据访问。

分布式键值系统以键值形式存储数据，数据分布于多个节点中。典型的分布式键值系统有 Amazon 的 Dynamo，存储数据的原始形式，不支持复杂的查询。

NoSQL 数据库又称为非关系型数据库。NoSQL 数据库不使用固定的表格式存储数据，也不支持传统的 SQL 语言查询。NoSQL 数据库一般具有水平可扩展特性，支持超大规模分布式存储，支持高并发读写。NoSQL 数据库包括列式数据库、键值数据库、文档型数据库、图形数据库。Google 的 BigTbale 是采用列存储和键值存储的 NoSQL 数据库。

NewSQL 数据库是一种非关系的、水平可扩展的、分布式的、具有高可用性的新型数据库，具有 NoSQL 数据库的海量数据存储管理能力，也具有传统数据库支持 SQL 查询的特性。主流的 NewSQL 数据库包括 VoltDB、CosmosDB 等。

4. 数据分析

数据分析是对数据进行处理，提取有用信息的过程。

大数据的分析类型有描述性统计分析、探索性分析和验证性分析。描述性统计分析是总结和概括数据特征，对数据的频数、趋势、离散程度、分布等进行统计性描述。探索性分析是对数据通过作图、制表、方程拟合、计算特征量等手段探索数据的结构和规律。验证性分析是通过对数据建模，对假设进行验证。

常用的数据分析技术包括批处理运算、流计算、图计算、查询分析计算。

批处理计算是将计算任务分解为较小的任务，分别在集群的每台计算机上进行计算，根据中间结果再重新组合数据，计算和组合得到最终结果。批处理计算主要针对大规模静态数据，要等到全部处理完才能有最终结果。Hadoop 框架的 MapReduce 是有代表性和影响力的批处理计算引擎。

流计算实时获取数据并进行数据分析处理。流计算中数据以大量、快速、时变的流形式持续到达，通过低延迟、可扩展、高可靠的处理引擎处理流数据，适合对实时性要求较高的场景，如设备监控、网站点击流分析等。Apache Storm 是一种侧重于低延迟的流处理框架。

图计算是基于图模型对数据进行分析，例如社交网络、传染病传播途径、交通运输路径等数据的分析。Google 的 Pregel 系统是大规模分布式图计算平台，用于网页链接分析、社交数据挖掘等应用。

查询分析计算是针对超大规模数据的存储管理和查询分析。Google 的 Dremel 提供交互式查询功能，可以处理 PB 级的数据，处理时间达到秒级。

5. 数据可视化

数据可视化是将数据和数据分析的结果以图形化方式呈现给用户，有助于用户快速高效地理解和应用数据。

数据可视化方法有文本可视化、网络可视化、空间信息可视化。

文本可视化是将文本的语义特征，如逻辑结构、词频、动态演化规律等，以可视化形式生动地表现出来。例如，在词云中，用字号大小颜色区分文本关键词，关键词越重要，字号越大。

网络可视化是将网络数据的关联关系用可视化形式展现。例如，在社交网站上，用户之间的关系用网状关联图表示。

空间信息可视化是将地理空间信息以可视化形式展现。例如，在百度地图中构建二维、三维地图用于导航，提供了非常高效的地理信息应用。

10.2　云计算技术基础

10.2.1　云计算概述

1. 云计算的定义

云计算（Cloud Computing）是分布式计算的一种，通过网络提供动态伸缩的虚拟化资源。"云"其实是网络的比喻化说法。云计算的核心思想是对大量用网络连接的计算资源进行统一管理和调度，构成资源共享池，提供给用户按需访问。计算资源包括网络、服务器、存储、应用软件、服务等软硬件资源和信息。

2. 云计算的服务模式

云计算的服务模式包括公有云、私有云和混合云。

公有云是将虚拟化资源部署在云计算供应商的数据中心,用户无须硬件投入,只需向云计算供应商购买云服务即可。公有云一般通过 Internet 使用,可能免费或成本低廉。比较典型的公有云有阿里云、百度云等。

私有云是为特定用户单独使用构建的特定云环境,其中的资源是专属使用,用户的数据安全性和服务质量得到有效保障。用户可以构建自己的私有云数据中心,但是其软硬件维护成本较高;也可以购买第三方服务商提供的数据应用托管服务,不同客户不共享服务器,通常价格较贵。

混合云是公有云和私有云的结合。在混合云的架构下,企业可以根据业务需求灵活选择使用公有云和私有云,以达到更好的性价比和效率。

3. 云计算的服务类型

云计算的服务类型主要分为 3 种:基础设施即服务(Infrastructure as a Service,IaaS)、平台即服务(Platform as a Service,PaaS)、软件即服务(Software as a Service,SaaS)。

IaaS 是云计算的基本构建块,提供最基本的计算和存储资源,通常包括网络功能、计算机(虚拟或专用硬件)以及数据存储空间的访问。IaaS 提供了一个高度灵活和可扩展的基础设施,用户可以根据需要动态地创建、扩展或缩减计算资源。用户可以按照实际需求付费,仅支付所使用的资源,有效降低 IT 成本。此外,IaaS 让用户拥有更多的控制权,可以自行选择软件和应用,也可以灵活地扩展或缩减资源。著名的 IaaS 提供商有 Amazon Web Services(AWS)、Microsoft Azure 和 Google Cloud 等。

PaaS 提供的是一个基础平台,该平台由软件提供商管理和维护,多个用户可以共享该平台。PaaS 提供了一个完整的软件开发和运行环境,用户只需关注开发和运行自己的应用,根据需要灵活地扩展应用程序,而无须关心底层基础设施。此外,PaaS 提供商通常会提供高水平的安全保护,确保用户的数据安全。著名的 PaaS 提供商有 Google App Engine、Microsoft Azure 和 Heroku 等。

SaaS 是一种软件交付模式,通过该模式,软件应用和数据都运行在云端,用户通过互联网访问和使用这些软件。SaaS 提供商托管和管理软件应用程序和基础设施,并负责软件更新、安全性和备份等任务。用户无须购买和安装软件,可以通过任何设备上的浏览器访问,成本更低。著名的 SaaS 提供商有 Google Docs、Dropbox 和 Salesforce 等。

4. 云计算的体系结构

云计算的体系结构包括资源层、平台层、应用层、用户访问层、管理层。云计算的体系结构中以服务为核心。

(1) 资源层。

资源层主要提供虚拟化的资源。物理资源包括服务器、存储设备、网络设备等物理设备,这些设备可以提供虚拟化的资源。将不同的物理资源虚拟化后,形成资源池,如计算资源池、存储资源池和网络资源池等,以提供统一的资源服务。将虚拟化的资源进行物理隔离,确保不同用户使用云计算服务时不会相互干扰。对虚拟化的资源进行管理,包括资源的分配、调度、监控等,以确保资源的有效利用。对不同层次的资源进行协同管理,以确保资源的可用性和可靠性。

（2）平台层。

平台层为用户提供对资源层服务的封装，使用户可以构建自己的应用。平台层包括数据库服务和中间件服务。数据库服务提供可扩展的数据库处理能力，用户可以通过平台层提供的数据库服务进行数据存储、查询和更新等操作。中间件服务为用户提供可扩展的消息中间件或事务处理中间件等服务，以支持分布式应用程序的构建和运行。

（3）应用层。

应用层提供软件服务，包括企业应用和个人应用等。企业应用提供各种企业应用软件，如客户关系管理（Customer Relationship Management，CRM）；企业资源计划（Enterprise Resource Planning，ERP）；办公自动化（Office Automation，OA）等。个人应用包括电子邮件、个人信息存储、在线购物、在线阅读等。

（4）用户访问层。

用户访问层是方便用户使用云计算服务所需的各种支撑服务。用户访问层入口提供云计算服务的统一入口，用户可以通过该入口访问所有的云计算服务。身份认证服务提供用户身份认证和权限管理功能，确保只有合法的用户可以访问相应的云计算服务。服务目录提供所有云计算服务的目录，用户可以根据需求选择相应的服务。支撑服务提供用户使用云计算服务所需的各种支撑服务，如网络管理、日志管理、安全管理等。接口开放平台提供开放的接口平台，允许用户自行开发符合需求的应用程序，以充分利用云计算资源。

（5）管理层。

管理层对所有层次的服务进行管理，确保整个云计算中心能够安全和稳定地运行，并且能够被有效地管理。用户管理对用户身份、访问权限、与用户相关的配置信息进行记录、管理和跟踪。客户支持运用一套完整的客户支持系统，能够按照严重程度或优先级来解决用户疑难问题，提升客户支持的效率和效果。计费管理对用户使用服务情况进行统计，并进行收费。服务管理对服务的设计、部署、管理和运营等方面进行管理，确保服务的可用性和可靠性。运维管理对云平台的日常运维工作进行管理，保证服务的健康状态。

10.2.2 云计算的关键技术

云计算的关键技术包括虚拟化技术、并行计算技术和海量数据存储技术等。

1. 虚拟化技术

虚拟化技术是对计算机资源进行抽象，能够提高计算机资源的利用率，提供更加灵活和高效的计算机服务。通过虚拟化技术，一台计算机可以被虚拟为多台逻辑计算机，每个逻辑计算机可以运行不同的操作系统，应用程序可以在相互独立的空间内运行而互不影响。

在云计算领域，通过虚拟化技术，云服务提供商可以在大规模的计算机集群中抽象出多台逻辑计算机，为客户提供弹性的云计算服务。虚拟化技术的核心软件是虚拟机管理器（Virtual Machine Manager，VMM），是物理服务器和操作系统之间的中间层软件，负责建立和管理虚拟机。VMware ESXi 是一个裸机虚拟化产品，能够在物理服务器上创建多个虚拟

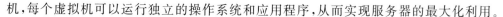

机,每个虚拟机可以运行独立的操作系统和应用程序,从而实现服务器的最大化利用。

2. 并行计算技术

并行计算技术是将一个任务分解为多个子任务,并在多个处理器上协同执行,从而显著提高计算机的处理速度。并行计算利用多核、多线程或多个处理器来提高计算机性能,广泛应用于科学计算、数据处理、工程设计等领域。SuperMap 软件通过多线程方式实现并行计算。

3. 海量数据存储技术

海量数据存储技术在云计算中非常重要。云计算通常采用分布式存储技术,采用可扩展的系统结构,将数据存储在不同的存储服务器中,提高系统的可靠性、可用性和存取效率。在云计算领域,Google 的文件系统(Google File System,GFS)和 Hadoop 框架的分布式文件系统(Distributed File System,HDFS)是比较流行的两种云计算分布式存储系统。

10.3 物联网技术基础

10.3.1 物联网概述

1. 物联网的定义

物联网技术(Internet of Things,IoT)是一种使所有物理设备都能相互连接并进行数据交换的技术。物联网技术运用信息传感设备,按约定的协议将任何物体与网络相连接,通过信息传播媒介进行信息交换和通信,以实现智能化识别、定位、跟踪、监管等功能。

2. 物联网的层次结构

物联网的层次结构包括感知控制层、网络构建层和应用层。

(1) 感知控制层。

感知控制层负责采集各种传感器的数据和控制信息,包括数据采集子层、短距离通信传输子层和协同信息处理子层。感知控制层让物体具备感知和信息传输的能力。

(2) 网络构建层。

网络构建层负责将感知控制层采集到的信息传输到应用层,同时将应用层下达的指令传输给感知控制层。这一层将物体信息传输到云平台,实现物体与物体、物体与人之间的信息交流和互动。互联网和电信通信网是感知层的主要依托。

(3) 应用层。

应用层负责将物联网技术与行业需求结合,实现具体的应用。应用层可以进一步分为服务支撑层和行业应用层。服务支撑层负责处理和管理底层数据,为上层提供统一的服务支撑,如数据存储、处理、交换等。行业应用层则针对具体的行业需求开发和应用适合的物联网技术,实现智能化应用。

此外,物联网层次结构中还包括公共支撑层,这一层主要用于保障整个物联网的安全,使其有效地运行,主要包括网络管理、服务质量(Quality of Service,QoS)管理、信息安全和标识解析等运行管理系统。

3. 物联网的应用

物联网技术已经广泛应用于各个领域。

智能仓储利用物联网技术，可以实现货物的实时跟踪和监控、货位的合理分配和调整、库存信息的实时更新等，从而提高仓库的管理水平和效率。

智能物流通过物联网技术，可以实现运输、仓储、包装、装卸等各环节的智能化，从而提高物流行业的服务水平和效率，降低成本。

智能医疗利用物联网技术，可以实现患者信息的实时采集和传输、医疗器械的远程监控和维护、药品的智能化管理等，从而提高医疗效率和水平。

智能家庭利用物联网技术，可以实现智能家电、智能灯光、智能安防等，让家庭生活更加便捷、舒适和安全。

智能农业利用物联网技术，可以实现智能化监测土壤、气象等信息，实现精准施肥、浇水和除虫等，从而提高农业生产效率和品质。

智能交通利用物联网技术，可以实现交通信号灯的智能化控制、车辆的实时监控和管理、交通信息的实时发布等，从而缓解交通拥堵和提高交通安全。

10.3.2 物联网的关键技术

物联网的关键技术包括以下几种。

1. 射频识别技术

射频识别技术（Radio Frequency Identification，RFID）是一种自动识别技术，通过无线射频方式进行非接触双向数据通信，对目标进行识别和数据交换。RFID系统包括一个应答器（电子标签）和一个阅读器（读写器）。应答器通常是一个小型无线电收发器，被安装在目标物体上，可以响应来自阅读器的无线查询信号，并返回数据。阅读器则负责读取和写入标签的数据。RFID技术具有非接触性、能够识别高速运动的物体、能够同时识别多个目标、使用寿命长、适应各种恶劣环境等特点。因此，它在物流管理、生产制造、交通运输、医疗管理等领域得到广泛应用。电子不停车收费（Electronic Toll Collection，ETC）是RFID的应用之一。ETC系统利用微波通信技术，通过安装在车辆上的ETC卡和安装在收费站路口的读写器进行通信，实现自动缴费和放行。

2. 条形码技术

条形码是一种由黑白相间、宽度不同的平行直线组成的编码方式。它能够将数据用一种直观的方式表示出来，并通过相应的设备扫描快速准确地被读取。条形码分为一维条形码和二维条形码。

3. 传感器技术

传感器通常由敏感元件和转换元件组成，其中敏感元件是指传感器中直接感受被测量信息的部分，转换元件则将敏感元件感受的被测量信息转换成电信号。在物联网中，在传感器基础上增加了智能化，形成具有协同、计算、通信功能的传感器节点。

4. 网络与通信技术

网络与通信技术实现物联网设备之间的信息传输和互联互通。物联网中使用的网络与通信技术有 Wi-Fi、以太网、移动通信网、ZigBee、LoRa、SigFox、eMTC、NB-IoT 等。

5. 云计算技术

物联网应用层主要涉及云计算技术。云计算可以助力物联网海量数据的存储和分析。

10.4　人工智能基础

10.4.1　人工智能概述

1. 人工智能的定义

人工智能(Artificial Intelligence, AI)是研究、开发用于模拟、延伸和扩展人的智能的理论、方法、技术及应用系统的一门新的技术科学。人工智能研究的一个主要目标是使机器能够胜任一些通常需要人类智能才能完成的复杂工作。

2. 人工智能的发展

人工智能经历了六十多年的发展,从人工知识表达到大数据驱动的机器学习技术,从分类处理的多媒体数据转向跨媒体的认知、学习、推理,从追求智能机器到高水平人机、脑机相互协同融合,从聚焦个体智能到基于互联网和大数据的群体智能,从拟人化的机器人转向更加广阔的智能自主系统,现在已进入 AI2.0 时代。基于大规模语言模型(Large Language Model)和多模态生成(Multi-modal Generation)的人工智能技术,让机器能够像人类一样理解和生成各种形式的语言、图像、音频、视频等内容。

3. 人工智能的应用

人工智能的主要应用包括以下方面。

(1) 自然语言处理:包括语音识别、语音合成、自然语言理解和机器翻译等。

(2) 图像识别和计算机视觉:包括人脸识别、物体检测、图像分类、视频分析等。

(3) 机器学习和数据挖掘:包括分类、聚类、回归、推荐系统等。

(4) 机器人和自动化:包括工业机器人、服务机器人、无人驾驶汽车等。

(5) 智能客服和智能助理:包括智能语音交互、虚拟人员、聊天机器人等。

(6) 医疗保健:包括医学影像分析、疾病诊断、健康监测等。

(7) 金融服务:包括风险管理、欺诈检测、信用评估等。

(8) 市场营销:包括广告投放、用户行为分析、市场预测等。

(9) 能源和环境:包括智能能源管理、环境监测、智能交通等。

(10) 军事和国防:包括情报分析、预警系统、智能武器等。

随着技术的发展,人工智能的应用领域还会继续扩展和深化。

10.4.2　人工智能的关键技术

人工智能的关键技术包括机器学习、知识图谱、自然语言处理、计算机视觉、人机交互、生物特征识别、AR/VR 七部分。

1. 机器学习

机器学习的主要任务是通过对数据的学习和训练,机器能够对未知数据进行分析和预测。机器学习有多种分类方法,最常见的分类方法是监督学习、无监督学习和增强学习。监督学习是指在训练过程中,通过已知的输入和输出数据进行训练,使得机器能够对未知的输入数据进行预测。无监督学习是指在没有已知的输出数据的情况下,通过对输入数据进行聚类、降维等方式来发掘数据内部的规律和结构。增强学习是指通过观察与环境交互过程中行为得到的奖励或惩罚反馈,逐渐适应环境并达到某个目标。

2. 知识图谱

知识图谱是一种以图结构表示知识的数据库,通常用于描述文本语义。知识图谱涵盖了实体、概念、属性和关系等元素,通过图结构将实体间的关系以不同类型的有向边表示,使得语义信息得以明确且结构化的表达。

3. 自然语言处理

自然语言处理是人工智能领域中与人类语言相关的研究和应用,旨在让计算机理解和处理人类语言,以便执行各种任务,包括文本分析、语音识别、机器翻译等。

4. 计算机视觉

计算机视觉是使计算机能够解释和理解图像和视频的技术,研究如何使人工系统从图像或多维数据中"感知"的科学。

5. 人机交互

人机交互是指人与计算机之间的交互,包括使用键盘、鼠标、触摸屏、语音识别等手段进行交互。在人工智能领域,人机交互研究如何通过自然语言处理、情感计算等技术,使计算机能够更好地理解人的意图和情感,从而建立更深入的交流。

6. 生物特征识别

生物特征识别是使用生物特征,如指纹、虹膜、面部特征等进行身份验证的技术,有指纹识别、虹膜识别、人脸识别、DNA 识别等。

10.5 虚拟现实技术基础

10.5.1 虚拟现实概述

1. 虚拟现实的定义

虚拟现实(Virtual Reality,VR)是一种可以创建和体验虚拟世界的计算机仿真系统。虚拟现实技术通过多感知性的技术,使用头戴式显示器、控制器等设备,给用户提供一种沉浸式的、如同现实一般的虚拟体验。VR 不仅可以模拟人的视听感受,还可以提供触觉、力觉、运动等反馈,进一步增强用户的沉浸感。

2. 虚拟现实的应用

虚拟现实技术已经广泛应用于各个领域。

教育行业使用虚拟现实技术,通过构建虚拟教室、虚拟实验室、虚拟授课、虚拟考试、虚拟培训等教育教学新方法,增加实验的安全性、便利性,将抽象的学习内容可视化,增加沉浸式学习体验,帮助学生更好地理解和掌握知识,提高学习效果。

制造行业使用虚拟现实技术,在虚拟环境中进行产品设计、模拟生产流程、进行员工模拟操作训练、提供产品展示时的沉浸式体验等,带来更高的生产效率,更低的生产成本,更好的产品质量,以及更强的市场竞争力。

文化领域使用虚拟现实技术,通过创建虚拟博物馆、文化遗产数字化、交互式故事体验、虚拟的旅游体验等,提供更加丰富、生动、真实的文化体验,推动文化的传承和发展。

商贸行业使用虚拟现实技术,通过创建具有沉浸感和交互性的产品展示、在线商贸展会、在线商店、虚拟客服服务等,带来更加便捷、高效、个性化的商贸体验,促进商贸活动的数字化和智能化发展。

10.5.2　虚拟现实的关键技术

虚拟现实融合应用多媒体、传感器、新型显示、互联网和人工智能等多领域技术,能拓展人类的感知能力。虚拟现实的关键技术包括近眼显示、感知交互、渲染处理和内容制作技术。

1. 近眼显示技术

近眼显示技术(Near-eye Display,NED)是一种可穿戴显示技术,用于在单眼或双眼视场中创建虚像。近眼显示技术由微型显示面板和成像光学器件组成,可以向人眼发出光场信息,从而在眼睛可以舒适聚焦的远距离处形成虚像。近眼显示技术需要具有轻便、无畸变、宽视场和较大眼动范围等特征,以便为用户提供自然、舒适的视觉体验。近眼显示技术在市场上已经有一定的应用,例如VR头盔、AR眼镜等。

2. 感知交互技术

感知交互技术是指通过传感器和计算机等设备感知和识别用户的动作、表情等信息,并做出相应的反馈和交互。感知交互技术包括多种类型,如手势识别、面部识别、身体姿态识别、语音识别等。感知交互技术可以增强用户与计算机之间的互动性和自然性,提高用户的体验和社会交互效果。

3. 渲染处理技术

渲染处理技术是一种计算机图形学中的重要技术,它通过在虚拟环境中创建和呈现逼真的图像和场景来生成和呈现视觉效果。渲染处理技术包括多种方法,如光栅化、光线追踪、路径追踪等。这些方法通过不同的算法和技术模拟光线照射到物体上的效果,以及颜色渗透、阳光在房间周围反射等效果,从而创建逼真的图像和场景。

4. 内容制作技术

内容制作技术在虚拟现实场景中可以帮助创作者创建更加逼真、沉浸式的虚拟场景和角色,让用户更加深入地体验虚拟现实世界。

10.6　区块链技术基础

10.6.1　区块链概述

1. 区块链技术的定义

区块链技术是一种基于去中心化、分布式的账本技术,它可以将一系列数据区块按照时间顺序连接起来,形成一个不可篡改的数据记录。每个区块都包含了前一个区块的信息、区块自身的信息以及一些随机数(用于确保每个区块的唯一性)。这些信息都被加密并分布式地存储在区块链网络中的所有节点上。

2. 区块链技术的特点

(1) 去中心化。

区块链网络中没有中心化的机构或节点,所有的数据都存储在分布式的节点中,因此具有极高的安全性和抗攻击能力。

(2) 不可篡改。

一旦数据被写入区块链中,就无法被篡改或删除,除非攻击者能够控制网络中半数以上的节点,但这在分布式的网络中是非常困难的。

(3) 透明可信。

区块链中的数据对所有节点都是公开的,因此可以在没有中心化监管的情况下实现透明和可信。

(4) 匿名性。

在某些情况下,区块链中的交易可以是匿名的,保护了用户的隐私。

区块链技术已经被广泛应用于数字货币、供应链管理、智能合约、数字身份验证等领域。

3. 区块链的类型

根据开放程度,区块链分为公有链、私有链和联盟链 3 类。

(1) 公有链(Public Blockchain)。

公有链是开放给所有人使用的去中心化的分布式账本。任何人都可以参与共识过程,节点可以自由进出,不受限制。例如比特币和以太坊就是公有链的代表。

(2) 私有链(Private Blockchain)。

私有链是仅在私有组织中使用,其读写权限、参与记账权限等都按照私有组织规则制定,通常用于企业内部的业务审计、供应链管理、财务结算等场景。

(3) 联盟链(Consortium Blockchain)。

联盟链是一种需要注册许可的区块链,通常由多个组织或机构共同管理,节点可以按照预先选好的节点控制,共识过程由预先选好的节点控制。联盟链通常用于多个组织或机构之间的数据交换、合同签署等场景。

10.6.2 区块链的关键技术

1. 分布式存储技术

区块链技术的基础是分布式存储。区块链中将数据分散存储在多个节点上,保证数据的安全性和可靠性。

2. 密码学

密码学技术用于保证数据的安全性和完整性。区块链技术中的密码学技术主要包括哈希算法、对称加密与非对称加密以及数字签名等。

(1) 哈希算法。

哈希算法是将任意长度的输入(又叫作预映射,pre-image)通过散列算法变换成固定长度的输出,该输出就是散列值。这种转换是一种压缩映射,其中散列值的空间通常远小于输入的空间,不同的输入可能会散列成相同的输出,但不可逆向推导出输入值。在区块链中,哈希算法被用于生成区块的哈希值,从而保证区块链的安全性和完整性。

(2) 对称加密与非对称加密。

对称加密是加密和解密使用同一个密钥,如 AES(Advanced Encryption Standard)算法。非对称加密是加密和解密使用不同的密钥,一个公钥用于加密,另一个私钥用于解密,如 RSA(Rivest-Shamir-Adleman)算法。在区块链中,对称加密和非对称加密都有应用。例如,非对称加密被用于保证加密和数字签名的安全性,而对称加密则被用于在某些情况下提高加解密效率。

(3) 数字签名。

数字签名是用于验证消息来源的一种密码学技术,通过使用发送者的私钥对消息进行签名,接收者可以使用发送者的公钥来验证签名的有效性。在区块链中,数字签名被用于保证交易的真实性和不可否认性。

3. 共识机制

区块链技术中的共识机制是一种算法,用于在分布式网络中达成一致性。它是区块链的核心技术之一,确保每个节点都能够获取相同的信息,并且可以防止欺诈行为。

常见的区块链共识机制包括以下内容。

(1) Proof of Work(PoW)。

PoW 机制依赖于解决一个数学难题来获取区块的记账权,节点需要消耗大量计算资源来解决难题,从而得到一定数量的加密货币作为奖励。

(2) Proof of Stake(PoS)。

PoS 机制根据节点持有的代币数量和时间进行共识,节点需要抵押一定数量的代币,根据抵押的数量和时间获得收益。与 PoW 相比,PoS 的交易速度较快,但需要节点抵押大量的代币。

(3) Delegated Proof of Stake(DPoS)。

DPoS 机制通过选举代表节点进行共识,代表节点需要获得投票才能参与共识过程。与

PoS 相比，DPoS 的交易速度较快，同时减少了节点参与的门槛。

(4) Practical Byzantine Fault Tolerance(PBFT)。

PBFT 机制是一种基于 Byzantine 容错性的共识机制，节点之间需要互相通信并达成一致性，以确保安全性。PBFT 的交易速度较快，但在节点数量较少的情况下容易受到攻击。

4. 智能合约

智能合约是一种可以自动执行合同条款的协议。智能合约在区块链上存储，可以在满足特定条件时自动执行，避免了人为干预和信任问题。

智能合约的主要特点包括自动化、去中心化和防篡改性。自动化使得智能合约能够在满足预设条件时自动执行，去中心化则保证了执行的过程不能被某个中心机构控制，防篡改性则使得合约的内容无法被随意更改或删除。

智能合约可以用于多种场景，例如数字身份认证、电子投票、供应链管理、数字货币交易等。在数字身份认证场景中，智能合约可以自动验证用户的身份信息，并存储在区块链上，保证信息的真实性和不可篡改性。在电子投票场景中，智能合约可以自动执行投票和计票过程，保证投票结果的公正性和透明性。

10.7   本章小结

本章介绍了新一代信息技术中的大数据、云计算、物联网、人工智能、虚拟现实、区块链等技术的概念和关键技术。

大数据(Big Data)是指无法在一定时间内用常规软件工具进行捕捉、管理和处理的数据集合。云计算(Cloud Computing)是分布式计算的一种，通过网络提供动态伸缩的虚拟化资源。物联网技术(Internet of Things,IoT)是一种使所有物理设备都能相互连接并进行数据交换的技术。人工智能(Artificial Intelligence,AI)是研究、开发用于模拟、延伸和扩展人的智能的理论、方法、技术及应用系统的一门新的技术科学。虚拟现实(Virtual Reality,VR)是一种可以创建和体验虚拟世界的计算机仿真系统。区块链技术是一种基于去中心化、分布式的账本技术，它可以将一系列数据区块按照时间顺序连接起来，形成一个不可篡改的数据记录。

10.8   思考与探索

1. 未来的信息技术发展方向很多，该如何选择研究方向？

选择研究方向时，需要综合考虑市场需求、个人兴趣和专业知识、未来发展趋势、交叉学科和社会环境等多方面因素。学习和关注未来信息技术的发展趋势，选择具有较好发展前景的研究方向。关注交叉学科的研究，选择与自己专业相关的交叉学科研究方向，可以拓展研究领域和思路。

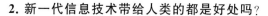

2. 新一代信息技术带给人类的都是好处吗？

新一代信息技术对人类社会生活方方面面都有着广泛的影响，这影响有好的方面，也有不好的方面。

在好的方面，新一代信息技术的应用，实现社会信息化、智能化、数字化，可以提高生产力和效率，促进全球化，提高生活水平，推动社会进步。

但是另一方面，新一代信息技术的发展确实存在一些负面影响，例如，信息泛滥、个人隐私泄露、知识产权保护等问题。

新一代信息技术给人类发展带来了机遇，需要融合多学科研究，包括计算机科学、数学、工程学、心理学、经济学和政治学等，认真评估其影响，制定合理的政策，加强管理和监管，以最大程度地发挥其优势，减少其负面影响。

10.9 实践环节

（1）百度指数是以百度海量网民行为数据为基础的数据分享平台。可以研究关键词搜索趋势，洞察网民的兴趣和需求，监测舆情动向，定位受众特征。使用百度指数（https://index.baidu.com/v2/index.html♯/）查看热度排名前十名的关键词。

（2）使用百度云盘、阿里云盘等产品实现文件的云存储、云同步、云共享功能。

（3）使用 Office 365、WPS 等云软件实现在线文档编辑、存储等功能。

（4）使用百度的 AI 产品"文心一言"撰写一篇关于信息技术和法律关系的文章初稿。

（5）选择两个物联网平台对比，评价各自的优缺点。

（6）你是否体验过虚拟现实？阐述一下你最期待虚拟现实在哪方面的应用。

（7）数字货币使用的是区块链技术，你是否体验过数字货币？如果有，评价一下数字货币的优缺点。

参 考 文 献

[1]　刘均.计算机导论[M].北京：清华大学出版社,2017.

[2]　教育部.普通高等学校本科专业目录(2023版)[S].2023.

[3]　王建平.计算机网络基础[M].哈尔滨：哈尔滨工业大学出版社,2010.

[4]　张凯.计算机导论[M].北京：清华大学出版社,2012.

[5]　吕云翔,张岩,李朝宁,等.计算机导论与实践[M].北京：清华大学出版社,2013.

[6]　周苏,王文,吴艳,等.软件工程基础[M].杭州：浙江科学技术出版社,2008.

[7]　张凯.软件工程与实践[M].北京：中国电力出版社,2007.

[8]　刘小晶,杜选,朱蓉,等.数据结构：Java语言描述[M].2版.北京：清华大学出版社,2015.

[9]　姜清超,冯素琴,程晓广,等.C++程序设计[M].哈尔滨：哈尔滨工业大学出版社,2010.

[10]　周苏,金海溶,王文,等.操作系统原理[M].北京：机械工业出版社,2013.

[11]　文杰书院.计算机组装·维护与故障排除基础教程(修订版)[M].北京：清华大学出版社,2014.

[12]　吴卿.办公软件高级应用实践教程[M].杭州：浙江大学出版社,2010.

[13]　刘远东,何思文,吴斌新,等.数据库基础及Access应用[M].北京：机械工业出版社,2008.

[14]　曹培强,杨全月.Photoshop CS 6完全学习手册[M].北京：清华大学出版社,2013.

[15]　胡承德.电脑组装·维护·故障排除无师自通[M].北京：清华大学出版社,2012.

[16]　赵建锋.办公软件高级应用教程(Windows 7 Office 2010版)[M].北京：中国水利水电出版社,2013.

[17]　刘均.计算机组成原理[M].北京：北京邮电大学出版社,2016.

[18]　徐洪祥,郑桂昌,新一代信息技术[M].北京：清华大学出版社,2022.

图书资源支持

感谢您一直以来对清华版图书的支持和爱护。为了配合本书的使用，本书提供配套的资源，有需求的读者请扫描下方的"书圈"微信公众号二维码，在图书专区下载，也可以拨打电话或发送电子邮件咨询。

如果您在使用本书的过程中遇到了什么问题，或者有相关图书出版计划，也请您发邮件告诉我们，以便我们更好地为您服务。

我们的联系方式：

清华大学出版社计算机与信息分社网站：https://www.shuimushuhui.com/

地　　址：北京市海淀区双清路学研大厦 A 座 714

邮　　编：100084

电　　话：010-83470236　010-83470237

客服邮箱：2301891038@qq.com

QQ：2301891038（请写明您的单位和姓名）

资源下载： 关注公众号"书圈"下载配套资源。

资源下载、样书申请

书圈

图书案例

清华计算机学堂

观看课程直播